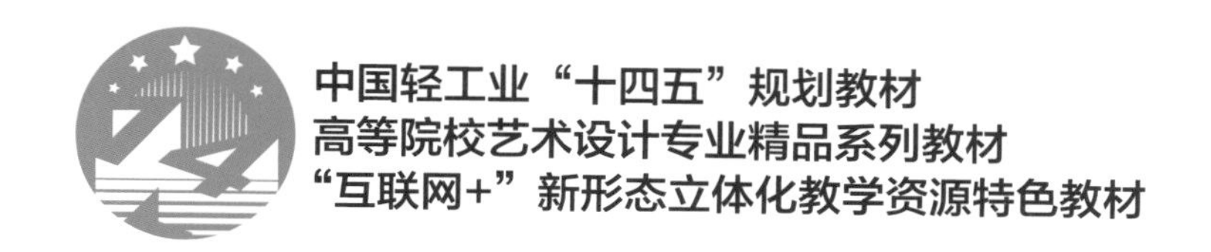

中国轻工业“十四五”规划教材
高等院校艺术设计专业精品系列教材
“互联网+”新形态立体化教学资源特色教材

产品设计
材料与工艺

Product Design: Materials and Processing

唐开军　编著

中国轻工业出版社

图书在版编目（CIP）数据

产品设计材料与工艺 / 唐开军编著. —北京：中国轻工业出版社，2024.8

ISBN 978-7-5184-2873-1

Ⅰ. ①产… Ⅱ. ①唐… Ⅲ. ①产品设计—高等学校—教材 Ⅳ. ①TB472

中国版本图书馆 CIP 数据核字（2020）第 019844 号

责任编辑：李　红　　责任终审：劳国强　　整体设计：锋尚设计
策划编辑：毛旭林　　责任校对：晋　洁　　责任监印：张　可

出版发行：中国轻工业出版社（北京鲁谷东街5号，邮编：100040）
印　　刷：艺堂印刷（天津）有限公司
经　　销：各地新华书店
版　　次：2024年8月第1版第7次印刷
开　　本：889 × 1194　1/16　印张：11
字　　数：260千字
书　　号：ISBN 978-7-5184-2873-1　定价：58.00元
邮购电话：010-85119873
发行电话：010-85119832　010-85119912
网　　址：http://www.chlip.com.cn
Email：club@chlip.com.cn

241373J1C107ZBW

前言

材料与人类相伴而生，与人类文明如影随形。利用材料进行造物活动，优化自身的生存与发展空间，这似乎是一切动物的“天赋神通”；而人类的造物活动则充分展示了自身的智慧与能力，无论是从远古时期的石器时代因陋就简地利用天然材料，还是到青铜时代、铁器时代和高分子材料时代有目的的提炼、发明新材料，均充分体现了人类在材料领域中的高超智慧和无上的创造力。

纵观人类的发展历史，人类在推动材料升级、迭代的进程中，尽管新材料从不同领域服务于人类的造物活动，但旧有的传统材料从没有被遗弃，所不同的只是造物的工具或设备更先进、造物的技法或工艺更合理、造物的品质更优秀；人类对造物材料的研究也随着社会的进步，从粗陋走向精细，从宏观走向微观，从定性走向定量，从传统材料走向复合材料、功能材料与智能材料等；形成科学、合理、节能、低耗、无公害、可持续、多样化的材料利用原则。尽管人们已经普遍认识到材料是制造物品、器件、构件、机器或其他产品的基本物质，但如何利用生产工具合理便捷地把相应的原材料加工成所需的制品，是与材料的特性密不可分的；不同类别的材料由于其特性的不同，形成了造物过程中不同的加工方法、特征与限制，即人们常说的加工工艺。

众所周知，产品设计就是将设计师的某种构思视觉化，再通过各类生产工具和一系列合理的加工过程转换成某一具体的物理形式的过程，是一种创造性的活动过程。由此可见，材料与工艺是产品设计的物质技术条件，是产品设计的基础和前提；而设计则必须通过材料与工艺才能转化成实体产品，实现其自身的价值；只有熟悉材料性能特点及其加工工艺性的产品设计师，才能更好地实现设计的目的和要求。

党的二十大报告提出：“教育是国之大计、党之大计。培养什么人、怎样培养人、为谁培养人是教育的根本问题。”基于此原则，如何在有限的时间内，让初入行的产品设计从业者树立唯物主义的造物观，坚持文化自信，自觉传承和弘扬中华优秀传统文化，通过系统地模仿学习，渐进顺畅地把中国传统的造物技艺与现代工艺技术融合，形成系统化的知识体系、技术体系，向世界贡献中国智慧，就成了本书架构体系构建的核心。并以从材料的发展历史增强文化自信，从典型器物见证传统造物技艺与智慧，从历史人物事件启迪现代造物设计思路，从现代材料的发展应用状况坚定制度优势等作为思政融入理念，贯穿于本书各章节中，形成“价值引领、知识传授、能力培养、人才塑造”的课程思政教材体系。

人类从婴儿期开始，就具有了模仿学习的能力，并且在一生的成长过程中，不断地通过模仿同类的行为，使得人类的文化和

技艺等方面得到传承和发展。这也是本书把人类最早用于造物、身边随处可见、忠实地服务于人类的木质材料作为开篇，以便于初学者把在日常生活中通过模仿学习而获得的有关木质材料的碎片化、常识性知识进行系统性提升与应用，并通过这种由简入繁、由易到难的方式，让初学者建立与各大类别材料及其加工工艺相关的专业性概念体系，便于理解和掌握后续的金属材料与工艺、塑料与工艺、玻璃与工艺、陶瓷与工艺、竹材与工艺等方面的相关内容。

本书除了讲述同类材料与工艺的基础知识外，还根据产品设计材料发展的现状与趋势，特别增加了竹材方面的内容；并在各章中综合了大量新颖的产品设计案例，分析其材料与工艺特征及应用方法。特别是为了突破书籍篇幅的限制，还通过扫描二维码下载和配套PPT的方式，为相应章节提供了大量的应用实例。

总体而言，本书具有内容全面丰富，架构完善合理，知识点突出，叙述严谨，信息量大，综合性强，专业化程度高等方面的特点。由于本书涉及的内容十分宽泛，限于篇幅和作者的学识，书中不足之处，敬请读者指正。

作者

2024年春于深圳

目录

第1章

概论

1

材料是人类赖以生存和发展的物质基础，是人类造物活动中的基本物质。材料先于人类存在，但在人类社会的发展历程中，材料又被视为人类社会进化过程中的里程碑；人类对材料的认识和利用的能力，决定着社会的形态和人类生活的质量。历史学家也把材料及其器具作为划分时代的标志；如石器时代、青铜器时代、铁器时代、高分子材料时代等。而在现代，人们则把材料、信息和能源誉为当代文明的三大支柱，与国民经济建设、国防建设和人民生活密切相关。

1.1 产品设计材料与工艺的概念

产品，是由一定的材料经过一系列的加工过程而形成的，是功能、形态、结构和材料四要素的和谐统一。

产品设计，是一种将人的某种目的或需要转换为某一具体的物理形式的过程，是一种把计划，或规划设想、问题解决的方法，通过具体的载体以美好的形式表达出来的一种创造性地造物活动过程。

材料，广义而言是指包括人们思想意识之外的所有物质。狭义而言是指人类用于制造物品、器件、构件、机器或其他产品的基本物质。材料是物质，但不是所有物质都可以称为材料。如燃料和化学原料、工业化学品、食物和药物，一般都不算作材料。

工艺，是指劳动者利用各类生产工具对各种原材料、半成品进行加工或处理，最终使之成为成品的方法与过程。具体而言，是指与材料的成型工艺、加工工艺和表面处理工艺等相关联的技术问题，是人们认识、利用和改造材料并实现产品造型的技术手段。

1.1.1 产品设计与材料

在产品设计中，材料是用以构成产品造型，不依赖于人的意识而客观存在的物质，材料和设计的关系是非常密切的，材料是产品设计物化的基本条件，是产品形态的内在基础和产品功能的体现；换言之，材料是产品设计的物质基础和前提，是人类认识自然、改造自然的工具。在人类造物活动中，材料一直以其自身的特点或特性影响着产品设计，不仅保证维持产品功能的形态，并且通过材料自身的特性满足产品功能的要求，成为直接被产品使用者所触及的唯一对象。

产品设计的过程在很大程度上是对材料的理解和认识的过程，是造物与创新的过程，是与使用材料共生并存的材料应用过程。在产品设计过程中，应充分理解材料特性的三个层次并使之与所设计的产品相匹配，即核心部分的物理性能、化学性能、加工性能等固有特性应与产品的主体特性相匹配；中间层次的软硬、轻重、冷暖等人的感觉器官能直接感受的材料特性应主要与产品的触觉特性相匹配；其外层的肌理、色彩、光泽等应与产品的视觉表面特性相匹配；图1-1所示是材料特性的三层次与产品的匹配关系。在进行产品设计过程中的材料特性匹配时，既要考虑产品功能要求与核心部分的材料固有性能相匹配，还必须考虑产品材料与使用者的触觉、视觉相匹配。

这种基于材料的产品设计可从两个方面切入：一方面是从产品的功能、用途作为出发点，思考产品是否能选择和应用，并且在满足产品设计要求的前提下，从性能、工艺、成本等方面考虑选择最适合的材料。另一方面，则可从原材料本身出发，思考如何发挥材料的特性，开拓产品的新功能，或创造出全新的产品；也就是说，以材料作为产品设计的轴心，处理好产品设计与材料的匹配关系，把产品的功能目标通过可感知的材料等体现出来，使设计转变为理想的产品，其设计思考逻辑关系如图1-2所示。

另外，产品设计与材料还存在相互促进，共同发展的关系。一方面，材料的发展与创新常常会给产品设计带来新的启发，不断地促进产品设计的发展。这是因为，新材料为产品设计的可行性创造了

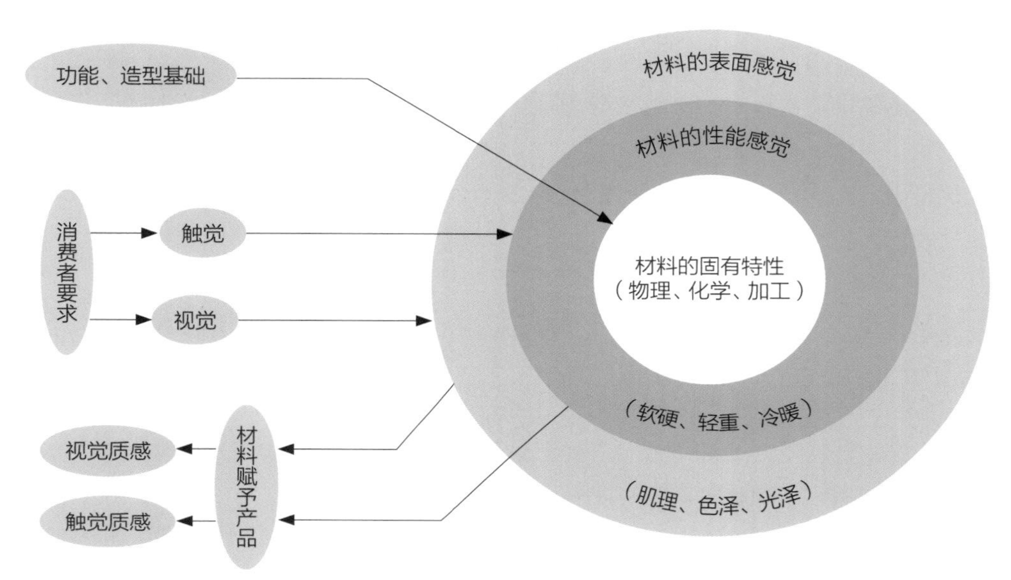

图1-1 材料特性的三层次与产品的匹配关系

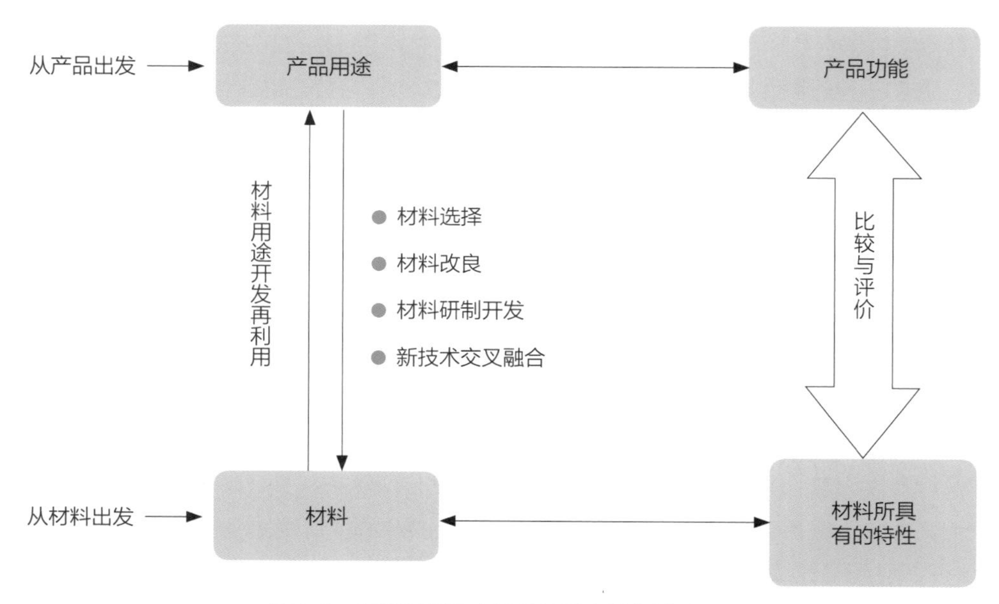

图1-2 基于材料的产品设计思考逻辑关系

条件，给产品设计带来飞跃，出现新的产品设计风格，产生新的功能、新的结构和新的形态。如图1-3所示的瓦西里椅，是德国设计大师马赛尔·布劳耶设计制作的世界上第一把金属钢管椅，首次把钢管这一新型材料应用到椅子产品上，通过钢管弯曲的新工艺，实现轻巧、舒适、成本低廉的金属家具产品的新形态。另一方面，每一种新的设计思想的提出，也对材料的发展提出了新的要求，从而有力地促进了材料的发展和工艺技术的进步。特别是当人类社会步入现代的人工合成材料时代后，材料早已成为人类赖以生存和生活中不可缺少的重要部分，产品设计的发展过程同时也是人类对材料认知的不断增长的过程。因此，科学技术的发展使现代新型材料不断出现和广泛应用，对于产品设计有着极大的推动作用。

1.1.2 产品设计与工艺

工艺是产品设计的技术保障，是解决关于产品制造过程中与技术有关的问题的，其主要内容包括产品加工工艺、产品装配工艺、产品装饰工艺等过程中的材料选择、结构设计、强度与稳定性校核、工艺技术的计划等。其中，产品加工工艺是指选择合适的、效果好、成本低的加工方法，运用先进的加工工艺，保证造型的效果，并且要求设计师不断了解和掌握新工艺，设计更新颖、更美观的产品，创造出优秀的作品；产品装配工艺要求避免装配时的切削加工，应使装配、拆卸方便，易定位，避免工件缠结、错位等；产品表面装饰工艺要求装饰方式合适，与产品使用功能和审美功能相符，与加工工艺相适应等。

制定工艺的基本原则是以技术上的先进性和经济上的合理性为主的，由于不同企业的设备生产能力、精度以及工人熟练程度等因素都大不相同，所以对于同一种产品而言，不同的企业制定的工艺可能是不同的；甚至同一企业在不同的时期其工艺也可能不同。因此，就某一产品而言，其加工的工艺过程并不是唯一的，而且没有好坏之分；这种不确定性和不唯一性，与现代工业的其他元素有较大的不同。

工艺是实现产品设计的重要技术手段，产品设计完成后的主要工作就是对所确定的材料进行相应的技术处理，最终成为既有物质功能又有精神功能的产品。而在这一过程中，如果缺少先进、合理的工艺手段，无论多么先进的结构和美观的造型也无法实现。此外，即使是同一款的产品造型，采用完全相同的材料，由于工艺方法与技术的差异，其最终产品的外观效果也会相差悬殊。因此，在产品设计过程中，应依据切实可行的工艺条件、工艺方法进行设计构思；并慎重考虑以下几个方面的工艺因素：

一是产品设计受加工工艺所制约，应根据加工方法和工艺特征进行产品设计，明确一定的工艺产生一定的外观形状。如铸造工艺可产生直、圆结合的外观形状，焊接工艺可实现棱角分明的形状，弯曲工艺可形成圆弧形转角等。图1-4是弯曲工艺成型的空气净化暖风扇外壳。

二是产品设计应充分利用现代加工工艺的优势，并不断推动和改进加工工艺，减少产品中不必要的装饰，实现产品的批量化、标准化和系列化生产，以便减少不必要的生产工序，降低成本；图1-5所示的M1椅运用现代金属材料、现代生产工艺技术诠释了中国传统家具文化的时代性内涵。

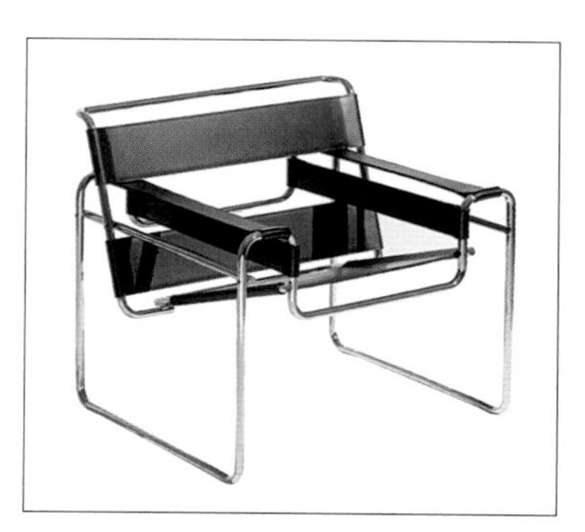
图1-3 瓦西里椅

图1-4 空气净化暖风扇外壳

图1-5 M1椅

三是同种材料、同种功能的产品，采用不同的加工工艺时，其外观形式存在较大的差异；如塑料瓶的吹塑成型与注塑成型两种不同的成型工艺，其瓶口会形成吹塑成型瓶口小，注塑成型瓶口大的形式上的不同。

四是当材料、结构和工艺方法均相同时，由于工艺水平的不同，所获得的产品质量也不同。一般而言，采用的工艺方法越先进，其产品质量越高；这也是新工艺和新技术不断应用代替传统工艺的根本原因。

总之，产品设计与工艺应该紧密配合，协同优化，只有这样才能设计、制造出优秀的产品。而工艺在其中发挥着积极的作用，通过改进工艺方法不断完善产品的外观，不断升华产品的品质，追求产品的完美和极致。

1.1.3　产品材料与工艺

材料与工艺是产品设计的物质和技术条件，是产品设计的前提，它与产品的功能、结构、形态构成了产品设计的四大要素，而产品的功能、结构、造型的实现都建立在材料和工艺上。纵观产品设计的发展历程，每一种新材料的发现和应用，都会产生不同的成型加工工艺，从而导致产品结构的巨大变化，给产品造型设计带来新的飞跃，或形成新的设计风格。

材料的成型工艺、加工工艺和表面处理工艺是人类认识、利用和改造材料并实现产品造型的技术手段，是实现产品设计的物质和技术条件。如果说产品设计是通过材料和工艺转化为实体产品的，那么材料和工艺则是通过产品设计实现其自身的价值，二者相辅相成，相互促进。任何一个产品设计，只有与所选用材料的性能特点及其加工工艺性能相一致，才能实现设计的目的和要求。图1-6所示的是丹麦设计师维拉·潘顿在1960年设计的潘顿椅，所用的复合纤维增强塑料（俗称“玻璃钢”）只有和一次模压成型的工艺方法相配合，才能批量、高效、高品质的制作，实现惊世骇俗的设计。

虽然不同类别的材料，均有其相应的工艺特征和技术要求，从而形成相应的质感效果，但这种工艺特征并不是固定的和唯一的，而是具多样性和可变性。如木材，通过相应的锯切、刨光等加工工艺，可以直接展现出其独特的色彩和纹理，还可以进一步采用涂饰工艺技术来增强或调整这种效果。因此，根据不同的材料，合理地运用相应的工艺技术，把材料的固有色和人为色与产品外观和谐相配，把天然材料自身或人为组织设计而形成的组织结构发挥到极致，充分体现材料的色彩美、肌理美、光泽美和质地美。

每一种新材料、新工艺的出现都会为产品设计实施的可行性创造条件，并对产品设计提出更高的要求，形成产品设计发展的推动力，甚至引发新的设计潮流趋势，产生新的功能、新的结构、新的形态，导致生活方式的改变。而新的产品设计构思也要有相应的材料和工艺来实现，这就对材料及工艺提出了新的要求，促进了材料科学的发展和工艺技术的进步与创新（图1-7）。

图1-6　潘顿椅

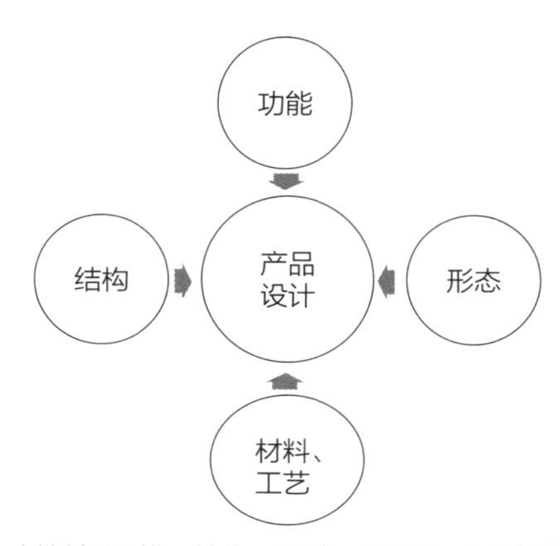

图1-7　材料与工艺、结构、形态、功能与产品设计的关系

1.2　产品设计材料的分类

尽管产品设计材料涵盖面十分宽泛，但是在实际应用过程中仍可以按不同方法进行如下分类。

1.2.1　按材料的用途分

按照材料在产品设计中的用途不同可分为结构材料、装饰材料和辅助材料三大类。

（1）**结构材料。**结构材料是指以力学性能为基础，用于制造受力构件所用材料。当然，作为结构材料，对其物理或化学性能也有一定的要求，如光泽、热导率、抗辐射性、抗腐蚀性、抗氧化性等。常用的结构材料有金属、木质材料、玻璃、塑料、石材等。

（2）**装饰材料。**装饰材料是指依附于结构材料，起修饰美化作用的一类材料。装饰材料的选用与否，对于产品的使用功能没有太多的影响，一般仅使产品更加美观。产品设计中常见的装饰材料有涂料、贴面材料、电镀材料、封边材料、软质蒙面材料等。

（3）**辅助材料。**辅助材料是指直接用于维持，或促进形成实体产品的一类材料。辅助材料是相对于结构材料而言的，其本身并不能构成实体产品的一部分，但与结构材料是密不可分、缺一不可的。常用的辅助材料有胶粘剂、五金配件等。

图1-8是华人设计师卢志荣设计的床头柜，其中的木质材料部分属于结构材料；而其表面上的油漆、顶部把手部位的黄铜饰件则属于装饰材料；连接部位使之成型为产品的不可见的胶粘剂或五金连接件则属于辅助材料。

1.2.2　按材料的物质结构分

根据材料的物质结构不同，可分为有机材料、无机材料和复合材料三大类。而在实际应用中，由于无机材料的特殊性，又把其分为金属材料和非金属材料。

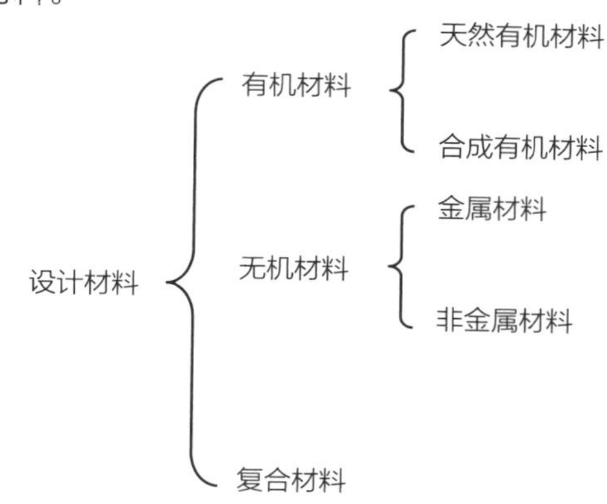

（1）**有机材料。**有机材料，又称有机高分子材料，一般是由碳（C）、氢（H）、氧（O）等元素构成的相对分子量较大的材料。按有机材料的来源不同可分为天然有机材料和人工合成有机材料两大类。天然有机材料来源于动物或植物，如皮革、木材、竹材、纤维、布、橡胶等。图1-9是天然竹根盘，属于天然有机材料。合成有机材料是由人工合成的，如塑料、合成橡胶、化纤、涂料、胶粘剂等。图1-10属于合成有机材料。

（2）**金属材料。**金属材料是指金属元素或以金属元素为主构成的具有金属特性的材料的统称，如金、银、铜、铁、锡、锌、铝、镁、铅、锰等。金属材料都具有自身的光泽与色彩，并且可以与其他的金属或非金属在熔融状态下形成合金，且具有良好的综合性能。图1-11属于金属材料。

图1-8　床头柜（设计：卢志荣）

图1-9　天然竹根盘

图1-10　可降解塑料易拉罐

图1-11　不锈钢玻璃调味瓶

（3）**无机非金属材料。**无机非金属材料是以某些元素的氧化物、碳化物、氮化物、卤素化合物、硼化物以及硅酸盐、铝酸盐、磷酸盐、硼酸盐等物质组成的材料，是除有机高分子材料和金属材料以外的所有材料的统称。如天然石材、水泥、陶瓷、玻璃等，相关产品如图1-12所示。无机非金属材料是与有机高分子材料和金属材料并列的三大材料之一。

（4）**复合材料。**复合材料是由两种或两种以上不同性质的材料，通过物理或化学的方法，在宏观或微观上组成的具有新性能的材料。各种材料在性能上互相取长补短，产生协同效应，使复合材料的综合性能优于原组成材料而满足各种不同的要求。复合材料的基体材料分为金属和非金属两大类。金属基体常用的有铝、镁、铜、钛及其合金；非金属基体主要有合成树脂、橡胶、陶瓷、石墨、碳等。常见的复合材料有玻璃钢、碳纤维复合材料、塑木复合材料等。

1.2.3　按材料的来源分

根据材料的来源不同，可分为天然材料和人工材料两大类。

（1）**天然材料。**天然材料是指不改变材料在自然界中所保持的状态，未经加工或基本加工就可直接使用的材料。包括天然有机材料和天然无机材料两类，常用的天然有机材料有木材、竹材、草秆、橡胶、皮革、皮毛、兽角、兽骨等；常用的天然无机材料有自然金、石材、黏土等（图1-13）。

（2）**人工材料。**人工材料是相对于天然材料而言的，是指自然界以化合物形式存在的、不能直接使用的，或者自然界不存在的，需要经过人为加工或合成后才能使用的材料。人工材料按加工程度的不同，又分为加工材料和人造材料；加工材料是指介于天然材料和人造材料之间，以天然材料为原料，经过不同程度的人为加工而成的材料，如胶合板、纤维板、细木工板、单板层积材、纸张、天然纤维织物、玻璃等；人造材料是人工制造的材料，主要有两类：一类是仿天然材料所制造的人工材料，如人造革、人造大理石、人造水晶、人造钻石等；另一类是利用化学反应生成的在自然界里不存在或几乎不存在的材料，如金属合金、塑料、玻璃、碳纤维复合材料等（图1-14）。

1.2.4　按材料的形态分

在产品的生产过程中，为了材料的高效利用和加工，一般会将材料制成一定的形状。根据形状的不同，产品设计用的材料有颗粒状材料、线状材料、面状材料、块状材料。

（1）**颗粒状材料。**颗粒状材料主要指粉末与颗粒状等细小的物质。如石膏粉、塑料粉末及颗粒等。

（2）**线状材料。**线状材料简称线材，包括线状与纤维状两类。线材的特征与线的性质相似，具有长度和方向感，在空间里具有伸长的力量感，表现为轻巧、虚幻、流动、优美、灵活多变的造型特色。

产品设计中常用的线状材料有钢管、金属丝（如铁丝、铜丝等）、铝型材、金属棒、塑料管、塑料棒、木条、藤、竹条、棉线、麻绳、草绳等。在运用线材进行设计构思时，应把握线材的形态变化（直线、曲线）和组合特征。运用重叠、并列、虚实、渐变等手法可产生出丰富的视觉效果，充分展现线状材料的材质与形态的美感（图1-15）。

（3）**面状材料。**面状材料是指长、宽与厚度差别较大的材料，也称片状材料或板状材料。面状材料是现代产品设计中应用最多的材料，具有延伸感和空间的虚实感，其侧面具有线材的特征。

产品设计中常用的面状材料有金属板、玻璃板、塑料板、原木板、胶合板、纸板、皮革、纺织布、塑料膜等。面状材料的运用与线材类似，所不同的是片材造型所占的空间比线材的更大，造型时着重考虑空间虚实、结构形式、材料力学特性等因素（图1-16）。

（4）**块状材料。**块状材料是指长、宽与厚度差别不大，接近于立方体的材料。块状材料是一个封闭的形态，是实体最具象的存在，它不像线材和片材那么敏锐、轻快，而是稳重、扎实、安定的实体，具有重量感、充实感和较强的视觉表现力。

产品设计中常用的块状材料有木块、石块、金属块、皮革或织物软包块、混凝土块、泡沫块等。块状材料的造型多采用几何形体和通过雕刻、堆积、削减、挖空等技巧来完成（图1-17）。

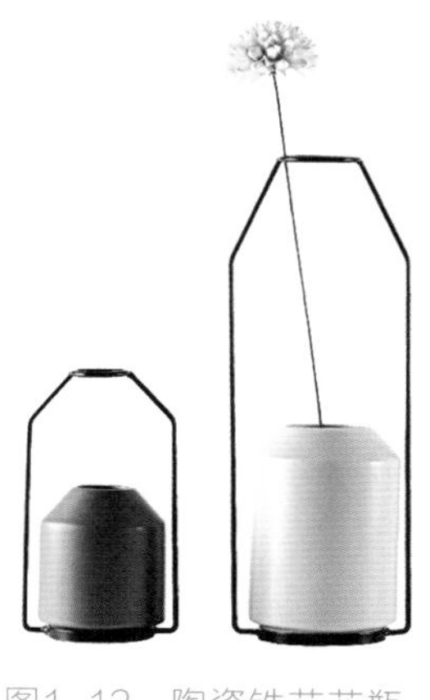

图1-12　陶瓷铁艺花瓶产品

图1-13　用竹材和压克力设计的凳（设计：徐乐）

图1-14　钢化玻璃站立锅盖

图1-15　线状材料构成的花架

图1-16　面状材料构成的椅子

图1-17　块状木材构成的桌与凳

1.3　产品设计材料的性能

产品设计材料都是以一定的物质形态存在的，具有各自的属性特征。这种属性特性包括两个方面：一是材料的固有特性，包括材料的物理特性和化学特性，如力学性能、热性能、电性能、磁性能、光性能、防腐性能等；二是材料的派生特性，即由材料的固有特性派生出来的，包括材料的工艺特性、感觉特性、经济特性等。

材料所呈现出来的特性是材料内部构造的外在体现，并通过设计与加工工艺把材料的固有特性转移到相应的产品中（图1-18）。

1.3.1　材料的物理性能

材料的物理性能属于材料的固有属性，是指没有发生化学反应就表现出来的性能。材料的物理性能主要有密度、熔点、电性能、热性能、磁性能等。

（1）**密度。**材料的密度是指单位体积所含的质量，即材料的质量与体积之比。密度的常用单位为g/cm^3或kg/m^3。

在现实生活中，人们往往感到密度小的物质轻一些，而密度大的物质重一些，这里的轻与重，本质上指的是密度的大与小。如图1-19所示是应用材料密度与重心原理设计的不倒翁紫外线牙刷消毒器。

（2）**热性能。**由于材料及其制品都是在一定的温度环境下使用的，使用过程中将对不同的温度做出反应，表现出不同的热物理性能，这些热物理性能就称为材料的热性能。材料的热性能主要有熔点、导热性、耐热性、热胀性、耐火性等。

①**熔点：**在一定压力下，材料由固态转变为液态时的温度即为材料的熔点。

②**导热性：**材料将热量从一侧表面传递到另一侧表面的能力称为导热性。导热性通常用导热系数

来表示，导热系数大，是热的良导体，如金属材料等；导热系数小，是热的不良导体或绝缘体，如木材、塑料类高分子材料等。如图1-20所示是利用不锈钢的良导热性制作的不锈钢锅体和利用塑料的绝热性作为手柄。

③**耐热性**：是指材料长期在热环境下抵抗热破坏的能力，通常用耐热温度来表示。晶态材料（如金属材料）以熔点温度为指标；非晶态材料（如塑料、玻璃等）以转化温度为指标（图1-21）。

④**热胀性**：材料由于温度变化而产生膨胀或收缩的性能，通常用热膨胀系数表示。热胀系数以高分子材料为最大，金属材料次之，陶瓷材料最小。

⑤**耐燃性**：是指材料对火焰和高温的抵抗性能。根据材料耐燃能力不同，可分为不燃材料和易燃材料。

⑥**耐火性**：材料长期抵抗高热而不熔化的性能，或称耐熔性。耐火材料还应在高温下不变形、能承载。耐火材料按耐火度又分为耐火材料、难熔材料和易熔材料三种。

（3）力学性能。

①**强度**：指材料在外力（载荷）作用下抵抗塑性变形和破坏作用的能力。强度是评定材料质量的重要力学性能指标，是产品设计中选用材料的主要依据之一。由于外力作用方式不同，材料的强度可分为抗压强度、抗拉强度、抗弯强度和抗剪强度等。

②**弹性与塑性**：弹性指材料受外力作用而发生变形，当外力除去后能恢复原状的性能，这一变形称为弹性变形；材料所承受的弹性变形越大，则材料的弹性越好。塑性指在外力作用下产生变形，当外力除去时，仍能保持变形后的形状而不恢复原状的性能，这一变形称为永久变形；当材料的永久变形量大而又不出现破裂现象时，说明其塑性好。

③**脆性与韧性**：脆性是指材料受外力作用，达到一定限度后，产生破坏而无明显变形的性能。脆性材料易受冲击破坏，不能承受较高的局部应力，在很小的形变时就会出现碎裂现象。韧性指材料在冲击荷重或振动荷重下能承受很大的变形而不被破坏的性能。

脆性和韧性是两个相反的概念，材料的韧性高则意味着其脆性低；反之亦然。

④**刚度**：刚度是指材料在受力时抵抗弹性变形的能力，常以弹性模量（应力与应变量之比值）来表示；是衡量材料产生弹性变形难易程度的指标。在同等作用力下，变形越大，刚度越低。

⑤**硬度**：材料局部抵抗硬物压入其表面，而产生塑性变形和破坏的能力称为硬度。材料对外界物体入侵的局部抵抗能力，是比较各种材料软硬的指标。材料硬度在产品中的应用十分广泛，常见的产品如钻头、各类刀具刃部、螺丝刀端口等。如图1-22所示是常见的菜刀，其利用钢的硬度形成锋利的刃口。

⑥**耐磨性**：耐磨性是指材料抵抗机械磨损的能力。耐磨性的好坏常以磨损量作为衡量指标，磨损量越小，说明材料耐磨性越好。

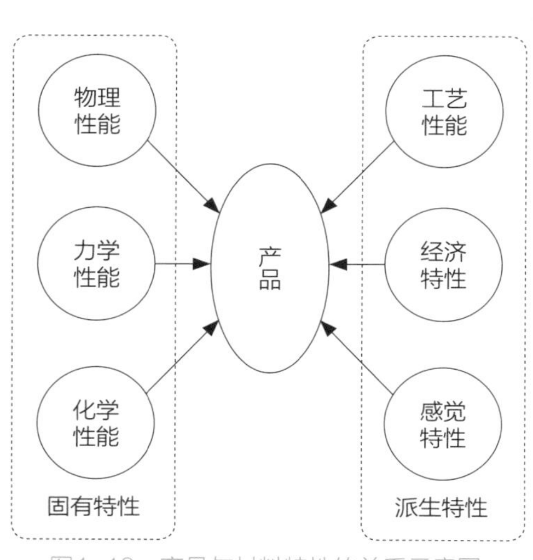

图1-18　产品与材料特性的关系示意图

图1-19　不倒翁紫外线牙刷消毒器

图1-20　不锈钢锅

图1-21　耐高温陶瓷砂锅

图1-22　菜刀刃口

⑦**延展性**：延展性是指材料在拉应力或压应力的作用下，材料断裂前承受一定塑性变形的性能。在外力作用下能延伸成细丝而不断裂的性能称为延性；在外力（锤击或滚轧）作用能碾成薄片而不破裂的性能称为展性。

（4）**电性能**。

①**导电性**：材料传导电流的能力。通常用电导率来衡量导电性的好坏，电导率大的材料导电性能好。根据材料导电性的强弱，把材料分为导体、半导体和绝缘体。

②**电绝缘性**：电绝缘性与导电性相反，反映材料阻止电流通过的能力。通常用电阻率、介电常数、击穿强度来表示。电阻率是电导率的倒数，电阻率越大，材料电绝缘性越好；击穿强度越大，材料的电绝缘性越好；介电常数越小，材料电绝缘性越好。如图1-23所示是日常生活中常见的插头和插座产品，其中的导电部分采用导电性好的金属材料，而外壳则采用绝缘性好的塑料材料。

（5）**磁性能**。磁性能是指金属材料在磁场中被磁化而呈现磁性强弱的性能。按磁化程度分为铁磁性材料，能强烈被磁化到很大程度，如铁、钴、镍等；顺磁性材料，只能被微弱磁化，如锰、铬、钼等；抗磁性材料，能够抗拒或减弱外加磁场的磁化作用，如铜、金、银、铅、锌等。

（6）**光性能**。光性能是指材料对光的反射、透射、折射的性能。若材料对光的透射率高，则其透明度好；材料对光的反射率高，表明材料的表面反光强，即为高光材料。

1.3.2　材料的化学性能

指材料在常温或高温时抵抗各种介质化学或电化学侵蚀的能力，是衡量材料性能优劣的主要质量指标。它主要包括耐腐蚀性、抗氧化性、化学稳定性和耐候性等。

（1）**耐腐蚀性**。材料在常温下抵抗氧、水及其他化学介质腐蚀破坏的能力称为耐腐蚀性。在现实生活中，塑料一般对酸碱等化学药品均有良好的耐腐蚀能力。

（2）**抗氧化性**。材料在常温或高温时抵抗氧化腐蚀作用的能力称为抗氧化性。暴露在空气中的铁和含铁物体易生锈，就说明其抗氧化性能较差。如图1-24所示为利用不锈钢材料优良的抗氧化性能设计的医疗手术器械。

（3）**化学稳定性**。材料在化学因素作用下，保持其原有物理与化学性能不变的能力即为材料的化学稳定性。

（4）**耐候性**。材料在各种气候条件下，保持其物理和化学性能不变的性能。一般而言，玻璃、陶瓷的耐候性好；塑料的耐候性差，长期暴露在大气、阳光等环境下容易出现老化现象。

1.3.3　材料的工艺特性

材料的工艺特性是指材料适应实际生产工艺要求的能力。具体而言是指在对材料使用某种加工方法或过程中，获得优质制品的可能性或难易程

图1-23　插头与插座的导电体与绝缘体

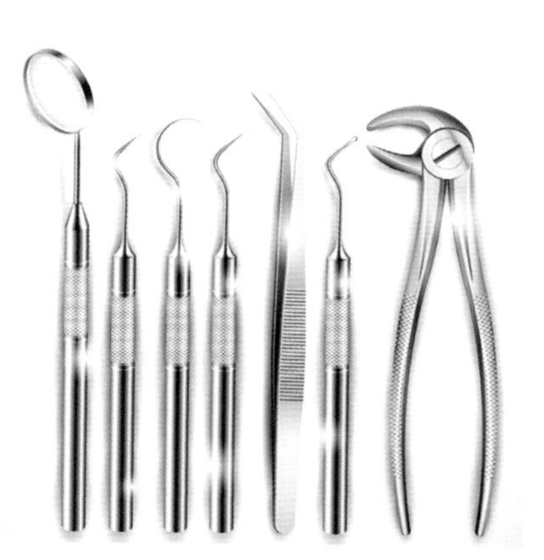

图1-24　不锈钢医疗手术器械

度。如金属材料的铸造性、锻造性、深冲性、弯曲性、切削性、可焊性、淬透性等。材料的工艺特性是材料固有特性的综合反映，是决定材料能否进行加工或如何进行加工的重要因素，直接关系到加工效率、产品质量、生产成本等。因此，在产品设计中，合理的工艺技术是实现产品最佳效果的前提和保障，是一个优秀设计者必须在构思上针对不同材质和不同工艺进行综合考虑的重要因素。

（1）**成型加工特性。**材料的成型加工特性是衡量产品造型材料优劣的重要标志，产品设计所用材料必须具有良好的成型加工性能，才能通过材料的成型加工成为产品，并体现出设计者的设计思想。材料的成型加工主要包括成型和加工两个方面，通常将材料在熔融状态下的一次加工称为成型；而将冷却后的车、铣、刨、削、钳等的二次加工称为加工。

根据成型加工的不同特征，成型加工又可分为去除成型、塑性成型和堆积成型三类。

去除成型：又称减法成型，是指坯料在成型过程中，将多余的部分除去而获得所需的形态。如切削、铣削、锯切、钻削（孔）、刨削等加工成型。

塑性成型：是指坯料在成型过程中不发生量的变化，只发生形的变化。如弯曲、轧制等加工成型。

堆积成型：又称加法成型，是指通过原材料的不断堆积所获得的形态。如铸造、注射、拼接、焊接、铆接等加工成型。

常用的木材、金属、塑料、玻璃、陶瓷、复合材料等设计材料都具有良好的成型加工性能，在设计过程中，可依据材料的成型加工特性选用相应的加工工艺。在实际应用中，材料成型加工工艺对产品设计构思的影响主要体现在以下几个方面：

①**工艺方法的多样性：**尽管对于不同类别的材料，均有各自相对成熟的基本加工方法，如对于木材，有锯、刨、钻、弯曲、胶拼等；对于金属，有铸造、锻造、轧制、冲压、车削、铣削、焊接、铆接等；对于塑料，有注射、挤出、压制、压延、吹塑、滚塑等；对于玻璃，有吹制、压制、拉制、压延等成型方法。但在实际生产过程中，对于同样的设计形态，同样的材料，是可以采用不同的工艺方法来完成的，但所获得的产品外观效果差异也较大；如图1-25所示为相同材料不同成型工艺对造型的影响示例。另外，相同的材料，采用相同的工艺方法，而工艺水平不同，所获得的产品外观效果也会存在差异。

②**工艺技术的时代性：**作为产品加工制造方法的工艺技术，包括从原料投入到产品生产全过程的工艺路线、加工步骤、技术参数、操作要点等。不同的产品有不同的工艺技术，同一产品也可能有多种工艺技术，产品开发者和工艺设计者可根据当地资源、能源、环境条件、产业政策等具体情况，选择最合适的工艺技术。工艺技术是随着科学技术的不断发展而变化的，特别是CNC加工中心与智能制造等先进设备和新技术的不断出现，使以往难以加工的设计形态、复杂形面也变得较为容易和方便，为提升产品的品质提供了有效的技术保障。

③**工艺方法的选用：**在进行材料成型工艺方法选择时，既要考虑材料的物理化学性能、力学性能和工艺性能，针对具体问题考虑产品的质量要求、使用性能、生产成本；又要考虑产品结构、尺寸、生产批量、生产条件、生产性质以及这种生产与环境是否相容等因素，在此基础上选出经济合理的方案。所以，材料成型工艺的选择既要考虑适应使用性原则、工艺性原则、经济性原则和环保性原则，又要兼顾现有生产条件。

使用性原则：主要指应满足产品或零件的使用

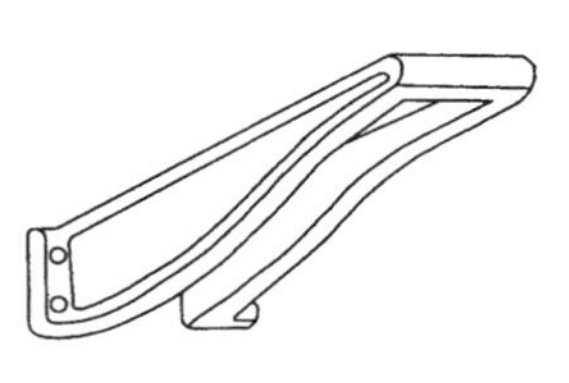

（a）铸造成型

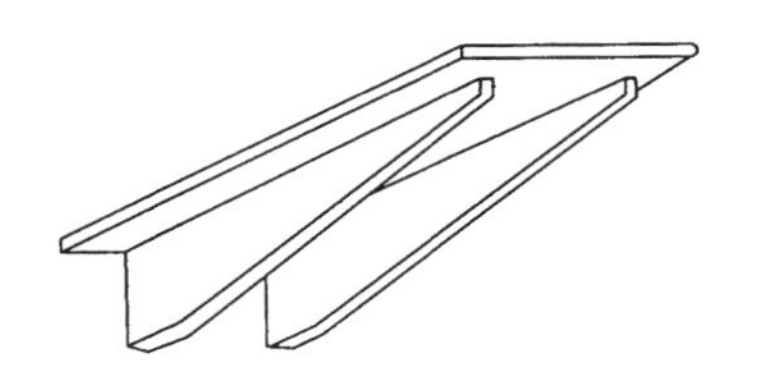

（b）厚钢板焊接成型

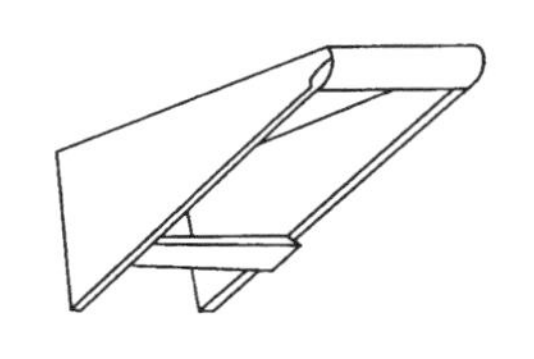

（c）薄钢板弯折成型

图1-25　不同成型工艺对造型的影响

要求，质量优良，在规定的产品寿命年限内能够保证正常工作。不同产品对使用的要求是不一样的，有的要求高强度，有的要求耐磨，有的甚至无严格的性能要求或要求外观美，在选择材料及成型工艺时就会有差别。即使是同一类零件，因使用要求不同，从选择材料到确定成型工艺，也可能完全不同。

工艺性原则：主要是指材料适用成型加工方法的能力，必须注意零件结构与材料所能适应的成型加工工艺性。应根据产品的复杂程度或规格尺寸，选择相适应的工艺。

经济性原则：主要是指在满足产品使用要求的前提下，把产品的总成本降至最低，使产品具有物美价廉的特征和较强的市场竞争力。

环保性原则：主要是指材料成型加工过程要适应环境、资源和安全等方面的要求，遵循绿色、环保方面的原则。

（2）**表面工艺特性。**材料的表面工艺性是指原材料或经成型加工后的半成品，在对其表面进行进一步加工处理时所表现出的性能。常见的产品表面处理技术有表面电镀、涂装、研磨、腐蚀、雕刻、抛光、覆贴等，以改变材料表面性质与状态。产品表面所需的色彩、光泽、肌理等，除少数材料所固有的特性外，大多数是依靠各种表面处理工艺来取得。所以表面处理工艺的合理运用对于产生理想的产品造型形态十分重要。

①表面处理目的：从产品设计的角度而言，表面处理的目的有两个方面：一是保护产品，即保护材料本身赋予产品表面的光泽、色彩、肌理等呈现的外观美，提高产品的耐用性、安全性；二是根据产品的设计意图，改变产品的表面状态，赋予表面更丰富的色彩、光泽、肌理等，提高表面装饰效果，改善表面的物理性能（热性能、电性能、光性能）、化学性能（防腐蚀、防污染等）及生物学性能（防虫、防霉等），使产品表面有更好的感觉特性。表面处理能使相同材料具有不同的感觉特性；也可以使不同的材料具有相同的质感（图1-26）。

②表面处理的类型：材料的表面状态性质与表面处理技术有关，通过切削、研磨、抛光、冲压、喷砂、蚀刻、雕刻、涂饰、镀覆、贴覆等不同的处理工艺可获得不同的表面性质、肌理与色彩效果等，使产品具有更加精湛的品质和强烈的时代感。产品设计中的常见表面处理技术一般可分为表面加工、表面改性和表面被覆三类。

表面加工：指将材料加工成平滑、光亮、美观和具有凹凸肌理的表面状态；使材料表面具有更加理想的性能和更加精致的外观。常用的工艺方法有刨削、研磨、机械抛光、雕刻、蚀刻、喷砂、电火花等（图1-27）。

表面改性：是指通过物质扩散在原有材料表面渗入新的物质成分，改变原有材料的表面结构；以便改善材料表面性能，提高耐蚀性、耐磨性、着色性等。常用的方法有化学法的化成处理和表面硬化及电化学法的阳极氧化等。图1-28中的联想笔记本电脑采用金属机身表面阳极氧化处理工艺，更加坚固耐磨。

表面被覆：是指在原有材料表面形成新物质层的处理方式，主要目的是通过新物质层起到保护作用，如耐腐蚀、耐氧化、防潮等，同时还形成所

图1-26　同材同型的产品因表面处理方法不同而呈现不同感觉

图1-27　黄铜蚀刻凹字书签

图1-28　笔记本电脑金属机身表面阳极氧化处理

图1-29　家具表面油漆

需的装饰与着色效果。常用的方法有镀层被覆（电镀）、涂层被覆（涂饰）、珐琅被覆（搪瓷、景泰蓝）和表面覆贴等。图1-29是涂饰油漆在家具表面形成一个保护层，不仅触感细腻，且能有效延长使用寿命。

③**表面处理工艺的选择：**材料的表面处理方法很多，在实际应用中，应根据实际情况进行合理选择，并综合以下几方面考虑。

形态的时代性：产品形态的时代性是指产品的某个时期的功能、工艺技术、材料等物质属性和文化观念、审美意识等的精神属性共同影响下的产品物质形态，包括形态、大小、材质、色彩和肌理等因素给人们带来的视觉心理感受；是客观的科学技术、经济发展、文化状态在当下人们的视觉心理反应。所以在选择产品表面处理方法时，首先要综合考虑产品形态的时代性特征，以简洁、单纯的表面装饰，展现当代产品的美观效果和时代的科技水平。

产品的使用环境与功能：产品的使用环境与功能对表面处理工艺的选择很重要，如果产品是要在恶劣的自然环境中使用的，由于经常要经受温度剧烈变化、强烈日光照射、雨雪风沙袭击等自然条件的影响，对产品材料表面的耐蚀性、耐候性等方面的要求就会很高，则相应的表面处理也应该以提高材料的保护性能、提高表面层的耐蚀性能为重点；而对在室内使用的产品，表面处理的耐蚀性要求一般较低，选用的表面处理工艺也较简单。

产品的材质：常见产品的材料有木材、金属、塑料等。材质不同，表面处理的内容和要求也不同，对钢铁及化学性质活泼的有色金属，主要目的是提高耐蚀性和提升抗氧化能力；对于塑料产品的表面处理则应以减缓其老化为主，而木材表面处理的目的，主要是提高其防潮性和减少湿胀变形等缺陷产生。所以选用表面处理工艺时，应根据不同的材料特性进行差异化处理。

表面加工工艺性：不同材料，其表面处理的加工工艺性也有很大的差异。如木材表面适合涂饰、雕刻、贴覆等类别的表面处理加工；金属类则宜用简便涂饰、蚀刻、电镀等类别的表面加工，而不宜进行贴覆类的表面加工。

另外还需考虑对产品和表面处理要求的使用寿命长短、产品成本、工艺环境保护等方面的因素。

1.4　产品设计材料的感觉特性

材料的感觉特性又称材料的质感，是建立在生理基础之上的一种心理感受，是人的感觉器官对材料的综合印象；即人的感觉系统因生理刺激对材料做出的反应，或由人的知觉系统从材料表面特性得出的信息，是人对材料的生理和心理活动，是人们建立在生理基础上，通过感觉器官对材料做出的综合印象。

材料的感觉特性包含两个基本属性，即生理属性和物理属性。

（1）**生理属性。**是指材料表面作用于人的触觉和视觉系统的刺激信息，如粗犷与细腻、粗糙与光滑、温暖与寒冷、华丽与朴素、浑重与单薄、沉重与轻巧、坚硬与柔软、干涩与滑润、粗俗与典雅、透明与不透明等基本感觉特性。

（2）**物理属性**。是指材料表面传达给人的知觉系统的意义信息，也就是材料的类别、性能等；主要体现为材料表面的固有特征，如肌理、色彩、质地、光泽等。如图1-30所示的藤编椅子的生理属性为：朴素、亲切、温暖、粗糙、凉爽等；物理属性为：藤材、有温润的光泽、自然色彩、凹凸起伏变化的表面等。

材料的感觉特性按人的生理感觉方式可分为触觉质感和视觉质感；按材料自身的构成可分为自然质感和人工质感。

1.4.1 触觉质感

触觉质感是人们通过手和皮肤触及材料而感知材料的表面特性，是人们感知和体验材料的主要感受。触觉是一种复合的感觉，靠人手及皮肤接触外界材料表面，直接刺激接触部位游离神经末梢带给人的感觉。

（1）**触觉质感的生理构成**。触觉质感的生理构成包括运动感觉与皮肤感觉，是一种特殊的反映形式。运动感觉是指对身体运动和位置状态的感觉。皮肤感觉是指辨别物体机械特性、温度特性或化学特性的感觉，一般分为温觉、压觉、痛觉等。具体包括对物体的弹性、软硬、光滑、粗糙、大小、重量的感觉等。

（2）**触觉质感的心理构成**。从材料表面对皮肤的刺激性来分析，触觉质感分为快适触感和厌憎触感。

①**快适触感**：人们对蚕丝质的绸缎、高级皮革、精美陶瓷釉面、精加工的金属表面、玻璃和光滑的塑料等易于接受，喜欢接触，并产生细腻、柔软、光洁、湿润、凉爽等感受，使人舒适如意、兴奋愉快，有良好的感官快感。

②**厌憎触感**：人们对粗糙的砖墙、未干的油漆、锈蚀的金属器件、泥泞的路面等会产生粗、粘、涩、乱、脏等不快心理，造成反感甚至厌恶，从而影响人的审美心理。

（3）**触觉质感的物理构成**。材料的触觉质感与材料表面组织构造的表现方式密切相关。

材料表面微元的几何构成形式千变万化，有镜面的、毛面的；非镜面的微元又有条状、点状、球状、孔状、曲线、直线、经纬线等不同的构成，产生不同的触觉感受。一般情况下质地构成粗糙的材料给人以朴实、自然、亲切、温暖的感觉；质地构成细腻的材料给人以高贵、冷酷、华丽、活泼的感觉。同类表面构成状态的材料，由于材质的不同，给人的感受也不尽相同；表面构成粗糙的材料，如皮毛和毛石，前者触感柔软、富有人情味；后者坚硬、厚重。

另外，材料表面的硬度、密度、温度、黏度、湿度等物理属性也是触觉不同反应的变量。

因此，在产品设计中，熟练地运用各种材料的触觉质感，不仅在产品接触部位体现了防滑易把握、使用舒适等实用功能，而且通过不同肌理、质地材料的组合，丰富了产品的造型语言，同时也给用户更多的新感受。例如图1-31所示的日本的一款叫作“TAG CUP”的杯子，曾获得日本的优良设计奖，它具有良好的隔热性，可以防止手被烫伤，方便四处挪动，在满足功能的前提下赋予使用者美好的情感体验。

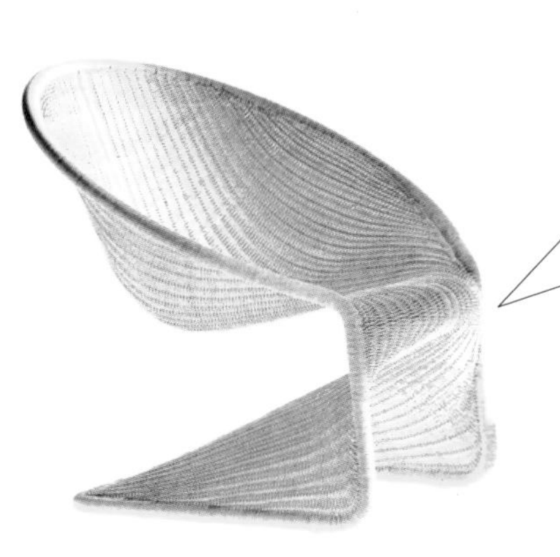

图1-30 藤编椅子

图1-31 TAG CUP杯子

1.4.2 视觉质感

材料的视觉质感是通过眼睛的视觉来感知材料表面特性，是材料被视觉感受后经大脑综合处理产生的一种对材料表面特征的感知和印象。一般而言，产品设计材料的感觉特性是相对于触感而言的，视觉是触觉质感的综合和补充。但由于人类长期触觉经验的积淀，大部分触觉感受已转化为视觉的间接感受；对于已经熟悉的材料，即可根据以往的触觉经验通过视觉印象判断该材料的材质，从而形成材料的视觉质感。

（1）**视觉的生理构成。**在人的感觉系统中，视觉是捕捉外界信息能力最强的器官，人们通过视觉器官对外界进行了解。当材料对视觉器官刺激后，因其表面特性的不同会产生一系列的生理及心理反应，材料表面的色彩、光泽、肌理等会产生不同的视觉质感，从而产生不同的情感意识，形成材料的精细感、粗犷感、均匀感、工整感、光洁感、透明感、素雅感、华丽感和自然感等。人的视觉器官受到刺激后的反应流程见图1-32。当人的视觉器官受到图1-32中所示的打浆机的刺激后，会瞬间启动记忆搜寻，查找印象中的同类产品，并进行意象对比、分析、判断，做出反应。

（2）**视觉的物理构成。**在人们通过眼睛捕捉外界信息的过程中，由于材料对视觉器官的刺激因其表面特性的不同决定了视觉感受的差异，从而产生不同的情感意识，根据光泽、色彩、肌理、透明度的不同形成材料的精细感、粗犷感、均匀感、工整感、光洁感、素雅感、华丽感、自然感等。

（3）**视觉质感的间接性。**视觉质感是触觉质感的综合和补充，相对于触觉质感具有间接性、经验性、知觉性、遥测性和相对的不真实性。对于已经熟悉的材料，可以根据以往的触觉经验通过视觉印象判断该材料的材质，从而形成材料的视觉质感。利用这一特点，可以应用各种表面装饰工艺方法，以近乎乱真的视觉达到触觉质感的错觉。例如：可以在金属材料表面包裹皮革，形成刚柔并济的质感；在工程塑料上烫印铝箔，形成金属质感；还有常见的在纸上印刷木纹、布纹、石纹等。这种在视觉中造成假象的视觉质感，在产品设计中应用十分普遍。图1-33是戴森新一代电吹风，银色亮光的机身与现代简约的产品形态，时尚的科技融为一体，尽显华丽高贵，其实只是由表面镀银的塑料制成。

（4）**视觉质感的距离效应。**材料的视觉质感还与观察距离有着密切关系，一些适于近看的材质，在远处观看时则会变得模糊不清；而一些适于远看的材质，若移到近距离观看，则会产生质地粗糙的感觉。因此，精心选用适合空间观赏距离的材质，考虑其组合效果，是十分重要的（图1-34）。

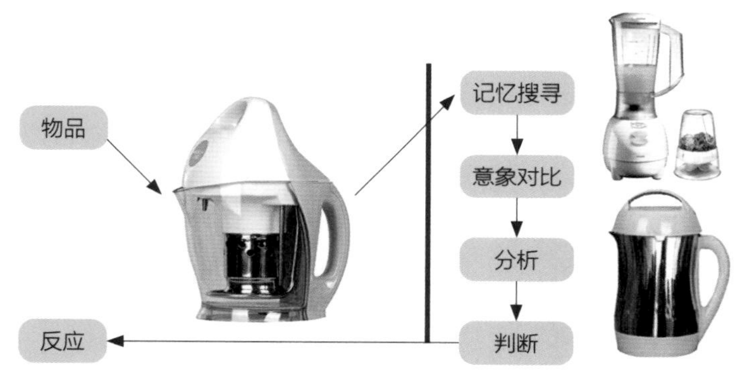

图1-32 视觉反应流程

图1-33 塑料电吹风

图1-34 视觉质感之距离效应

另外，人类对材料的认识，大多依靠不同角度的光线，光不仅使材料呈现出各种颜色，还会使材料产生视觉上的凹凸变化和不同的光亮感。

触觉质感和视觉质感的特征尽管感知器官不同，但总体的感知结果实质上还是趋于一致的。如表1-1所示是触觉质感和视觉质感的特征比较表。

1.4.3 自然质感

材料的自然质感是材料自身固有的质感，是材料的成分、物理、化学特性、表面肌理等物面组织所显现出来的特征。未经人为加工的质感均属于自然质感，如原木、岩石、空气、水分、草木等，都体现了其自身的外观和物理、化学特性。

自然质感包括有机自然质感和无机自然质感。有机自然质感，如动物斑纹、鱼鳞纹，植物叶纹等；无机自然质感，如矿石、岩石等。无论是有机还是无机自然质感，其本质都是突出材料的自然特性，强调材料自身的美感，关注材料的天然性、真实性价值。

1.4.4 人工质感

材料的人工质感是指，人有目的地对于材料表面进行技术和工艺加工处理，使其形成自身非固有的表面特性，如金属、陶瓷、玻璃、塑料、绸布等。

人工质感强调的是人为加工后产生的工艺美和技术创造性，突出工艺特征。随着表面处理技术的发展，人工质感在现代设计中被广泛应用，形成同材异质感和异材同质感的各种丰富多彩的效果。

（1）**同材异质感。**是指同一材料经过不同的表面处理工艺，会得到不同效果的质感。很多材料都具有许多不同的表面处理工艺，例如，金属饰面工艺有腐蚀、氧化、涂饰、抛光、喷砂、拉丝等处理工艺，形成高光、半亚光、亚光等表面效果。图1-35是相机机身金属的同材异质感效果。

在产品设计材料中，同材异质感处理常用于系列化产品中，如同款型的手机，可通过不同的色彩处理，以便满足不同使用要求的消费者，拓宽产品的市场份额；再如，对于同一玻璃器皿，表面可作冷加工、热加工、磨刻、蚀刻、喷砂、化学腐蚀等处理，从而产生效果各异的、丰富的涡纹、带状纹、皱状纹等纹理变化，成为质感丰富的系列产品。

（2）**异材同质感。**是指对材料表面的固有质感作具有破坏性的加工处理，赋予表面新的非固有材质的质感或其他材质的质感。如塑料、木材经过电镀处理，可以形成类似于金属材料特有的金属质感效果。图1-36是改性聚丙烯（PP）汽车前保险杠与车身金属的异材同质感效果。

与同材异质感相比，异材同质感具有伪装性、假借性，在质感设计中的作用是变化中增强统一。

表 1-1 触觉质感和视觉质感的特征比较表

类别	感知	生理性	性质	质感印象
触觉质感	人的表面+物的表面	手、皮肤——触觉	直接、体验、直觉、近测、真实、单纯、肯定	软硬、冷暖、粗细、钝刺、滑涩、干湿
视觉质感	人的内部+物的表面	眼——视觉	间接、经验、知觉、遥测、不真实、综合、估量	脏洁、雅俗、枯润、疏密、死活、贵贱

图1-35　同材异质感

图1-36　异材同质感

1.4.5　感觉特性评价

在产品设计中，只有充分认识和了解材料的感觉特性，才能在设计中合理运用。长期以来，人们对于材料感觉特性进行了不断地研究，并形成了相应的材料感觉特性评价标准。综合而言，可分为定性评价和定量评价两个方面。

（1）**定性评价。**定性评价是将材料的感觉特性通过语言描述的形式，针对每组感觉特性的描述用语制作成相应的感觉量尺，选用木材、金属、塑料、玻璃、陶瓷、橡胶、皮革7种材料作为评价对象，在感觉量尺上顺序标注这7种材料的感觉特性，以便定性地确认不同材料感觉特性的差异（表1-2）。如在表1-2中，序号为“20”的“温暖 — 凉爽”量尺上，皮革与木材是较温暖的，而金属则是最凉爽的；在序号为“5”的“光滑 — 粗糙”量尺上，玻璃、金属与陶瓷都属较光滑的，而木材则是最粗糙的；在序号为“6”的“时髦 — 保守”量尺上，玻璃、陶瓷与金属是较时髦的，木材则被认为是较保守的；在序号为“10”的“感性 — 理性”量尺上，皮革、木材与陶瓷则被认为是较感性的，而金属则是较为理性的。

在产品设计过程中，可以通过表1-2很方便地找到切合某一设计主题的材料。如在体现以现代感为主题的产品设计中，应该首选金属材料，其次是玻璃，而不是首选木材；在突出以自由为主题的设计中，首选材料是木材，而不是橡胶。

（2）**定量评价。**定量评价是将材料的感觉特性通过数值量化的方式进行标定。因为材料的感觉特性描述性词语是定性的、模糊的，不方便直接传授；例如在传授金属材料是现代的、冷漠的感觉特性时，比较抽象并且难以让人理解；而且金属材料由于加工方法

表 1-2　材料感觉特性的评价用语和不同材料感觉特性的差异体现

感觉特性评价用语	材料感觉特性差异排序	感觉特性评价用语	材料感觉特性差异排序
1. 自然 — 人造	木 陶 皮 塑 玻 橡 金	11. 浪漫 — 拘谨	皮 陶 玻 木 塑 橡 金
2. 高雅 — 低俗	陶 玻 木 金 皮 塑 橡	12. 协调 — 冲突	木 玻 陶 皮 塑 金 橡
3. 明亮 — 阴暗	玻 陶 金 塑 木 皮 橡	13. 亲切 — 冷漠	木 皮 玻 陶 塑 橡 金
4. 柔软 — 坚硬	皮 橡 塑 木 陶 玻 金	14. 自由 — 束缚	木 玻 陶 皮 塑 金 橡
5. 光滑 — 粗糙	玻 金 陶 塑 橡 皮 木	15. 古典 — 现代	木 皮 陶 橡 塑 玻 金
6. 时髦 — 保守	玻 陶 金 塑 橡 皮 木	16. 轻巧 — 笨重	玻 木 塑 皮 陶 橡 金
7. 干净 — 肮脏	玻 陶 金 塑 木 皮 橡	17. 精致 — 粗劣	玻 陶 金 塑 木 皮 橡
8. 整齐 — 杂乱	玻 金 陶 塑 木 皮 橡	18. 活泼 — 呆板	玻 陶 皮 木 塑 金 橡
9. 鲜艳 — 平淡	陶 玻 金 皮 橡 塑 木	19. 科技 — 手工	金 玻 塑 陶 橡 皮 木
10. 感性 — 理性	皮 木 陶 玻 塑 橡 金	20. 温暖 — 凉爽	皮 木 橡 塑 玻 陶 金

的不同或者应用于不同的造型中，会产生不一样的感觉，但是如果将其感觉特性进行量化标定，就会形成统一的、便于理解和传授的量化标准。

在进行量化评价时，一是确定评价对象，即以产品设计中常用的材料，木材、金属、塑料、玻璃、陶瓷、皮革、橡胶为评价对象。二是定义评价标尺，选择合适的词组对材料进行定义；这些词组一般都是相对的，如表1-2“20”中的“凉爽”，那么对应的就是“温暖”。三是选择好词组后，对所选词组给出一定的尺度值，如前述的“凉爽 — 温暖”，那么很凉爽可以定义为-2分，凉爽定义为-1分，中定义为0分，温暖定义为1分，很温暖定义为2分，前后者的绝对值是一致的，以表示两种截然相反的感觉间的距离值。四是由评价人员根据所用材料的评价标尺和评价尺度值进行打分。五是制表统计产品的总分和平均分值。如表1-3所示为产品材料感觉特性量化评价表。

1.4.6　影响感觉特性的因素

材料的感觉特性是材料给人的感觉和印象，是人对材料刺激的主观感受。材料感觉特性的塑造是整体的，其构成的因素众多，通常表现为材料种类、成型加工和表面处理工艺及其他因素。

（1）材料种类。材料的感觉特性与材料本身的组成和结构，即材料本身的固有特性密切相关。不同的材料呈现着不同的感觉特性，给人以不同的心理感受，形成不同的质感。木材给人自然纯朴、纹理别致、轻松舒适之感；花岗石质地坚硬，给人厚重、稳定、庄严、雄伟之感；钢铁给人坚硬、挺拔刚劲、深沉稳重之感；塑料给人轻巧别致、色彩艳丽之感；玻璃给人性脆质硬、晶莹剔透之感；丝织品给人润滑柔软、轻快华丽之感；羊毛则给人柔软、亲切、温暖和高贵之感。表1-4所示是各种材料的感觉特性归纳。

表 1-3　产品材料感觉特性量化评价表

评价因子	量化值					统计值
凉爽—温暖	很凉（-2）	凉（-1）	中（0）	暖（1）	很暖（2）	
光滑—粗糙	很光滑（-2）	光滑（-1）	中（0）	粗糙（1）	很粗糙（2）	

表 1-4　各种材料的感觉特性

材料	感觉特性
木材	自然、协调、亲切、古典、手工、温暖、粗糙、感性
金属	人造、坚硬、光滑、理性、拘谨、现代、科技、冷漠、凉爽、笨重
塑料	人造、轻巧、细腻、艳丽、优雅、理性
玻璃	高雅、明亮、光滑、时髦、干净、整齐、协调、自由、精致、活泼
陶瓷	高雅、明亮、时髦、整齐、精致、凉爽
皮革	柔软、感性、浪漫、手工、温暖
橡胶	人造、低俗、阴暗、束缚、笨重、呆板

图1-37所示的是丹麦设计大师汉斯·韦格纳在1986年设计的环形椅，由木条、麻绳呈网状拉成，每根麻绳的粗细和长短要非常精确才能成功拉紧木条，既体现了朴素、自然、亲切的效果，又展示了高难度的手工制作技艺和使用的舒适性。

（2）成型加工和表面处理工艺。材料的感觉特性除与材料本身固有的属性有关外，还与材料的成型加工工艺、表面处理工艺有关，常表现为同质异感和异质同感，不同的加工方法和工艺技巧会产生不同的外观效果，从而获得不同的感觉特性。如塑料在注塑成型过程中，可以利用原料着色和模具加工，使塑料制品表面获得不同的色彩、肌理和光泽；也可以通过电镀、表面涂覆、蚀刻、喷砂、切削、抛光等不同的表面处理工艺，获得材料的不同表面特性，使相同材料具有不同的感觉特性，而不同材料也可获得相同的感觉特性。

图1-38所示的曲轴是汽车驱动的关键零部件之一，通过高精的磨削加工工艺，既满足了曲轴高精度的技术要求，又向人们展示了磨削加工的工艺美。

（3）时代性因素。材料感觉特性在很大程度上还受时代的制约，与时代的科技水平、审美标准、流行时尚等因素有着直接的关系。这些因素一旦转移到人们对材料的认识和选用上，就会使人们按各自的观念去评价和判断材料。同时由于人们的经历、文化修养、生活环境、风俗和习惯的差异等，产品造型设计材料的感觉特性只能相对比较而言。图1-39所示的无边框曲面屏手机，既体现了当代的科学技术与新材料的结合运用，又具有时代化的审美内涵。

1.4.7 感觉特性的运用原则

人们在满足物质需求的同时，对精神的索取是无止境的。与人们生活息息相关的产品，可以使人们在使用产品的过程中获得人情的温馨，更需符合人的精神和物质需求。因此，在现代产品设计中，除了更加专注于挖掘材料固有的表现力和新的加工工艺外；在产品取得合理的功能设计后，如何更好地进行产品表面的质感设计，充分表现材料的真实感，使产品形态成为更加真实、含蓄、丰富的整体，并以产品自身的形象向消费者显示其个性，向消费者感官输送各种信息，以满足消费者对各种产品的新要求，这些都为材料感觉特性的运用提出了更高的要求。

（1）调和与对比。调和与对比法则是指材质整体与局部、局部与局部之间的配比关系。各部分的质感设计应按形式美的基本法则进行配比，才能获得美的质感印象。

调和与对比的实质就是和谐。调和是使整体中各部位的物面质感统一和谐，其特点是在差异中趋向于“同”，趋向于“一致”，强调质感的统一，使人感到融合、协调。在同一产品中使用同一材料，可以构成统一的质感效果。但是，如果各部件的材料以及其他视觉元素（形态、大小、色彩、肌理、位置、数量等）完全一致，则会显得呆板、平淡。因此，在材料相同的基础上应寻求变化，采用相近的工艺方法，产生不同的表面特征，形成既有和谐统一的感觉，又有微妙的变化，使设计更具美感。图1-40中的充电宝，其外壳在材质上形成统一效果，但又通过造型、色彩的变化形成统一和谐中的微妙变化。

对比就是整体中各个部位的物面质感有对比的变化，形成材质的对比，在差异中趋向于“对立”“变化”。在同一产品中使用差异性较大的材料可以构成强烈的材质对比。如天然材料与人工材料、金属与非金属、粗糙与光滑、规则与杂乱、透

图1-37 环形椅

图1-38 曲轴的磨削工艺

图1-39 无边框曲面屏手机

图1-40 质感和谐的充电宝

明与不透明等。质感的对比虽然不会改变产品的形态，但由于丰富了产品的外观效果，具有较强的感染力，使人感到鲜明、生动、醒目、振奋、活跃，从而产生丰富的心理感受。

在进行常见的单一材料构成的产品设计过程中，很容易形成统一的质感效果；但也会因缺少应有的对比而失去产品的生动性，呈现单调、呆板、平淡的效果。因此，在遵循统一性的前提下，应通过不同的工艺处理，适度地形成表面质感与肌理、色彩等特征的差异化，形成既和谐统一，又富于变化的产品外观。图1-41所示的电熨斗，主体采用耐腐蚀、传热性好、高光泽的不锈钢材料，把手部位采用隔热性好、不导电、质量轻、易加工的塑料材料；通过材质和颜色的对比形成了丰富的变化，所以应努力创造统一、调和的材质与颜色，使其在对比中包含着调和。

总之，调和与对比的普遍原则是变化中求统一，统一中求变化，追求设计效果的和谐完美。

（2）**主从原则。**主从原则实际上就是强调在产品的质感设计上要有重点。所谓重点是指产品用材在配置组合时要突出中心，主从分明，不能无所侧重。通过质感的重点处理，可以加强产品的质感表现力；而没有主从的质感设计，会使产品的造型显得呆板、单调或与此相反而显得杂乱无章。

在产品的质感设计中，对可见部位、常触部位，如面板、商标、操纵件等，应作良好的视觉质感和触觉质感设计，要选材恰当、质感宜人、加工工艺精良。而对不可见部位、少触部位，就应从简从略处理。

在设计运用中，可用材质的对比来突出重点，材质间的主从关系一般为，非金属衬托金属，用轻盈的材质衬托沉重的材质，用粗糙的材质衬托光洁的材质，用普通的材质衬托贵重的材质。图1-42中的无线鼠标，主体部分经表面处理具有高光的金属质感，操作件部分采用亚光的橡胶材料，充分体现了质感设计的主从法则。

（3）**适合性原则。**在产品的质感设计中，如何在众多的材料中选用材料的组合形式，发挥材料在产品设计中的作用，是产品设计中的一个关键。如图1-43所示的雅各·布森设计的天鹅椅，其外观宛如一只静态的天鹅，椅身由曲面构成，完全看不到任何笔直的线条，椅身为一次性成型玻璃钢内坯覆以布料或皮革，给人柔软、感性、浪漫、温暖的感觉；支撑部位为四星亮光铝脚，给人坚硬、光滑、理性、现代、安全的感觉；表现了设计者对材质应用的极致追求。因此，一个成功的产品设计并非一定要使用贵重的材料，也不在于多种材料的堆积，而在于体察材料内在构造和美的基础上，合理并且艺术性、创造性地使用材料。

艺术性地使用材料是指追求不同色彩、肌理、质地材料的和谐与对比，充分显露材料的材质美，借助于材料本身的特性来增加产品的艺术造型效果。

创造性地使用材料则是要求产品的设计者能够突破材料运用的陈规，大胆使用新材料和新工艺，同时能给传统的材料赋予新的应用形式，创造新的艺术效果。

（4）**多样性。**产品设计中材料的多样性主要体现在两个方面：一是根据使用对象、使用环境、功能要求选用不同的材料；二是根据使用者的心理和生理要求，塑造产品的个性特征。良好的人为质感设计可以替代和弥补自然质感，达到产品整体设计的多样性目的。例如，在各种表面装饰材料中，塑料镀膜纸能替代金属及玻璃镜；塑料贴面板可以替代高级木材、纺织品；各种贴墙纸能仿造锦缎的质感，各种人造革几乎可以和自然革相媲美，这些材

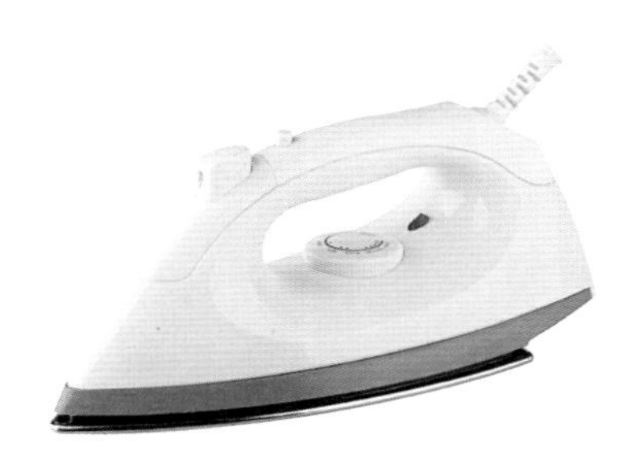
图1-41　质感对比的电熨斗

图1-42　无线鼠标中的主从原则

图1-43　符合适合性原则的天鹅椅

料的人为质感具有普遍性、经济性，可节约大量短缺的天然材料，满足产品设计的需要。

图1-44所示的是英国设计师彼德·默多克在1963年设计的圆斑童椅，被认为是世界上第一件商品化生产的纸质家具，由表面覆盖一层聚乙烯膜的层压牛皮纸板制成，其造型、色彩通俗、流行，价格低廉，符合儿童家具的市场特点。

1.4.8 材料的美感

美感是人们通过视觉、触觉、听觉在接触材料时所产生的一种赏心悦目的心理状态，是人们对美的认识、欣赏和评价。产品的美是广义的、多元的，它包括产品的功能美、结构美、色彩美、形态美、材料美、工艺美等。

材料美是产品形态美的一个重要方面，人们通过视觉和触觉、感知和联想来体会材质的美感。不同的材料给人以不同的触感、联想、心理感受和审美情趣，如黄金的富丽堂皇、白银的高贵、青铜的凝重、钢材的朴实沉重、铝材的华丽轻快、塑料的温顺柔和、木材的轻巧自然、玻璃的清澈光亮。

材料的美感与材料本身的构成、性质、表面结构及使用状态有关，每种材料都有着自身的个性特色。材料的美感主要是通过材料本身的表面特征，即色彩、光泽、肌理、质地、形态等特点表现出来的。在产品设计中，应充分考虑材料自身的不同个性，对材料进行巧妙的组合，使其各自的美感得以表现，并能深化和相互烘托，形成符合人们审美追求的各种情感。

（1）**材料的色彩美。**远距离地看一个产品，最先映入眼帘的不是造型，也不是肌理，而是色彩。材料与色彩间是相互依存的，材料是色彩的载体，色彩不可能游离材料而存在；色彩又反过来衬托材料质感。材料的色彩可分为材料的固有色彩和材料的人工色彩。

材料的固有色彩既是材料感觉特性的主要因素之一，又是产品设计中的重要构成元素，在产品设计中必须充分发挥材料固有色彩的美感属性，而不能削弱和影响材料色彩美感功能的发挥，应运用对比、点缀等手法去加强材料固有色彩的美感功能，丰富其表现力（图1-45）。

材料的人工色彩是根据产品使用功能、使用环境及消费者审美等方面的需求，人为地调节材料本色，对材料表面进行造色处理，强化和烘托材料的色彩美感。在人工造色工艺过程中，色彩的明度、纯度、色相可随需要任意推定，但材料的自然肌理美感不能弱化，只能加强，否则将失去材料人工造色的意义（图1-46）。

孤立的材料色彩是不能产生强烈的美感作用的，只有运用色彩原理将材料色彩进行协调组合，才会产生明度对比、色相对比和面积效应以及冷暖效应等现象，突出和丰富材料的色彩表现力。

（2）**材料的肌理美。**肌理是由天然材料自身的组织结构或人工材料的人为组织设计而形成的，在视觉或触觉上可感受到的一种表面材质效果。肌理是材料的表面形式，是物体表面的组织构造，具体入微地反映了不同材质的差异，体现材料的个性和特征。它是产品形态美构成的重要因素，在产品造型中具有极大的艺术表现力。

每一种材料表面都有其特定的肌理形态，不同的肌理具有不同的审美品格和个性，会对心理反应产生不同的影响。有的肌理粗犷、坚实、厚重、刚劲，有的肌理细腻、轻盈、柔和、通透。即使是同一类型的材料，不同的品种也有微妙的肌理变化。

图1-44　圆斑童椅

图1-45　24K金和金丝楠木的固有色彩

图1-46　铝合金手机机身的阳极氧化染色处理

如不同树种的木材具有细肌理、粗肌理、直纹理、山形纹理、波浪形纹理、螺旋形纹理、交替纹理等千变万化的肌理特征。这些丰富的肌理对产品形式美的塑造具有很大的潜力。

根据材料表面形态的构造特征，肌理可分为自然肌理和再造肌理；而根据材料表面给人以知觉方面的某种感受，肌理还可分为视觉肌理和触觉肌理。

①**自然肌理：**材料自身所固有的肌理特征，它包括天然材料的自然形态肌理（如天然木材、石材等）和人工材料的肌理（如钢铁、塑料、织物等）。自然肌理突出材料的材质美，价值性强，以“自然”为贵。图1-47是中国南方天然木材中四大名材之一的香樟木，其木材具清香味，表面肌理细腻光滑，其树瘤花纹变化莫测、美不胜数。

②**再造肌理：**材料通过表面装饰工艺所形成的肌理特征，是材料自身非固有的肌理形式，通常运用喷、涂、镀、贴面等手段，改变材料原有的表面材质特征，形成一种新的表面材质特征，以满足现代产品设计的多样性和经济性，在现代产品设计中被广泛应用。再造肌理突出材料的工艺美，技巧性强，以“新”为贵（图1-48）。

③**视觉肌理：**通过视觉得到的肌理感受，无须用手摸就能感受到，如木材、石材表面的纹理。

④**触觉肌理：**用手触摸而能感觉到的有凹凸起伏感的肌理，如皮革表面的凹凸肌理、纺织材料的编织肌理等。在适当光源下，视觉也可以感知这种触觉肌理。

在产品设计中，合理选用材料肌理的组合形态，是获得产品整体协调和美感的重要途径。

（3）**材料的光泽美。**光泽泛指材料表面上反射出来的亮光，取决于材料表面对光的镜面反射能力。人类对材料的认识，大都依靠不同角度的光线。光是造就各种材料美的先决条件，材料离开了光，就不能充分显现出其自身的美感。光的角度、强弱、颜色都是影响各种材料美的因素。光不仅使材料呈现出各种颜色，还会使材料呈现不同的光泽度。

材料的光泽美感主要通过人的视觉感受而获得其在心理、生理方面的反应，引起某种情感，产生某种联想从而形成审美体验。根据材料受光特征可分为透光材料和反光材料。

①**透光材料：**透光材料是指受光后能被光线直接透射，呈透明或半透明状。这类材料常以反映身后的景物来削弱自身的特性，给人以轻盈、明快、开阔的感觉。透光材料的动人之处在于它的晶莹，在于它的可见性与阻隔性的心理不平衡状态，以一定数量叠加时，其透光性减弱，会形成一种层层叠叠像水一样的朦胧美（图1-49）。

②**反光材料：**反光材料受光后按反光特征不同分为定向反光材料和漫反光材料。

定向反光是指光线在反射时带有某种明显的规律性。定向反光材料一般表面光滑、不透明，受光后明暗对比强烈，高光反光明显，如抛光大理石面、金属抛光面、塑料光洁面、釉面砖等。这类材料因反射周围景物，自身的材料特性一般较难全面反映，给人以生动、活泼的感觉。图1-50是罗恩·阿拉德设计的桌台产品，金属镜面抛光工艺的应用，使得普通的桌台变得极其生动活泼。

漫反光是指光线在反射时反射光呈360°方向扩散。漫反光材料通常不透明，表面粗糙，且表面颗粒组织无规律，受光后明暗转折层次丰富，高光反光微弱，为无光或亚光。如毛石面、木质面、混凝土面、橡胶和一般塑料面等，这类材料则以反映自身材料特性为主，给人以质朴、柔和、含蓄、安静、平稳的感觉（图1-51）。

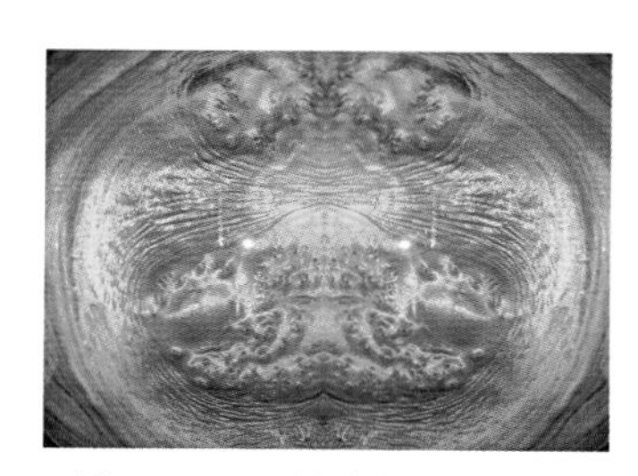

图1-47 香樟木的天然肌理

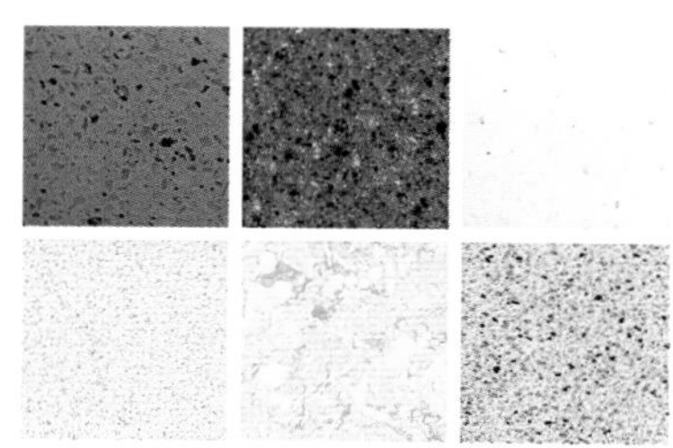

图1-48 人造大理石的表面再造肌理

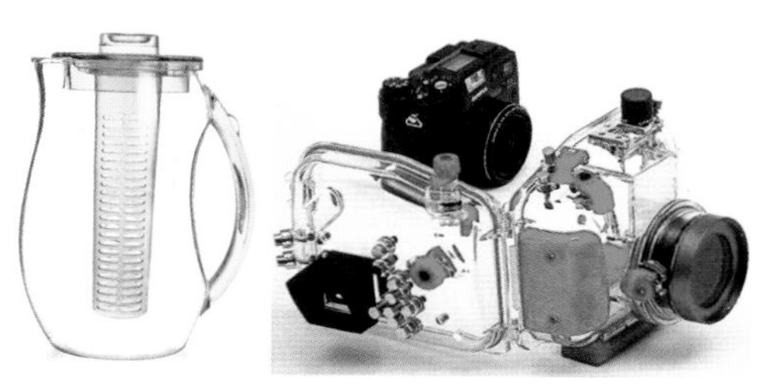

图1-49 透明水壶和照相机壳

（4）**材料的质地美。**材料的质地也是材料美感体现的一个方面，并且是一个重要的方面。材料的质地美是材料本身的固有特征所引起的一种赏心悦目的心理综合感受，具有较强的感情色彩。

材料的质地是材料内在的本质特征，主要由材料自身的组成、结构、物理化学特性来体现，主要表现为材料的软硬、轻重、冷暖、干湿、粗细等。如表面特征（光泽、色彩、肌理）相同的无机玻璃和有机玻璃，虽具有相近的视觉质感，但其质地完全不同，分属于两类材料——无机材料和有机材料，具有不同的物理化学性能，所表现的触觉质感也不相同。

材料的质地一般分为天然质地与人工质地。

①天然质地：包括未经人工加工的天然材料的质地（如毛石、树皮、砂土及动物毛皮等）和以天然材料为基材经人工加工而成的材料质地（如经切割、打磨、刻画、抛光等加工的木材、石材等材料）（图1-52）。

②人工质地：人工材料所反映的质地为人工质地，如各种金属、塑料、玻璃等材料的质地。在设计中，产品材料质地特性及美感的表现力是在材料的选择和配置中实现的。图1-53是人工质地的泡沫塑料冰箱。

肌理与质地的区别，一般来说，肌理与质地含义相近；对设计的形式因素而言，当肌理与质地相联系时，它一方面是作为材料的表现形式而被人们所感受；另一方面则体现在通过先进的工艺手法，创造新的肌理形态，不同的材质，不同的工艺手法可以产生各种不同的肌理效果，并能创造出丰富的外观形式。

图1-50　金属抛光桌台

图1-51　亚光汽车面油漆

图1-52　天然质地石材

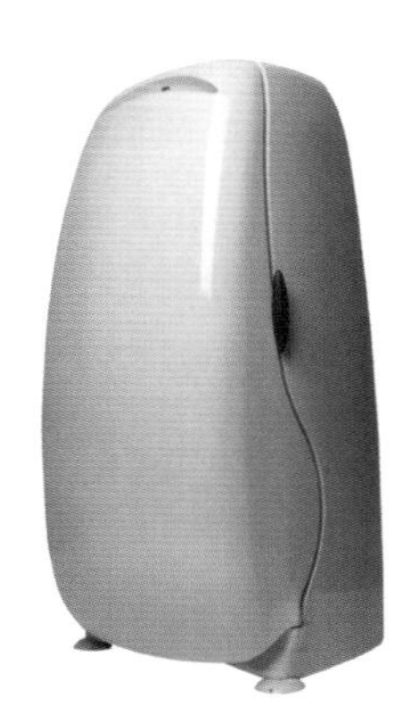

图1-53　人工质地的泡沫塑料冰箱

? 本章思政与思考要点

1. 结合材料的发展简史，思考材料在人类社会中的重要性。
2. 应用中国的古典哲学思想，举例说明中国传统器物材料美、工艺美的形成。
3. 简述产品设计与材料、工艺的关系。
4. 简述产品设计材料的类别及其相应的内容。
5. 简述材料的物理、化学及工艺特性的含义与相应内容。
6. 简述材料触觉质感、视觉质感、自然质感、人工质感的各自含义。
7. 列举木质材料、金属材料、塑料材料、玻璃材料产品各1件，分别运用定性和定量的方法评价其感觉特性。
8. 列举4件不同类别的产品，说明其感觉特性的运用原则。
9. 列举5件不同类别的现代产品，说明其材料美感的内容。

第2章

木质材料与工艺

2

木质材料主要指天然木材或以天然木材为主要原材料的再造材料。

天然木材作为传统材料，其应用可追溯至有人类活动开始。随着自然资源和人类需求发生变化和科学技术的进步，人类对于天然木材的利用方式从原始的原木逐渐发展到锯材、单板、刨花、纤维和化学成分的利用，形成了一个庞大的新型木质材料家族。如胶合板、刨花板、纤维板、单板层积材、集成材、重组木、定向刨花板、重组装饰薄木等木质重组材料，以及石膏刨花板、水泥刨花板、“木质-塑料”复合材料、“木质-金属”复合材料、木质导电材料、木质陶瓷等木质复合材料。

在人类面临不可再生资源日趋枯竭，而社会正在走向可持续发展的时代，木质材料以其特有的固碳、可再生、可自然降解、美观和调节室内环境等天然属性，以及强度与重量比高、加工能耗小等加工利用特性，为人类社会的可持续发展做出显著贡献。

2.1　木材的分类

木材是能够次级生长的植物（如乔木和灌木）所形成的木质化组织，所谓次级生长是指生长的次序不是最初的，是由分化或成长的后期产生的。这些植物在初生生长结束后，根茎中的维管形成层开始活动，向外发展出韧皮，向内发展出木材；木材就是维管形成层向内发展出植物组织的统称。由于木材种类繁多，且不同的树种，其构造、特性与使用价值也有较大的差异；因此，对木材按照不同的分类标准进行分门别类，便于根据木材不同的性质特征进行选用，其分类方式如下。

2.1.1　按树种分

按树种即植物学的分类方法，可将自然界的木材分为针叶材和阔叶材两大类

（1）**针叶材。**针叶材的树叶呈尖细状，如马尾松、红松、落叶松、云杉、冷杉、杉木、柏木等。针叶材往往密度较小，材质较松软，因此也称之为软木。

（2）**阔叶材。**阔叶材的树叶较阔大，如白桦、楠木、水曲柳、栎木、榉木、椴木、樟木、杨木、柚木、紫檀木、酸枝木、乌木等，其种类也比针叶树材多。大多数阔叶材密度较大，材质较坚硬，因此也俗称硬木。

2.1.2　按木材类型分

根据木材类型的不同，可以分为原条、原木和锯材三大类。

（1）**原条。**原条系指树木伐倒后经去皮、削枝、割掉梢尖，但尚未按一定尺寸规格造材的木材。

（2）**原木。**原木系指树木伐倒后已经削枝、割梢并按一定尺寸加工成规定径级和长度的木材。其材积可根据“中华人民共和国国家标准——原木材积表”计算。

（3）**锯材。**锯材系指对原木或原条，按一定的规格要求加工后的板材或方材；凡宽度为厚度2倍以上的称为板材，不足2倍的称为方材；锯材包括整边锯材、毛边锯材、板材、方材等。锯材的规格与等级品评定应符合“中华人民共和国国家标准——锯材检验”中的规定（图2-1）。

2.2 木材的构造

木材是天然高分子有机体，由各种不同的细胞组成。由于细胞的种类、组成、排列以及内含物的不同，不但不同树种的木材的构造和性质不同，就是同一树种的不同个体，乃至同一个体的不同部位的构造和性质也有一定的差异。特别是在抵抗生物破坏的性能、物理力学强度、化学特性以及干燥和防护处理的难易程度等方面也有不同。

2.2.1 木材的基本成分

木材是一种天然生长的有机材料，主要由纤维素、半纤维素、木质素（木素）和木材抽提物等组成。其中，纤维素是骨架物质，半纤维素是基体物质，木质素是结壳物质，它们之间的关系就像钢筋混凝土中钢筋（纤维素）、石子（半纤维素）和水泥（木质素）一样，共同形成一座建筑物的支撑物（图2-2）。这三种成分的总量占到木材的60%以上。

除了上述三种主要成分外，木材细胞腔内或特殊组织中还含有一定数量的次要成分，包括挥发油、天然树脂、油脂与脂肪酸、碳水化合物及多元醇类、芳香族化合物、矿物质成分六大类；因为这些次要成分可以用适当的溶剂浸提除去而不影响木材细胞壁的物理结构，所以又称抽提物。木材次要成分的类型和数量的变化，不仅与木材的色、香、味和耐久性有密切关系，而且对于木材材性的均匀性、加工利用的方式也有重要影响。

2.2.2 木材的宏观构造

木材的宏观构造是指用肉眼或借助10倍放大镜所能观察到的木材构造。木材的宏观构造特征分为主要特征和辅助特征两大部分。主要特征是指表观上构造比较稳定，不受或少受外界因素的影响，规律性较明显的一类构造特征，具体有：髓心、生长轮（或年轮）、早材与晚材、心材与边材、木射线、颜色与光泽、纹理与花纹、气味、重量、硬度等（图2-3）。

（a）板材

（b）方材

图2-1 锯材

（1）**髓心。**髓心一般位于树干的中心部位，但由于树木在生长过程中，会受到外界环境等多方面因素的影响，也会形成髓心的偏心。髓心组织松软，强度低，易开裂，所以在高品质的木质产品用材中，不允许使用带髓心的板材。

（2）**年轮、早材与晚材。**在木材横切面上可见的一圈一圈重复的木质层，形似同心圆圈，即为年轮。每个年轮均由内、外两部分组成，靠近髓心的内部系生长季节初期（一般为春、夏季）形成，其细胞分裂及生长迅速，形成的细胞腔形态较大、壁薄，材质疏松，材色较浅，称为早材；远离髓心的外部系生长季节后期（一般为秋季）形成，细胞分裂及生长缓慢，所形成的细胞腔形态相对较小、壁厚，材质坚硬，材色较深，称为晚材。

同一种木材的生长轮在其横切面、径切面、弦切面呈现不同的形态；另外，由于不同种类的木材其生长轮的特征不同，从而形成了木材纹理的千变万化，丰富多彩。

（3）**木射线。**木射线是位于形成层以内次生木质部中的维管射线，在木材中起横向输导和贮藏养分的作用。呈现在木材横切面上，可见有许多与年轮相垂直的、由内向外呈辐射状的浅色条纹，这种断续穿过数个年轮的条纹称为木射线（图2-4）。

木射线在木材三个不同的切面上表现出的形态也不同，在横切面呈宽度不一的辐射线状，在径切面上呈断续的丝带状或片状，在弦切面上呈短竖线状或纺锤形。

木射线的存在使得木材局部较脆弱，强度降低，物理力学性质变差；木材在干燥时常沿木射线方向开裂，降低了木材的使用价值，从而影响到木材的利用。

（4）**木材三切面。**木材由于锯切方向不同，可以得到不同的切面形式与纹理，即为木材的切面，在实际应用中，一般分为横切面、径切面和弦切面三种切面形式（图2-5）。

①**横切面：**是指与树木高度生长方向成垂直锯截所得到的切面称横切面。在横切面上，木材中平行于木纹方向的细胞组织在横切面上均可看到，它是识别木材最重要的一个切面。横切面的板材硬度大，耐磨损，但易折断，难刨削。

图2-2　木材基本成分示意图

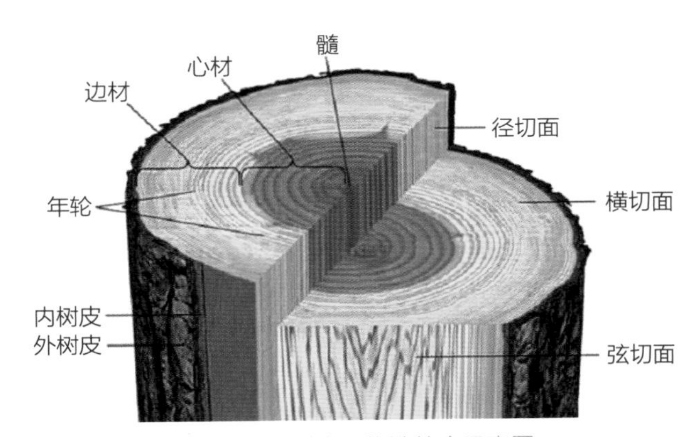

图2-3　木材宏观构造综合示意图

图2-4　木材横切面木射线示意图

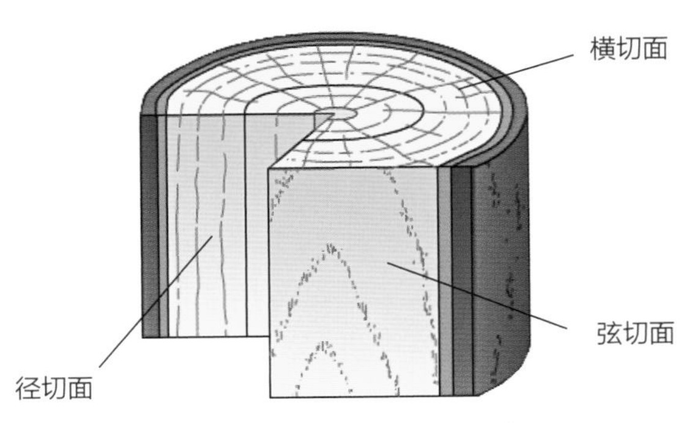

图2-5　木材的三个切面示意图

②径切面：沿原木半径方向锯切的板材，生长轮纹切线与宽材面夹角在45° 以上者。理论上，自树皮通过髓心把木材切开，其剖面则为标准的径切面。径切面板材收缩小、不易翘曲、木纹挺直、硬度也较好。

③弦切面：沿原木生长轮切线方向锯割的板材，生长轮纹切线与宽材面夹角不足45° 者。理论上，标准的弦切面应与年轮平行，所以弦切面应为曲面，而不是平面。在木材加工中，旋切薄片趋近于标准的弦切面。弦切面板材面上年轮呈“V”字形花纹，较美观，但易翘曲变形。

（5）木材边材与心材。

①边材：在木材横切面或径切面上观察，靠树皮一侧且材色较浅的部分称边材。

在成熟树干的任意高度上，处于树干横切面的边缘靠近树皮一侧的木质部，在生成后最初的数年内，薄壁细胞是活细胞，除了起机械支持作用外，同时还参与水分输导、矿物质和营养物的运输和储藏等作用。

②心材：在木材横切面或径切面上观察，靠髓心、材色较深的部分称心材。

心材的形成过程是一个非常复杂的生物化学过程。边材的薄壁细胞死亡，细胞腔出现单宁、色素、树胶、树脂以及碳酸钙等沉积物，水分输导系统阻塞，材质变硬，密度增加，渗透性降低，耐久性提高。树木随着径向生长的不断增加和木材生理的老化，边材转化为心材，心材逐渐加宽，颜色逐渐加深。

（6）木材颜色。木材颜色是反映木材表面视觉特性的一个重要特征，是由于木材在生长过程中，细胞中会有各种色素、树脂、树胶、单宁及其他氧化物渗透或沉积在细胞壁中，致使不同木材间呈现出不同的颜色，或同一种木材在不同的部位有可能颜色不同。一般心材部分由于抽提物的种类和含量较多而易于被氧化，所以心材部分颜色比边材部分深；一个年轮中晚材部分因细胞腔较小、腔壁较厚，颜色也比早材部分要深。另外，木材的干湿、在空气中暴露时间的长短、有无腐朽以及树龄的不同，都会影响木材的颜色。

木材的颜色有深、浅之分。深色的一般泛指木材呈红褐色，如柞木、紫檀、酸枝木类等，尽显庄重、高贵之气；浅色的有白木、白松等。在木质产品中，原色使用可达到清淡、高雅的效果。

（7）木材纹理。木材纹理是由生长轮、木射线、轴向薄皮组织等解剖分子相互交织排列的呈现形式，并因木材的各向异性而当切割时在不同切面呈现出不同的图案。这种图案具有天然性、偶然性和唯一性，并随材种、生长轮的宽窄、细胞腔的大小等不同，而呈现不同的纹理形式、肌理特征、显现程度等。另外，木材纹理一般还与木材颜色相结合形成某种木材的外观特征，这也是人们对木制产品有一种自然喜爱的原因之一。

木材纹理在不同的切面具有不同的表面形式，通常在木材横切面上呈现同心圆状花纹，径切面上呈现平行的带条状花纹，弦切面上呈现抛物线状花纹。由于木材是天然形成的，不可能有完美的形状，所以各种纹理并不规则，节子、应力等都会导致纹理的变化；再加上不同的切割角度，因此，造就了木材纹理的千变万化，展现了木材作为天然材料的特异之美。木材纹理的天然特性，给人以流畅、井然、轻松自如之感；这也是木制产品经久不衰、百看不厌、倍受欢迎的主要原因。而工业化时代的一些人工材料产品因为缺少了木制产品的这种天然特性，无法完全得到消费者的信任和青睐。

（8）木材气味。由于木材中含有各种挥发性油、树脂、树胶、芳香油及其他物质，所以随材种的不同，产生了各种不同的味道，特别是新砍伐的木材因含水率较高，可溶性抽提物较多，气味较浓。如松木含有清香的松脂味、柏木有柏木香气、雪松有辛辣味、杨木有青草味、黄连木有苦味，还有一些木材有酸臭味等。

人类利用木材气味的历史悠久，宗教人士利用海南岛的降香黄檀（海南黄花梨）和印度的檀香紫檀（小叶紫檀）中的黄檀素制作佛香；利用檀香木具有馥郁的香味，气熏物品或制作散发香气的檀香扇等工艺美术品。

不过木材的气味也给其利用带来了局限性，如不宜做食品包装箱、茶叶箱等，否则会影响食品的风味；还有个别木材的气味对人体有害或使皮肤有过敏现象。

2.3 木材的性能

木材在自然生长过程中，由于树种的不同和生长条件的差异，形成了木材在物理、力学、化学等方面不同于其他材料的独特性能。

2.3.1 物理性能

（1）**木材含水率。**水分是木材生长过程中的必备成分。木材中的水分按其存在状态可分为自由水、吸附水和化合水三类。自由水是指以游离状态存在于木材的细胞腔、细胞间隙和纹孔腔这类大毛细管中的水分，包括液态水和细胞腔内水蒸气两部分。吸附水是指以吸附状态存在于细胞壁中微毛细管的水，即细胞壁微纤丝之间的水分。化合水是指与木材细胞壁物质组成呈牢固地化学结合状态的水；这部分水分含量极少，而且相对稳定，是木材的组成成分之一。

（2）**木材密度。**木材密度指单位体积木材的重量。由于木材的重量和体积均受含水率影响较大，所以木材的密度也有多种不同的表示方法。一种是木材试样的烘干重量与其饱和水分时的体积之比，称为木材的基本密度。第二种是木材在气干后的重量与气干后的体积之比，称为木材的气干密度。第三种是木材经过人工干燥，含水率为零时的重量与体积之比，称为绝干密度。

木材的密度随材种而异，大多数木材的气干密度为0.3~0.9g/cm^3。在中国，最轻的木材是轻木，气干密度只有0.24g/cm^3；最重的木材是常见用做砧板的蚬木，气干密度为1.130g/cm^3。而在世界上，最轻的木材是髓木，气干密度只有0.04g/cm^3；最重的木材是胜斧木，气干密度为1.420g/cm^3。在实际应用中，密度大的木材，其力学强度一般也较高。

（3）**木材干缩和湿胀。**木材干缩和湿胀是木材的固有性质，湿材因干燥而缩减其尺寸与体积的现象称之为干缩；干材因吸收水分而增加其尺寸与体积的现象称之为湿胀。干缩与湿胀发生在两个完全相反的方向上，二者均会引起木材尺寸与体积的变化。对于小尺寸而无束缚应力的实木构件，理论上其干缩与湿胀是可逆的；对于大尺寸实木构件，由于干缩应力和吸湿滞后现象的存在，干缩与湿胀是不完全可逆的。

由于木材结构的特殊性，木材干缩和湿胀有纵向和横向之分；纵向干缩与湿胀收缩率较小，仅为0.1%~0.3%，对木材利用影响不大。而在横向中，径向干缩与湿胀是横切面上沿直径方向的干缩与湿胀，其收缩率数值为3%~6%；弦向干缩与湿胀是沿着年轮切线方向的干缩与湿胀，其收缩率数值为6%~12%，是径向干缩与湿胀的1~2倍。

这种木材干缩与湿胀的方向性差异，对于木材的加工利用与产品质量有重要的影响。干缩主要影响木制产品尺寸收缩而产生缝隙、翘曲变形与开裂；湿胀不仅增大木制产品的尺寸，如发生地板隆起、门与窗关不上，而且还会降低木材的力学性质，唯独对木桶、木船等浸润胀紧类产品有利。

2.3.2 力学性能

木材的力学性能也具有各向异性的特点，当受力方向与纤维方向一致时，为顺纹受力；当受力方向垂直于纤维方向时，为横纹受力。

（1）**抗拉强度。**木材顺纹受到拉力破坏，往往是木纤维未被拉断，而纤维间先被撕裂。顺纹抗拉强度是木材所有强度中最大的，为顺纹抗压强度的2~3倍。而木材横纹抗拉强度很小，仅为顺纹抗拉强度的2.5%~10%，一般不具有实用意义。

（2）**抗压强度。**木材顺纹抗压强度较高，仅次于顺纹抗拉与抗弯强度，且木材的疵点对其影响甚小，而横纹抗压强度较小，一般为顺纹抗压强度的10%~20%。

（3）**抗弯强度。**木材受力弯曲时，内部应力复杂，在构件的上部受到顺纹抗压、下部为顺纹抗拉。在受力弯过程中，受压区首先达到强度极限而导致破坏。木材顺纹抗弯强度很高，为顺纹抗压强度的1.5~2倍，所以在建筑和日常生活中应用很广。

2.3.3 木材的优点

（1）**天然性。**木材是一种天然有孔材料，在人类常用的钢铁、木材、水泥、塑料四大主材中，只有木材直接取于自然界。

（2）**加工工艺性好。**木材软硬程度适中，容易加工，使用简单的工具就可加工成各种形状的产品。具有加工过程中成本低、耗能小、无毒害、无污染等特点。

（3）**质感好。**木材具有易为人接受的良好触觉特性，远优于金属和玻璃等材料。

（4）**强重比高。**木材的某些强度与重量的比值比一般金属的比值都高，是一种质轻而强度高的材料。

（5）**保温性好。**木材的导热系数很小，同其他材料相比，铝的导热性是木材的2000倍，塑料的导热性是木材的30倍。因此，木材具有良好的保温性能。

（6）**电绝缘性好。**木材的电传导性差，干木材是较好的电绝缘材料。

（7）**良好的装饰性。**木材本身具有天然美丽的花纹，作为家具和装饰材料，具有很好的装饰性。

（8）**高蠕变性。**木材易燃，但大件木结构在逐渐燃烧或炭化时仍然能保持一定强度，尽管外部烧焦仍然屹立不倒，而金属和塑料等材料会因高温发生蠕变快速变形倒塌。

（9）**稀缺性。**名贵木材从古至今一直倍受人们喜爱，在世界上原始森林渐少、珍贵木材日趋匮乏的今天，木材显得尤为珍贵。

（10）**用途广泛。**木材是最早用于人类生活与工作中的材料之一，可以制成各种用品或工具。其用途远比钢铁、水泥和塑料等材料广泛。

2.3.4　木材的主要缺陷及其利用

木材的缺陷是指木材本身固有的减损其使用价值或商品价值的某些特征，即不符合某些使用目的和特殊用途的缺陷。

（1）**干缩湿胀。**干缩和湿胀是木材的固有特性。当木材含水率在纤维饱和点以下变动时，干燥后的木材尺寸会随着周围环境湿度、温度的变化而变化。由于木材的各向异性，木材在各个方向的干缩湿胀都存在着差异，从而导致木材发生开裂、翘曲等缺陷，在实木类产品中应该引起高度重视。在木制产品中，针对木材的干缩湿胀特点进行产品设计的手法主要有以下几个方面：

①应用线型构件与合理结构：一般不采用大面积的板材，尽量采用线型构件，并采用合理的结构形式，可以尽量减少干缩湿胀引起的产品构件局部变形的机会。

研究表明，含水率每变化一个百分点，木材的径向干缩系数平均约变化0.2%，这就意味着含水率变化10个百分点的一块600mm宽的实木板材的尺寸将变化12mm，这样产品结构将发生破坏。同理，如果采用30mm宽同样材质的线型构件，则理论上尺寸将变化0.6mm，产品结构基本还处于安全状态。另外，由于纵向干缩湿胀量比较小，在设计中常忽略不计。

如图2-6所示，座椅靠背中顶部的构成形式中，顶部横档采用窄板状，靠背支柱为线形构造，当干缩湿胀时，影响较大的是顶部横档的尺寸与形状，从而避免因干缩湿胀影响顶部横档与靠背支柱间的连接结构。为了把这种影响减少到最低程度，就有了图2-6中的A、B、C三种结构方式，其中结构C优于结构B，而结构B又优于结构A。

②端部封闭：木材是多孔性物质，横切面排列着导管等纵向细胞，用于传输水分和营养，而横纹理方向的通道主要依靠的是纹孔，水分不容易传导。因此，木材端部水分蒸发和吸收都要快于侧

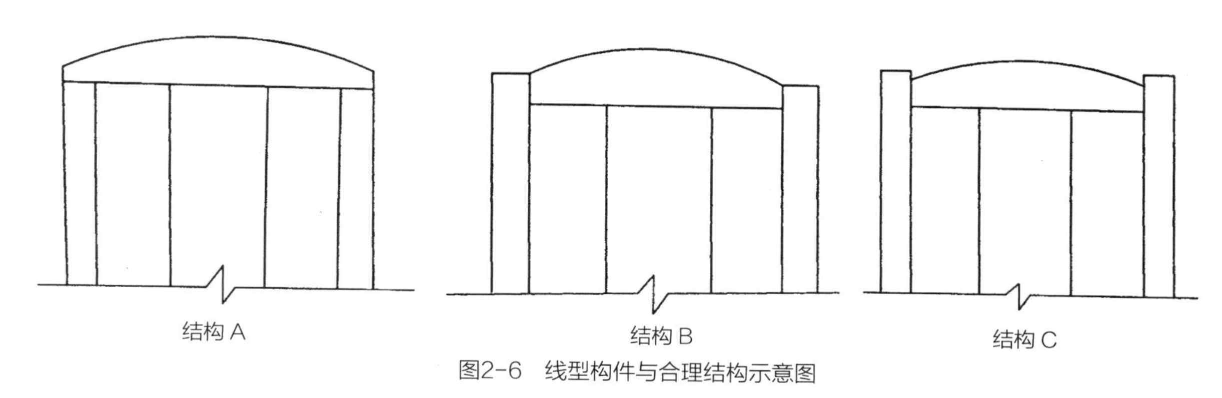

图2-6　线型构件与合理结构示意图

面。经干燥处理的实木产品零部件，当含水率达到或低于其所处的平衡含水率时，零部件端部就会吸湿，从而会引起端部甚至整个零部件的尺寸变形。一旦把端部成功封闭，那么木材与大气环境的水分交换就会被阻隔，从而实现结构上的安全。

在实际应用中，一般应用油漆涂饰技术对实木产品零部件端部进行封闭。

③应用框架与嵌板结构：经常会见到实木产品需要较大幅面的板件，这种板件一般采用框架与嵌板结构，即四周为框架，中间嵌心板，并且框架与心板之间不能用胶粘剂固定，而在框架与心板之间留有“伸缩缝”。

“伸缩缝”的宽度为5～10mm，是较大幅面实木板件的“自我保护系统”；当其受环境影响收缩或膨胀时，心板可以向两侧自由滑动而防止板面开裂或胀破边框。图2-7为伸缩缝示意图。

④采用开放结构：采用开放结构是指让某些构件具有自由伸缩的条件，即当木材湿胀干缩时，在横纹理方向上由于没有其他构件的制约而不会对实木产品本体造成破坏。

（2）**裂纹。**树木在生长时期或伐倒后，因受外力作用或温度、湿度变化的影响，木材纤维与纤维之间分离所形成的裂隙，称为开裂或裂纹。

木材裂纹作为一种缺陷，对木材的材质影响很大，既破坏了木材的完整性和力学强度，又影响了木材的利用价值和装饰效果。但在设计中，可以把木材中广泛存在的裂纹缺陷，通过特殊处理方式，形成大众可以接受的另类美感形式，实现其价值增值。

木材裂纹在木制产品设计中的合理利用主要体现在以下几个方面：

①充分利用木材裂纹的天然与自由效果：木材裂纹虽然是一种缺陷，但其形态本身也同时体现了某种规律和自由形式之美。一方面是裂纹的形态体现了一定的规律和节奏感；另一方面是裂纹产生的偶然性带来一种形态上的不确定性和自由性。更能烘托木材粗糙的质感和自然特征，使产品更生动。很多时候，裂纹的存在形成一种新的偶然性肌理形式，体现出某种特殊的情感效果，带人远离现代尘世的浮躁喧嚣，体现自然的沧桑古朴与沉静幽远（图2-8～图2-10）。

②嵌榫或金属加固木材裂纹形成材质对比美：在现时生活中，经常会看到为了防止木材裂纹产生或扩大而进行的一些加固处理。常用的加固处理方式多为木材嵌榫或金属捆绑。在设计时，可充分考虑嵌榫

图2-7　伸缩缝示意图

图2-8　实木人工仿自然裂纹灯罩

图2-9　台湾设计师以木材自然裂纹为元素设计的花瓶

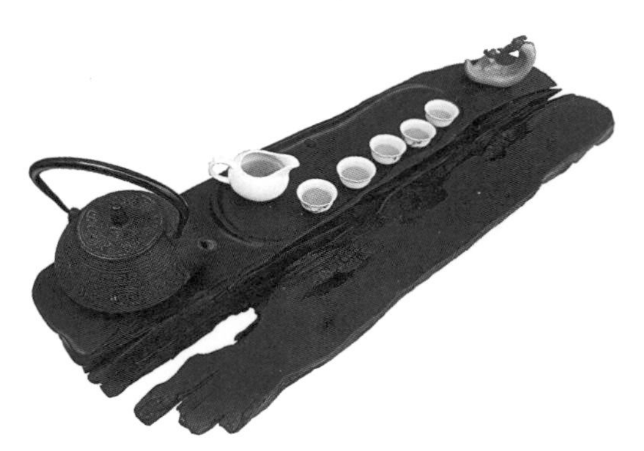
图2-10　实木裂纹茶台面

或金属加固构件与整体间的协调关系，在实现加固功能的同时，也与产品整体形成某种形式的点缀性装饰或材质的对比。把自然、亲切、温暖的木质材料与现代、冷酷、坚硬的金属材料进行完美结合；通过材质的对比，更加突出木材的天然特征。图2-11中（a）是采用木材嵌榫加固裂纹的处理形式，（b）是采用金属捆绑加固木材裂纹的处理方式。

③裂纹嵌缝的设计处理：除在一些产品上保留木材的原有裂纹之外，也可对裂纹进行嵌缝处理。嵌缝处理是应用专用工具对裂隙内侧面进行刮、铲清理，直至面见新茬，以便于嵌缝材料易于压入缝隙内。嵌缝材料既可以是与主材相同的木材，也可以是不同的其他种类的木材；更有甚者，则应用现代金属、树脂或玻璃作为嵌缝材料，形成别具特色的产品形式。图2-12是用树脂作为嵌缝材料的桌面。

④裂纹填缝处理：使用腻子、树脂等木材填充剂，对裂纹进行填充与修补。这种方法可通过对填充剂调色处理，使裂纹填充后与木材颜色一致，但可保留修补的痕迹，形成木材质朴天然的效果。也可以把填充剂调成与木材有一定的色差，突出裂纹的形态，形成某种特殊的装饰效果。

图2-13是将融化的铝浇铸进木材，让其随着木材的自然裂纹自由流动后，形成一件具有独特美感和使用功能的家具产品。凝固后的银灰色铝材与木纹之间形成非常具有意境的美感，既保留了树木原始纹路，又在结合部位形成独特的碳化肌理，表达出自然人造物的哲学意味。

（3）节子。树干内部活枝条或枯死枝条的基部，在木材中称为节子，是树木生长的正常生理现象。节子分为活节和死节。由树木的活枝条形成的与周围木材紧密连生，质地坚硬，构造正常的节子称为活节，图2-14是活节及其在弦切面上的形态；由树木枯死枝条形成的与周围木材大部分或全部脱离，质地坚硬或松弛，在板材中有时脱落形成空洞的节子称为死节，图2-15是死节及其在弦切面上的形态。

节子属于实木材料的天然缺陷之一，特别是松木、柏木等材种节子较多，因此，在木制产品设计选材时可从以下两个方面进行思考如何合理利用。

①充分利用节子：在设计选材时，依据节子的大小、切面、数量，形成特殊的肌理效果，体现实木产品的天然、朴实、自然的特性（图2-16）。

②隐蔽节子：在选取和使用木材时，一般应剔除节子，但有时也将节子相对较多，并且节子的尺寸相对较大的木材，用于非重点部位，或对产品本

图2-11（a）　嵌榫加固木材裂纹

图2-11（b）　金属捆绑加固木材裂纹

图2-12　木材裂纹树脂嵌缝

图2-13　木材裂纹铝浇铸填缝处理

图2-14　活节

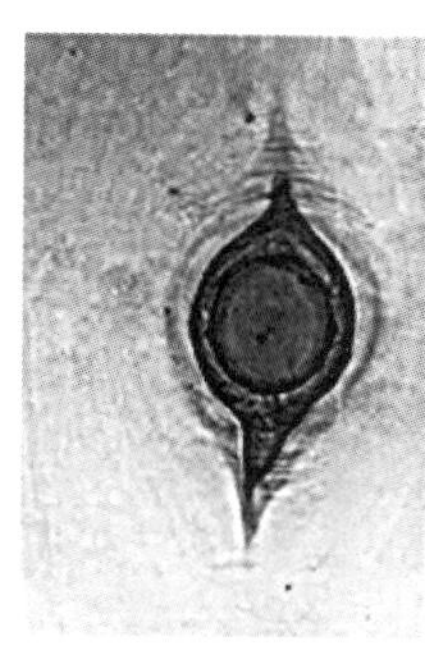
图2-15　死节

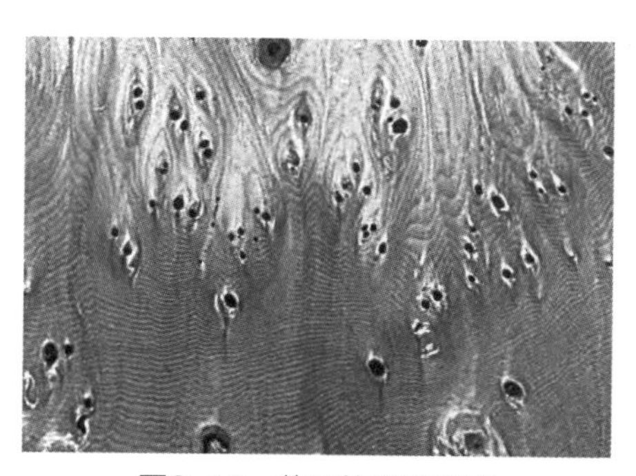
图2-16　节子的肌理效果

身强度、表面质量要求不太高的地方，尽量将有节子的木材使用在隐蔽处。

2.3.5 实木产品的选材

木材的种类与使用范围都极其广泛，但并不是任何一种木材都适合于所有用途，不同的实木产品对材质的要求也不同。所以，在进行实木产品材种的选用时，应结合木材的纹理结构、物理性质及其加工特性，分析其所能达到的最大经济效益。尽量做到将高等级的木材优先用于产品较重要的部位，或用于较重要的用途方面，做到适材适用，材尽其用，合理利用。对于某些性质不完全适应产品要求时，也可以经过适当的改性处理，使之符合产品的用材要求。

根据木材的应用范围，产品类别及其对木材材质的基本要求和适宜材种，见表2-1。

表 2-1 木制产品类别与适宜材种

产品类别	要求条件	适宜材种
建筑用材	纹理通直，胀缩性小，不翘曲、开裂；抗弯性能好，弹性模量和硬度等性质适中，耐腐朽和虫蛀，握钉力较强，油漆性能良好	杉木、落叶松、红松、云杉、北美黄杉、水曲柳、柞木、水青冈、桦木、木荚豆、龙脑香等
车辆车厢支架	冲击韧性好、顺纹及抗弯强度高，握钉力强，胀缩性小，不翘曲、开裂，耐磨损和耐腐朽	落叶松、铁杉、水曲柳、槭木、榉木、柞木、铁木、非洲楝木等
车辆内部装饰	材色、纹理、油漆性能好	胡桃木、樱桃木、红松、落叶松、铁杉、柏木、水曲柳、榉木、槭木、花梨类、红酸枝类、黑酸枝类等
家具用材	有较大的顺纹抗压强度、抗弯强度与抗劈强度，胀缩性小，有适当的韧性和硬度，纹理通直，结构细致均匀，色泽和花纹美观，切削面光洁，胶接和油漆性能好，无腐朽和虫蛀	柏木、核桃木、水曲柳、槭木、楸木、苦楝、红椿、槐树、香枝木、黑酸枝类、红酸枝类、檀香紫檀、乌木、条纹乌木、鸡翅木、铁木豆、古夷苏木、二翅豆、木荚豆等
乐器共鸣部件	结构细，材质轻软，树脂含量少，共振性能良好，弹性模量与密度的比值高，干燥性能良好，胀缩性小，易胶接、油漆和着色，纹理、材色美观	云杉、枹桐、红松、银杏、槭木、香红木、核桃楸、刺楸、水青冈等
乐器琴壳、风箱、手风琴及琴盘	纹理通直，结构细致、均匀，胀缩性小，不翘曲变形，纹理和材色美观，切削面光滑，油漆、着色性能良好	红松、鱼鳞云杉、华山松、核桃楸、黄杞、黄菠萝、槭木、椴木、柚木、水曲柳、白蜡木、檫木、楠木等
纺织用木梭	木材重至甚重，耐磨损，胀缩性小，刨削后光滑，摩擦系数低，抗劈性、抗剪强度和冲击韧性高，结构均匀，纹理通直	槭木、水青冈、小叶栎、槲木、高山栎、红椆、薄叶青冈、青冈栎、石斑木、青皮木、铁线子、蚊木等
单双杠、高低杠、平衡木、篮球架	纹理通直，韧性较大，富有弹性，耐磨损，耐腐朽	铁杉、杉木、落叶松、水曲柳、白蜡木、槭木、桑木、麻栎、榉木、槐树、黄檀等

续表

产品类别	要求条件	适宜材种
网球拍、羽毛球拍、球台	木材结构细致，纹理直，弹性佳，易弯曲，材色美观，油漆及胶接性能良好	铁杉、乔松、华山松、北美黄杉、桦木属、槭木、臭椿、梓木、楸木、黄杞等
铅笔杆用材	纹理直，结构细致均匀，软硬适中，略带脆性，易切削，刨面光滑，材色美观，无异味，胀缩性小，不翘曲变形，无瑕疵	铅笔柏、圆柏、福建柏、红桧、红豆杉、鸡毛松、罗汉松、椴木、拟赤杨、桤木、云杉等

2.4　实木的成型工艺

将实木通过相应的工具或设备加工成构件，并将其组装成制品，再进行表面处理或涂饰，最后形成完整实木产品的过程，称为实木产品的成型加工工艺。

2.4.1　实木的成型工艺流程

成型工艺过程是指在成型加工过程中，劳动者利用生产工具将各种原材料、半成品经过利用各种机械设备、工具、刃具，按照一定的顺序连续进行加工，通过改变原材料的尺寸、形状、色彩等理化性能，使之成为合格产品的方法与过程。

实木产品成型工艺过程包括木材干燥、配料、毛料加工、胶合、净料加工、部件装配、总装配、涂饰等工序。

木材干燥，是使木材达到一定的含水率要求，确保实木产品质量的关键工序。木材干燥一般在配料前完成；也有在配料后完成的，但配料时要留出木材的干缩余量。

木材机加工，从配料开始，锯切成一定尺寸的毛料，毛料经过四个表面刨削加工和端部精截，成为标准尺寸的净料。根据结构的需要，净料经过榫头、榫眼、圆孔、榫槽、型面、曲面、修整等其中的部分或全部切削加工，成为符合设计要求的零件。而后将相应的零件装配成部件，进而对部件进行必要的修整后再进行总装配和油漆涂饰，成为成品。

实木产品成型工艺过程如图2-17所示：

根据成型工艺过程的特征或组织实施的方法不同，可将实木产品的成型工艺过程分为若干个工段，如配料工段、切削工段、装配工段、涂饰工段等，每一个工段由若干个工序组成。

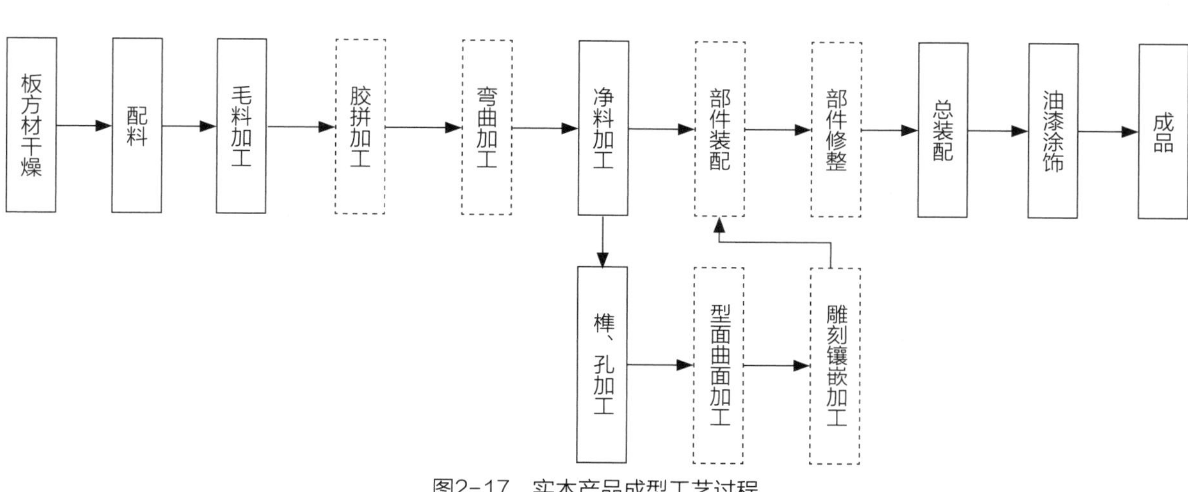

图2-17　实木产品成型工艺过程

2.4.2 配料工艺

按照零件尺寸规格和质量要求，将实木板、方材锯割成各种规格、形状的毛料的过程称为配料。配料是实木成型过程中的第一个工段，虽然工艺简单，但配料工作的水平直接影响到实木产品的质量、合理用材、生产效率等方面，因此，应引起必要的重视。

在进行配料时，不同等级的产品及同一产品中不同部位的零件，对材料的要求往往是不同的。高档产品在用材等级、品种方面必然优于普通产品；同一产品的正面和侧面、表面和里面、上面和下面等不同部位的用材，也常有差异。所以在配料时，应该遵循一定的用材原则：即“大材不小用，长材不短用，优材不劣用，低质材合理利用”。做到材尽其用，最大限度地提高利用率。另外，还要注意配料选材时木材的含水率、产品档次与部位、产品结构等方面的技术要求。

2.4.3 切削成型

经过配料后形成的具有一定规格和加工余量的毛料，需要经过各道切削加工工序，才能成为符合设计要求的零件。木材切削加工，是通过刀具作用于木材产生的相对运动，以获取一定形状、尺寸和表面状态的木制产品的加工过程；是木材加工中占比重最大的一项基本工艺，其质量对后期的胶合工艺和表面装饰工艺也有重要影响。现将实木零件切削加工各工序分述如下：

（1）**零件基准面与基准边加工。**零件基准面是指零件毛料到净料各切削加工的工艺基准，以保证零件后续加工工序的尺寸精度。在实际生产过程中，通常选择零件较大的面作为基准面；如果毛料是弯曲件，则选择凹面作为基准面。

基准边是确保零件的宽度尺寸的定位基准，也可以作为后续加工工序的定位基准。在实际生产过程中，一般选择较直的边作为基准边；若毛料呈弯曲状，则选择凹边作基准边，以提高加工的稳定性。

（2）**零件相对面与相对边加工。**在完成基准面与基准边加工后，即可进行相对面与相对边的加工，一般是利用其专用设备——压刨床来完成的。利用压刨床加工相对面与相对边，不仅能使零件获得较精确的厚度与宽度尺寸，而且生产效率高，安全可靠。

如果零件的相对面或相对边为斜面，则可借助相同倾斜度的样模夹具，利用压刨床进行刨削加工，并形成准确的规格尺寸与倾斜度。

（3）**榫头加工。**榫头榫眼接合是实木制品的一种传统接合方式，经过前人不断地发展创新，到目前为止，榫头有直角方榫、直角圆弧榫、燕尾榫等类型。

传统的榫头加工方法以锯割或铣削加工方式为主，随着科技的发展，榫头加工也转变为以现代化设备为主，特别是自动数控榫头机，可以满足各主要类型榫头的加工需求。

（4）**榫眼（槽）与圆孔加工。**榫眼（槽）与榫头配合，形成实木制品的榫接合结构。榫眼与榫槽的不同就在于榫眼四周是围合的，而榫槽则有一边是开放的（图2-18）。榫眼有专用的榫眼机加工，榫槽可用铣床加工；零件上的圆孔，如销孔、螺丝孔、圆棒榫孔等圆孔，可用木工钻床或其他打孔设备加工（图2-19）。

（5）**型面与曲面铣削加工。**基于实木产品造型审美的要求，其中的某些零件，需要加工成各种型面或曲面（图2-20）。这些曲面和型面通常是利用

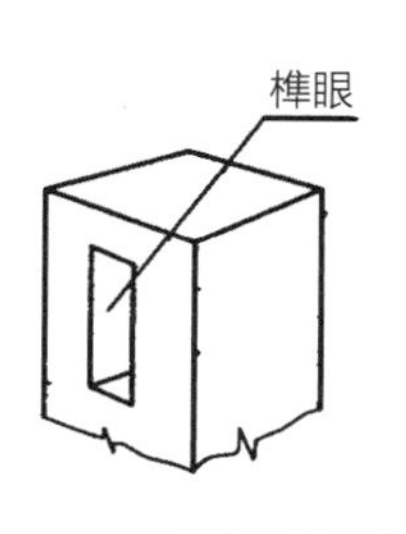

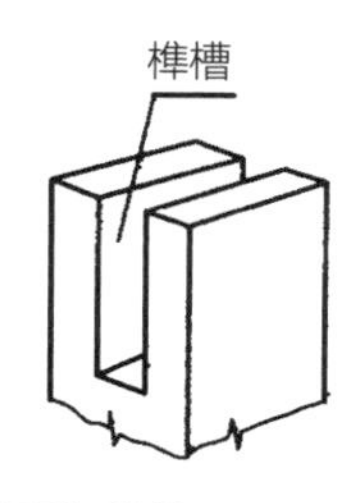

图2-18　榫眼与榫槽

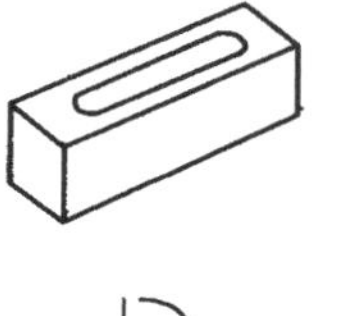
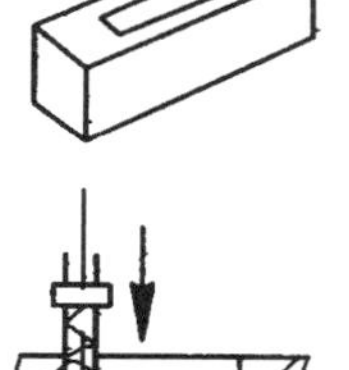

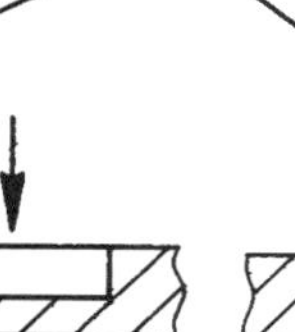

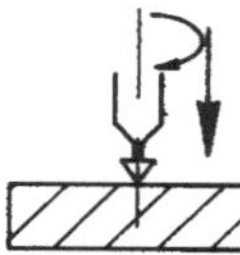

图2-19　榫眼与孔的形式与加工方法

立式铣床加工而成的。

（6）**回转体车削加工。**在一个零件的两端中心各设两个点，由两点连成一线穿过零件，物体以此线为旋转中心线，在旋转时它的每个部分旋转到固定一个位置时都是一样的形状，此为标准回转体。实木产品中，常见回转体有各种形状的腿或脚、圆柱体、圆锥体、盘形、碗形、球形、瓶形构件等（图2-21）。

实木回转体类零件一般是以横截面为方形的毛料，在木工车床上进行车削加工完成的。加工时，先找准方形毛料两端的中心，然后将两端的中心分别对准车床两端的顶针，并利用车床尾部的顶针将待加工的毛料零件挤紧，接着开启车床带动零件作高速旋转运动，刀头则根据零件的形状要求作前后和左右移动。

2.4.4　方材胶拼

实木方材胶拼主要是将较小的方料胶拼成宽的、长的、厚的方料，既能充分提高木材的利用率，又可减少制品的变形，提高制品的品质。方材胶拼的类别既有单一长度或宽度方向上的胶拼，又有厚度与长度方向上及长度与宽度方向的胶拼等方式。现分述如下：

（1）**方材拼长。**方材拼长就是将短材胶拼接成长材，常用胶拼方法有平面对接、斜面胶接和齿形榫胶接三种形式。

①**平面对接：**直接将木材的横截面进行相对胶拼，以达到增加构件长度的目的。由于一般木材横截面较粗糙，且平整度差，所以胶拼强度低（图2-22）。

②**斜面胶接：**为了提高平面对接强度低的缺点，可将木材截头加工成斜面，以增加胶接面积（图2-23）木材端头的斜面L越长，则胶接面积也越大，接合强度就越高；但材料损耗就越多，利用率就越低。

③**齿形榫胶接：**将木材待胶接端面加工成齿形榫，然后再进行胶接。这种齿形榫有两种形式：一种是齿形榫呈现在拼接方材表面；另一种是齿形榫呈现在拼接方材侧面，可根据产品设计过程中的审美要求而定，（图2-24）。这种方材齿形榫胶合接长形式，不仅接合强度大，而且材料损耗小，所以应用较广泛。

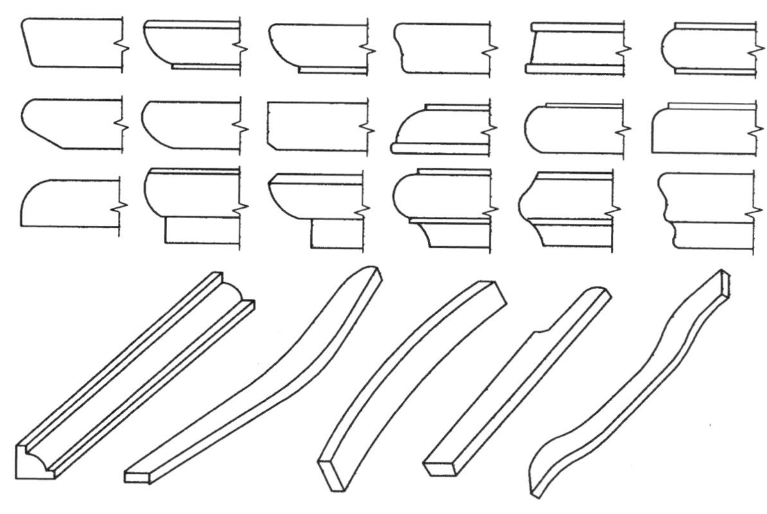

图2-20　常见的型面和曲面

图2-21　回转体零件形式

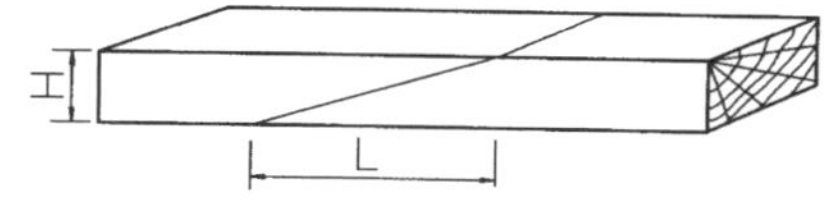

图2-22　方材平面对接接长

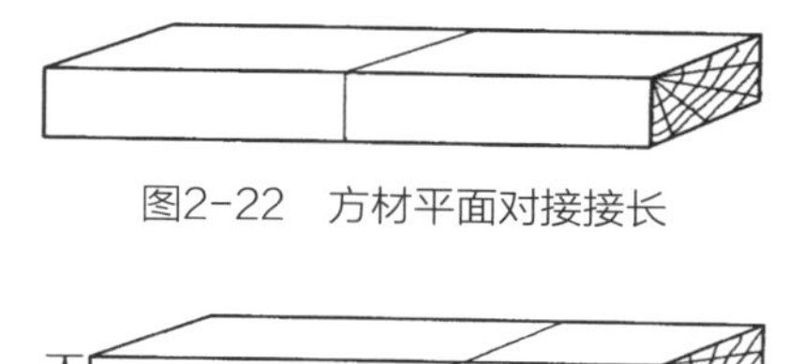

图2-23　方材斜面胶接接长

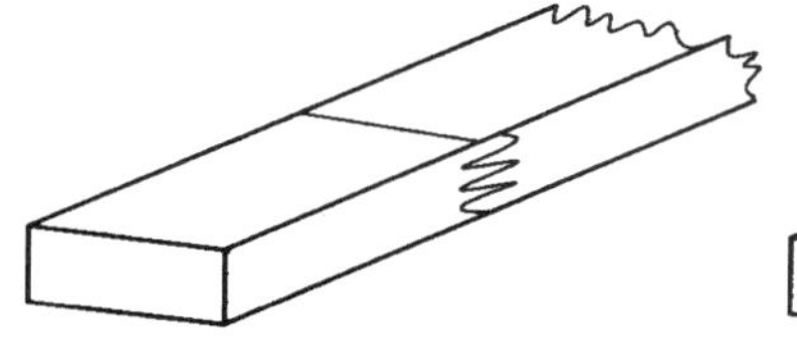

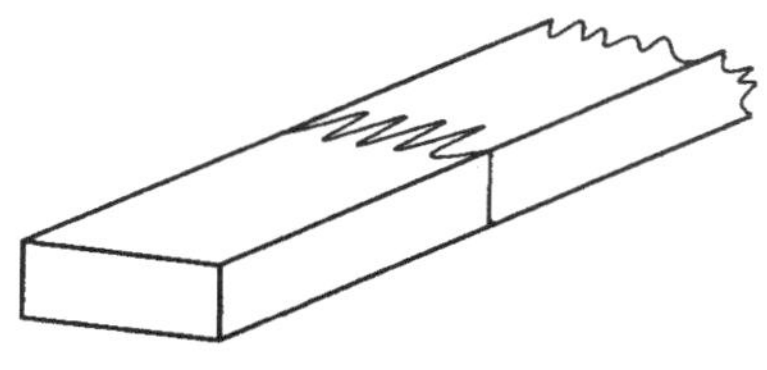

图2-24　方材齿形榫胶接接长

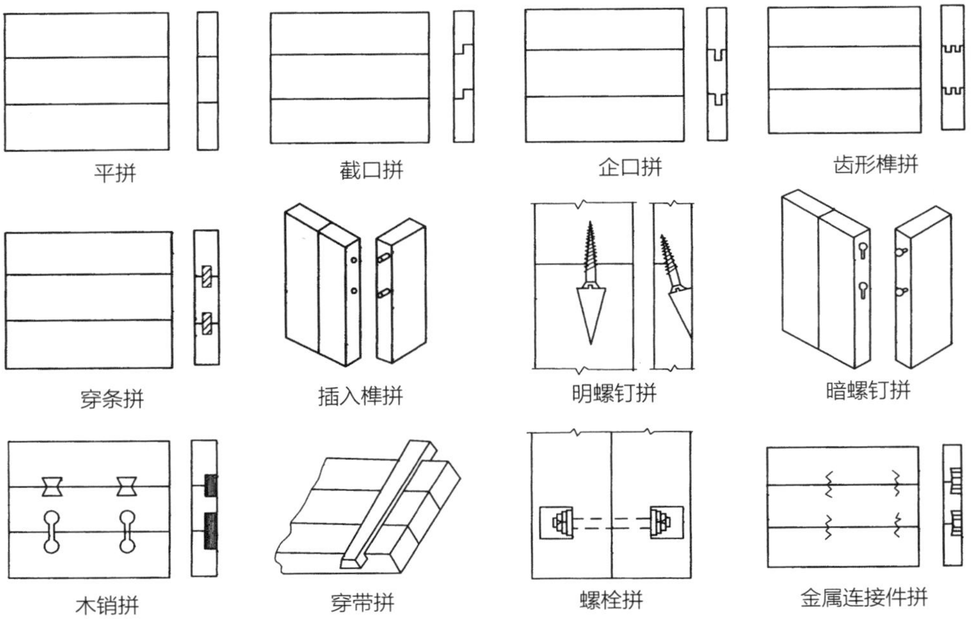

平拼
截口拼
企口拼
齿形榫拼
穿条拼
插入榫拼
明螺钉拼
暗螺钉拼
木销拼
穿带拼
螺栓拼
金属连接件拼
图2-25 常见的方材拼宽形式

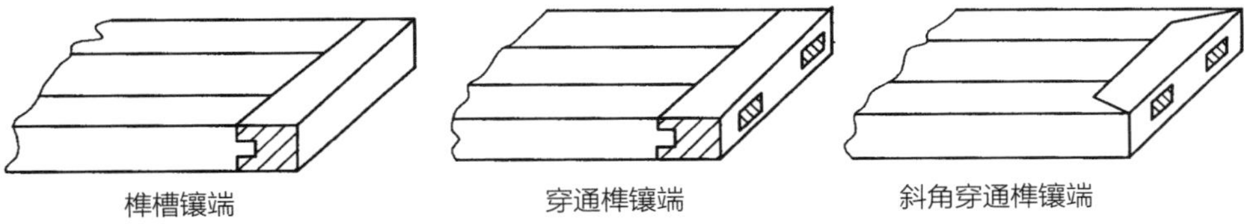

榫槽镶端
穿通榫镶端
斜角穿通榫镶端
图2-26 常见的方材拼宽实木镶端形式

（2）**方材拼宽。**实木方材拼宽是指采用某种特定的结构形式将较窄的实木板涂胶拼成所需宽幅面板材的过程。实木方材拼宽主要用于制作桌面、台面、坐面板、门板等，经久而用，对材质要求较高，尺寸稳定、变形开裂少。常用的实木方材拼宽形式主要有平口拼、截口拼、企口拼、穿条拼等（图2-25）。

实木方材拼宽后，当含水率发生变化时，拼板很容易发生变形或开裂。为了防止或减少拼板发生翘曲变形或开裂的缺陷产生，并增加拼板端部的美观性，通常采用镶端法加以控制。即在拼板端部镶接同材质木条、金属件或塑料件等（图2-26）。

2.4.5 弯曲成型

弯曲成型是指利用模具，通过加压的方法，制作木制产品中各种弯曲零件的过程。弯曲成型的各种木制构件与产品，具有形态优美、线条流畅、受力性能好、材料利用率高等优点。在木制产品中，常用的弯曲构件加工方法有实木软化弯曲成型、锯制胶合弯曲成型、薄板多层胶合弯曲成型、模压成型等方法。

（1）**实木软化弯曲成型加工。**实木软化弯曲成型加工是指将经过刨削加工与软化处理的木材，借助模具与压力弯曲成所需实木产品构件的生产过程，形成线型流畅优美的产品外观形式（图2-27）。

实木软化弯曲成型的工艺流程如下：

选材
配料
毛料加工
软化处理
加压弯曲
干燥定型
后续机加工

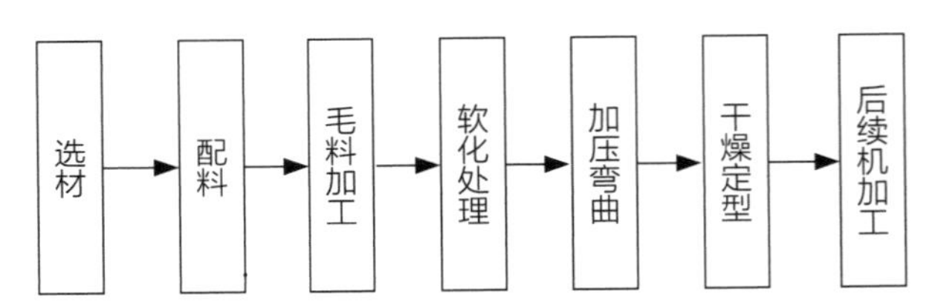

①**选材与配料：**主要是根据弯曲构件的厚度、弯曲半径、软化处理方式等因素，选择合适的材种和品质。不同的树种，其弯曲性能差异也较大，经实践证明，弯曲性能较好的材种有榆木、水曲柳、山毛榉、桦木、松木、云杉等。另外，在用材品质方面，要求纹理通直，弯曲部位不得有腐朽、裂缝、节疤等缺陷。

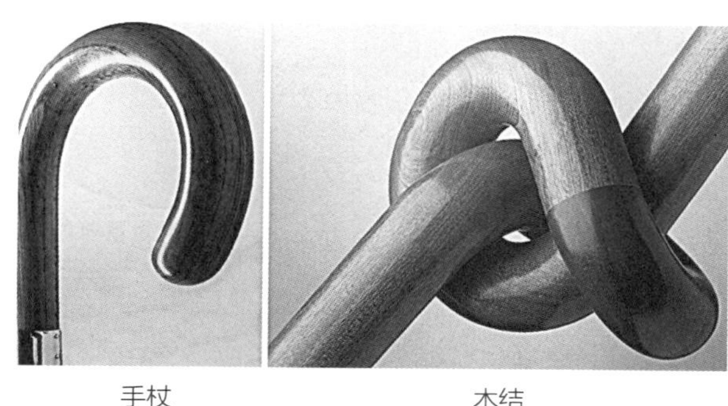

图2-27　实木软化弯曲成型产品

②**毛料加工：**由于弯曲构件一般属于异形构件，弯曲成型后加工不方便，所以在弯曲前，应加工成符合规格要求的尺寸。具体加工过程，可以用平刨、压刨或四面刨等设备来完成。

③**软化处理：**软化处理是通过将木材加热、注入增塑剂等方式，提高木材的塑性变形能力。木材软化处理可分为两种：一种是物理软化处理方法，即水煮软化、蒸煮软化和微波加热软化；另一种是化学软化处理方法，即采用氨塑化处理、尿素塑化处理和碱液塑化处理。化学软化处理由于成本较高，且易增加环境污染，故应少用。

④**加压弯曲：**经过软化处理后的木材，应立即进行弯曲加工，以防因放置时间过长，而降低弯曲性。对于弯曲半径较大、厚度小的弯曲构件，可以不辅助金属夹板而直接采用模具加压弯曲加工；否则，需要辅助金属夹板。弯曲时与木材表面紧密接触的金属夹板可促使中性层外移，减小弯曲难度，提高弯曲构件品质（图2-28）。

⑤**干燥定型：**经过湿热软化处理后的木材，弯曲时的含水率高达40%，弯曲后的内应力较大，回弹性也较大，如果加压弯曲后立即松开，就会在回弹性的作用下逐渐伸直。故此，需要将弯曲构件进行干燥处理，将含水率降到10%左右，以便消除内应力，保持弯曲构件形状与尺寸的稳定性。弯曲构件在干燥定型的过程中，与夹具或定型模具一起干燥定型，直至干燥定型完成后，才卸下夹具或定型模具。

⑥**后续机加工：**主要是修整构件在前述弯曲加工过程中其表面形状或颜色发生的变化，并根据设计要求，对弯曲后的构件进行钻孔、开榫头或榫眼（槽）、铣型面等系列的加工。

（2）锯制胶合弯曲成型。锯制胶合弯曲就是利用锯切设备，按照一定的距离，相间地锯出锯口，然后再进行弯曲成型的加工过程。按锯口与木纹方向的不同，分为纵向锯制胶合弯曲和横向锯制胶合弯曲两种类型。

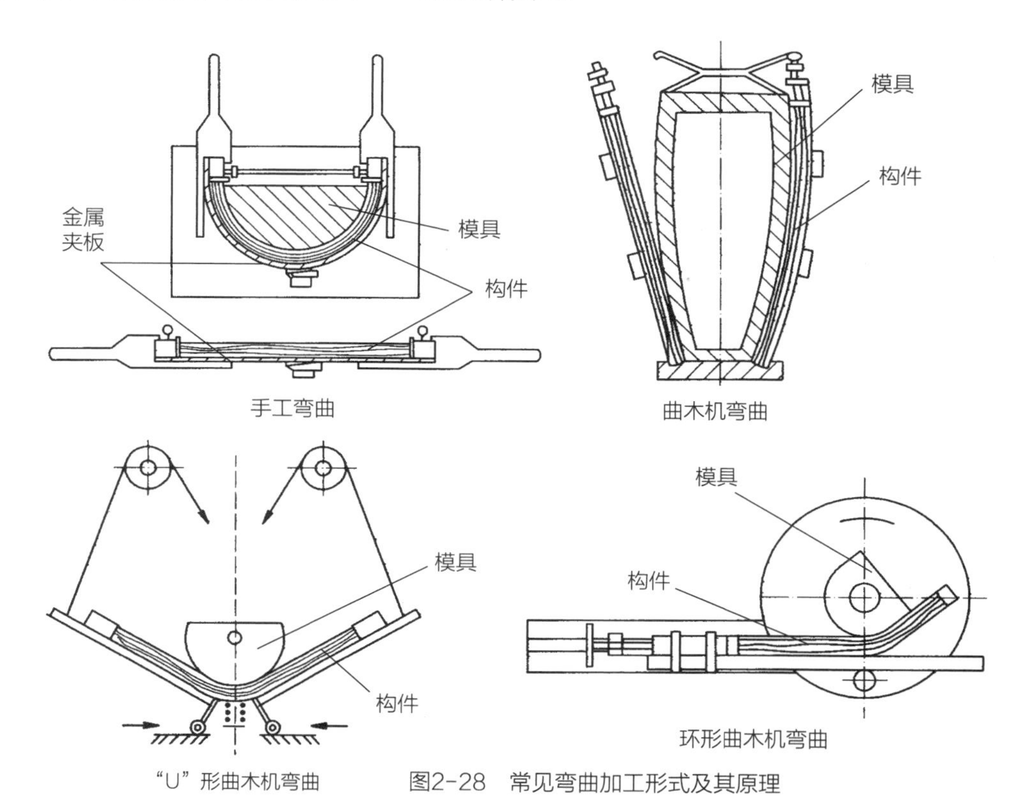

图2-28　常见弯曲加工形式及其原理

①**纵向锯制胶合弯曲：**纵向锯制胶合弯曲是指在方材构件的一端，顺着木纹方向锯出若干个纵向槽口，并在槽中插入两面涂上胶粘剂的薄板、单板或胶合板，经涂胶加压弯曲制成的弯曲构件（图2-29）。

②**横向锯制胶合弯曲：**横向锯制胶合弯曲是指在木材或人造板材上开锯出横向槽口，经涂胶、加压制成弯曲构件的加工过程。所锯横向槽口有两种形式：一种是“V”形；另一种是矩形。锯口深度一般为板料总厚度的2/3～3/4；锯口的宽度和数量与弯曲面的弧长或弯曲半径相关联（图2-30）。

③**横向锯制折叠成型：**横向锯制折叠成型是指以贴面装饰的刨花板、中密度纤维板或多层胶合板作为基材，在其内侧开出“V”形或“U”形槽，再经涂胶、折叠、胶合成型的框架。横向锯制折叠成型生产效率高，适用于小型箱体或柜体的机械化、标准化和批量化生产（图2-31）。

（3）薄板多层胶合弯曲成型。薄板多层胶合弯曲成型是将多层涂过胶的薄板组坯在一起，借助模具进行加压胶合弯曲成弯曲构件。在实际生产过程中，薄板厚度一般小于5mm，多以旋切单板为芯料，再配以高档刨切薄木为面料进行胶合弯曲，这样既可降低弯曲件的成本，又可增加构件的美观性。

对于半圆形、“U”形、环形等弯曲度较大的薄板多层胶合弯曲构件，应采用分段加压方法；“U”形构件在胶合加压过程中，先垂直方向加压，再侧向加压；而对于圆环形构件，先将其外模固定，然后再将其内模按若干段对称分段加压。其基本原理见图2-32。

薄板多层胶合弯曲成型加工在工艺技术和产品品质方面存在明显的优势：一是可以改变木材的纹理结构，力学强度提升3～4倍，不易产生翘曲、开裂和变形；二是便于设计师突破传统木制产品的造型，具有更大的创新空间，形成线型流畅、新颖美观、造型独特、更加符合人体工效学要求的产品形式；三是成本低，效率高，生产周期短，见效快，并适合现代拆装式DIY结构，运输方便。图2-33是芬兰设计师阿尔瓦·阿尔托于1933年设计的帕米奥椅，就是薄板多层胶合弯曲成型产品的典型代表。

2.4.6 雕刻加工

雕刻是一种古老的装饰艺术，很早就被世界各地的人们应用于建筑、家具及各类木质、石材等工艺品上。中国常见的传统雕刻图案有龙凤、云鹤、花草、寓言故事等图案。西方风行的雕刻图案有鹰爪、兽腿、天使、人体、柱头、雄狮、蟠龙、花草纹和神像等图案。

（1）雕刻的类型。按所形成的图案与背景的相对关系不同，可把雕刻分为浮雕、圆雕、透雕、平刻等形式。

①**浮雕：**其图案高出背景且与背景不分离而凸起的图案纹样，呈立体状浮于衬底面（背景）之上，按凸出高度不同可分为浅浮雕和深浮雕两种。在背景上仅浮出一层极薄的图案，且图案还要借助一些抽象线条等表现方法的浮雕叫浅浮雕；在背景上浮起较高，图案接近于实物的称为深浮雕。而在实际应用中，深浮雕和浅浮雕一般不进行绝对的分开使用，常见的是深中有浅，浅中有深地混合使用（图2-34）。

②**圆雕：**图案与背景相分离，任一方位均可独立形成图案的一种立体雕刻形式，类似于雕塑。其题材范围很广，从人物、动物到植物的整体及局部等都可以表现。常用于产品的支承构件上，尤其是支架构件。图2-35是巴洛克式桌的腿部圆雕图案。

③**透雕：**将图案或背景完全镂空而形成的一种装饰雕刻形式，透雕分为两种形式：在背景上把图案纹样镂空穿透成为透空的称为阴透雕，把背景上除图案纹样之外的背景部分全部镂空，仅保留图案纹样的称为阳透雕。透雕多用于产品中的板状构件（图2-36）。

④**平刻：**图案高出或低于背景，且图案在同一个平面上的一种雕刻方法。当图案低于背景时为阴刻，图案高出背景时为阳刻。但无论阴刻或阳刻，其所有图案都与被雕刻构件的表面在同一高度上（图2-37）。

（2）雕刻工艺。雕刻作品的艺术性较高，其工艺过程也复杂，雕刻过程中要考虑其艺术方面的特殊性，并通过工艺过程中的技术处理达到艺术性的要求。用于雕刻的设备主要有：镂铣机、多轴仿型铣床（多轴雕花机）、数控铣床等；另外，手工工具主要有：平口凿、圆凿、斜角凿、三角凿、叉凿、线凿等。通用的实木雕刻工艺过程如下：

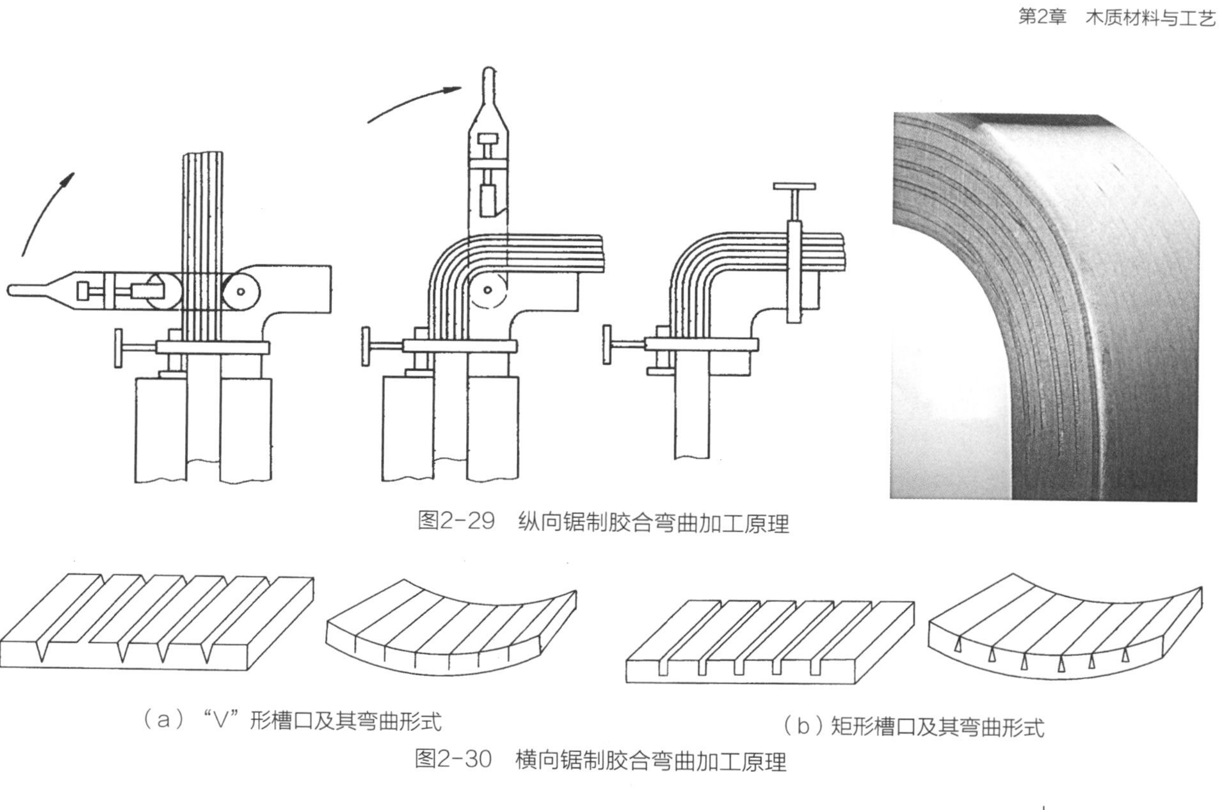

图2-29　纵向锯制胶合弯曲加工原理

（a）“V”形槽口及其弯曲形式　　（b）矩形槽口及其弯曲形式

图2-30　横向锯制胶合弯曲加工原理

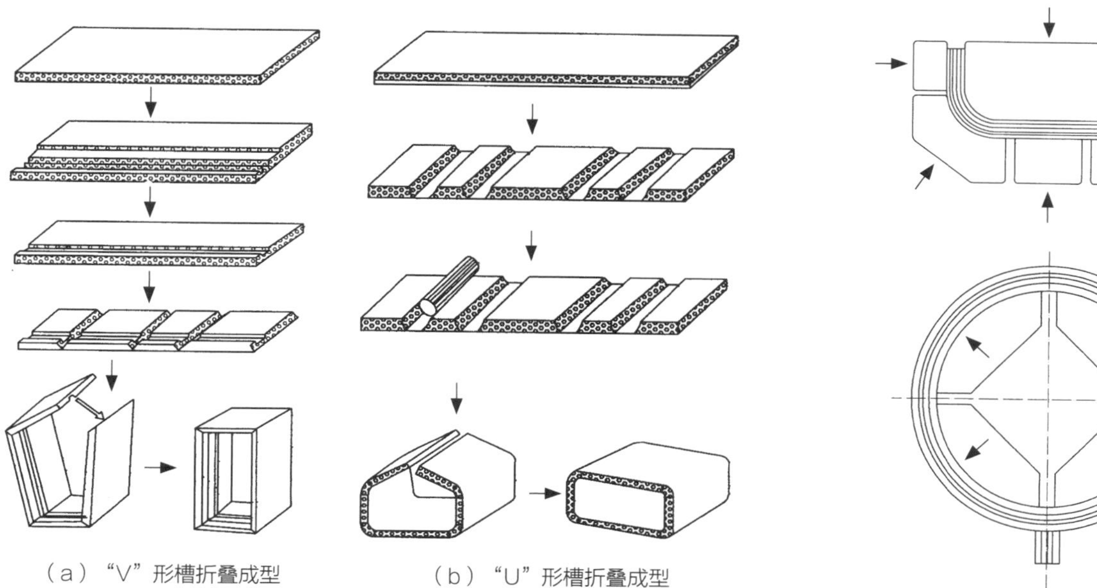

（a）“V”形槽折叠成型　　（b）“U”形槽折叠成型

图2-31　横向锯制折叠成型加工原理

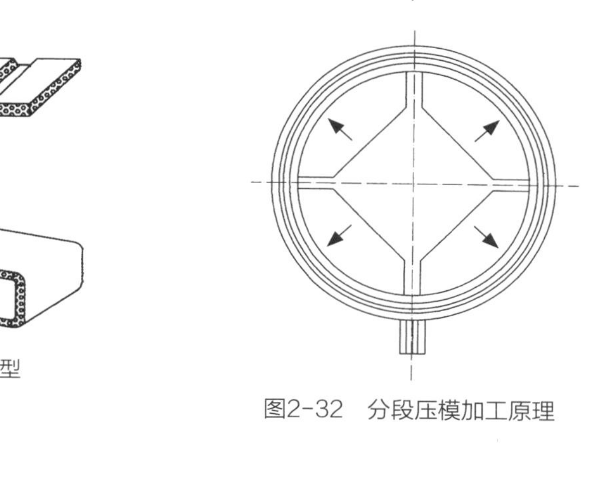

图2-32　分段压模加工原理

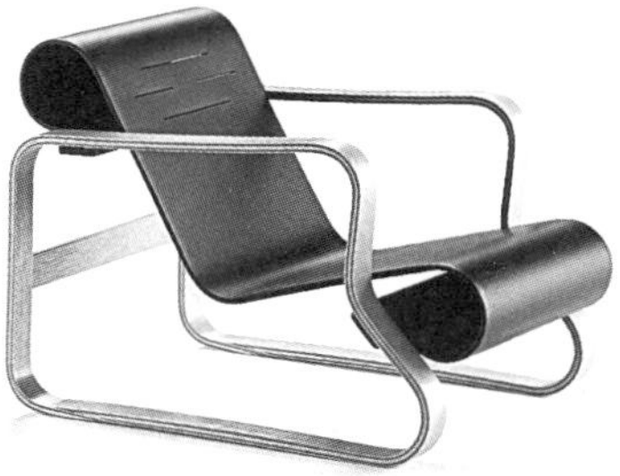

图2-33　帕米奥椅

图2-34　浮雕图案

基材净料→图案设计→雕粗坯→精修→砂光

2.4.7 镶嵌加工

镶嵌是先将不同颜色、不同质地的木材、兽骨、贝壳、金属、象牙、玉石、螺钿等材料，组成平滑的花草、山水、树木、人物及其各种自然界题材的图案花纹；然后再嵌粘到已铣刻好花纹槽（沟）的部件表面上，使图案与构件基材形成明显的对比，以达到装饰产品的目的，即为镶嵌装饰（图2-38）。

（1）镶嵌的类型。镶嵌按嵌槽加工方式不同，可分为雕入镶嵌、锯入镶嵌和贴附镶嵌、铣入镶嵌四种形式。

①雕入镶嵌：利用雕刻的方法嵌入镶嵌元素。即预先在嵌材上画好图案与花纹，再用钢丝锯锯下待用；另外将被挖掉的图案花纹转描到被嵌基材部件上，并用平刻法把它雕出与图案花纹厚度一样的凹槽，然后涂胶粘剂嵌入待嵌的图案花纹即可。

②锯入镶嵌：原理类似于雕入镶嵌，制作方法是先在基材和嵌材上绘好完全相同的图形，再用钢丝锯将基材与嵌木一起锯下，然后把嵌材图案嵌入基材的槽内。

③贴附镶嵌：实际上是贴而不嵌。就是将薄木片制成图案花纹，用胶料贴附在底板上即成，这种工艺已为现代薄木装饰所沿用。

④铣入镶嵌：将基体部件用铣床铣槽（沟），然后把嵌件加胶粘剂料嵌入。

（2）镶嵌工艺。由于镶嵌材料的不同，其制作工艺也有差异，在此仅以木材为基材的镶嵌为例进行工艺过程说明：

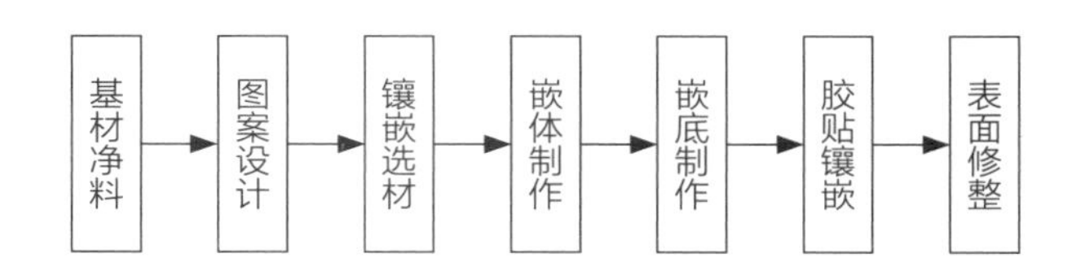

2.4.8 实木产品成型工艺流程示例

例一：列出图2-39所示实木茶几的简要成型工艺流程。

图2-35 巴洛克式桌的腿部圆雕图案

图2-36 透雕+浮雕图案

图2-37 “寿”字阳刻图案

图2-38 镶嵌装饰产品

1 几面板：板方材干燥→配料→毛料加工→拼宽→修整→打榫眼
2 侧望板：板方材干燥→配料→毛料加工→开榫头
3 正望板：板方材干燥→配料→毛料加工→开榫头
4 腿 脚：板方材干燥→配料→毛料加工→车腿型→开榫头→打榫眼
→总装配→油漆→成品

图2-39 实木茶几

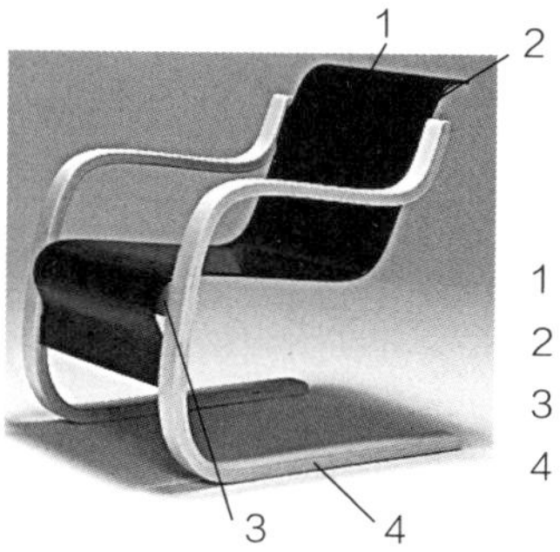

1　座面板：薄板准备→涂胶组坯→胶合弯曲→修整→打孔
2　上撑档：板材干燥→配料→毛料加工→开榫头→打孔
3　下撑档：板材干燥→配料→毛料加工→开榫头→打孔
4　支撑腿：薄板准备→涂胶组坯→胶合弯曲→锯解、修整→铣端头→开榫眼

→总装配→油漆→成品

图2-40　悬挑椅（设计：阿尔瓦·阿尔托）

例二：列出芬兰设计师阿尔瓦·阿尔托于1931—1932年设计的“层压胶合悬挑椅”（图2-40）的简要成型工艺流程。

2.5　木质人造板材

木质人造板材是利用木材、木质纤维、木质碎料或其他植物纤维为原料，用机械方法将其分解成不同的单元，经干燥、施胶、铺装、预压、热压、锯边、砂光等一系列工序加工而成的板材。木质人造板的主要品种有单板、胶合板、纤维板、刨花板、细木工板、单板层积材和集成材，是室内装饰、车船、木质产品和包装中广泛使用的材料之一。

2.5.1　单板

木材单板，也称为木皮，即切割厚度均匀的薄木片（图2-41），主要用来生产胶合板、细木工板、贴面板等木质人造板材。单板的制造方法有锯切法、旋切法和刨切法。由于锯切法制造单板有锯路损耗，降低木材利用率，所以很少采用；一般采用旋切法和刨切法制造单板，也简称为旋切单板和刨切单板。

（1）**旋切单板。**目前，国内外应用最多的是旋切单板，即将木段作定轴回转，刀刃平行于木段轴线作直线进给运动，沿木材年轮方向进行的切削过程，旋切单板主要用于胶合板和单板层积材生产。如图2-42所示是旋切单板的制造原理。

旋切单板的幅面大，同时具有弦向纹理和径向纹理，且纹理连续，美丽大方，最富天然木材真实感；旋切单板的厚度一般为0.25～5.5mm，特殊用途的旋切单板厚度厚可达12mm。

（2）**刨切单板。**用刨切方法加工生产的薄片状材料，称刨切单板，俗称薄木。刨切单板厚度为0.1～1mm，是将纹理清晰、色泽美观的珍贵木材刨切成单板，用于贴在胶合板、中密度纤维板、刨花板等人造板基材表面上，形成珍贵树种特有的美丽木纹和色泽，既节省了珍贵树种木材资源，又使人们能享受真正的自然之美。图2-43是刨切单板制造原理。

随着现代科学技术的发展，刨切单板厚度可达到0.2mm以下，趋向于微薄木方向发展，可更加有效地利用珍贵稀有木材，扩大珍贵优质木材的使用范围。

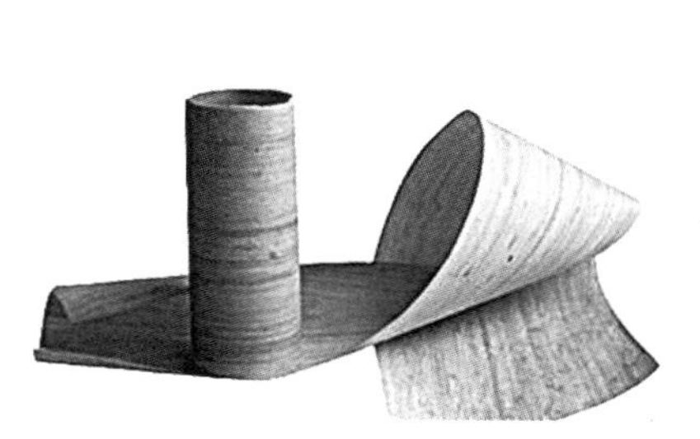

图2-41　木材单板材料

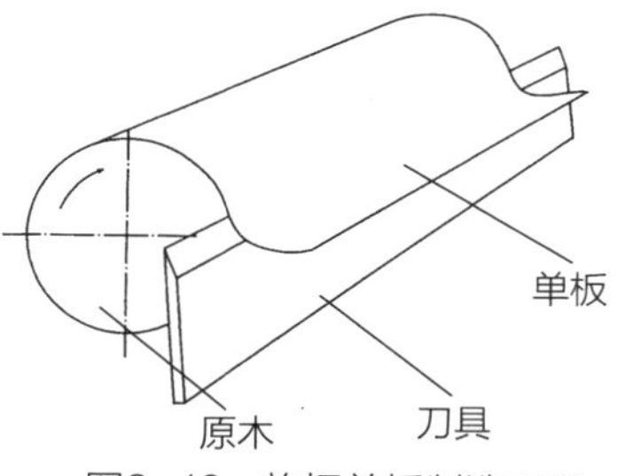

图2-42　旋切单板制造原理

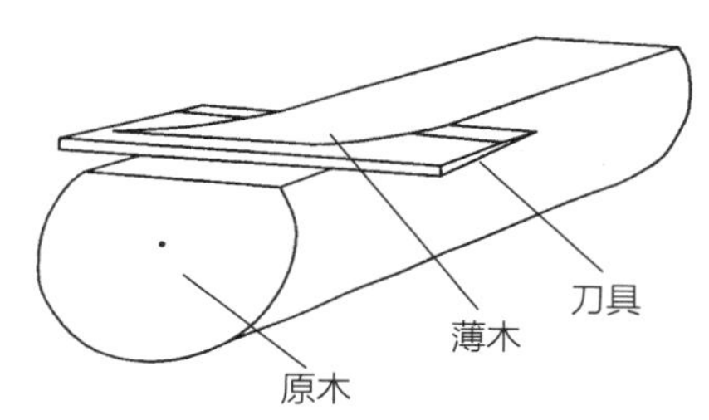

图2-43　刨切单板制造原理

2.5.2 胶合板

胶合板是由原木旋切成单板或木方刨切成薄木，再按相邻层木纹方向互相垂直的原则，组坯胶合而成的三层或三层以上的薄板材，通常其表层板和里层板对称配置在中心层两侧，也称为夹板。胶合板的层数一般为奇数，常用的有三合板、五合板、七合板等奇数层胶合板；由于其纵横方向交错的构造，其物理力学性能优于木材，同时也提高了木材的利用率，是节约木材的一个有效途径。

胶合板常用木材有椴木、水曲柳、桦木、枫木、榆木、杨木等。

（1）胶合板的构成与分类。在胶合板的组成过程中，应该遵循对称性原则、相邻层单板的纤维方向相互垂直的原则、奇数层原则。对称性原则要求所用单板的材性、厚度、层数、纤维方向、水分含量等，都应该是相互对称的；即在满足相邻层单板的纤维方向相互垂直的同时，又必须符合对称原则，自然就符合胶合板的总层数为奇数层原则，即三层、五层、七层等。胶合板的上述三原则，可以有效地保证胶合板两面的应力平衡，不容易发生翘曲和变形，并且在受力弯曲时的最大应力作用在中央层单板上，而不是在胶层上，使其具有较大的力学强度。

胶合板的最外层单板称为表板，正面的表板称为面板，它是用质量最好、纹理最美观的单板材。反面的表板称为背板，用质量次之的单板材。而内层的单板材称为芯板或中板，为了节约珍贵木材资源，一般用质量较差的单板材组成。图2-44为胶合板材料与构成。

根据胶合板的结构、性能等方面的不同，有不同的分类方式，具体如下：

①**按结构分：**胶合板，夹心胶合板，复合胶合板。

②**按胶合性能分：**室外用胶合板，室内用胶合板。

③**按表面加工分：**砂光胶合板，刮光胶合板，贴面胶合板，预饰面胶合板。

④**按处理情况分：**未处理过的胶合板，处理过的胶合板（如浸渍防腐剂）。

⑤**按形状分：**平面胶合板，异型胶合板。

⑥**按用途分：**普通胶合板、特种胶合板。

⑦**按耐水性分：**Ⅰ类胶合板（耐气候、耐沸水胶合板），Ⅱ类胶合板（耐水胶合板），Ⅲ类胶合板（耐潮胶合板），Ⅳ类胶合板（不耐潮胶合板）。

胶合板的等级，一般通过目测胶合板上的允许缺陷来判定，等级取决于允许的材质缺陷、加工缺陷，以及对拼接的要求等。

（2）胶合板的规格。

胶合板的厚度：2.7mm，3mm，3.5mm，4mm，5mm，5.5mm，6mm等。自6mm起，按1mm递增。

厚度在4mm以下为薄胶合板。其中3.5mm，4mm厚的胶合板为常用厚度规格。

普通胶合板的幅面宽度尺寸为：915mm、1220mm、1830mm、2135mm；长度尺寸为：1220mm、1830mm、2135mm、2440mm。

市场上最常见的胶合板幅面尺寸为：1220mm×2440mm。

甲醛释放量应符合GB 18580-2001《室内装饰装修材料人造板及其制品中甲醛释放限量》中的规定。

日常用的普通胶合板分为四个等级：特等、一等、二等、三等；其中：一等、二等、三等为普通胶合板的主要等级。

特等：适用于作高级建筑装饰、高级家具与木质产品及其他特殊需求的制品。

一等：适用于作高级建筑装饰、高中级家具与木质产品、各种电器外壳等制品。

二等：适用于作家具、普通建筑、车辆、船舶等装修。

三等：适用于低级建筑装修及包装材料等。

（3）胶合板的优点与缺点。胶合板既有天然木材的一切优点，又可弥补天然木材自然产生的一些缺陷，具体表现在如下几个方面：

一是具有天然木材纹理和色泽，同时其结构可以克服木材各向异性的缺陷；二是密度较小，尺寸稳定性好，不易开裂、翘曲，幅面大而平整，装饰性好；三是具有较好的耐久性、较高的硬度和耐冲击性能、纵横向的强度大，总体力学性能好；四是易于加工、方便形成弯曲类构件和异型体面，垂直于板面的握钉力强。

但是，胶合板也具有木材本身的干缩湿胀特性，多层结构胶合板的厚度精确度较差，板侧边装饰困难等方面的缺陷。

（4）**胶合板的应用。**由于胶合板具有幅面大、力学性能好、尺寸稳定、变形小、加工方便等特点，已被广泛应用在建筑装修、家具、车厢、船舶、飞机及包装等方面。

胶合板主要用于家具及相关木质产品中，约占胶合板总量的50%；用于建筑装修方面约占40%；用于包装及其他方面约占10%。

①**家具产品：**应用比较薄的胶合板于柜类产品背板、低档柜的门板与侧板、抽屉底板、沙发框架中、沙发曲线造型等部位，也有把薄胶合板用于家具支撑部位。图2-45是英国设计师推出的一系列由模块化桦木胶合板部件构成的“门萨”咖啡桌产品，该桌的多个支撑部件是由桦木胶合板模块构成，采用数控机床切割成型，并通过螺杆和蝶形螺母连接在一起。产品整体设计风格犹如剪纸般，碎而不乱，整而不散，形成一种独特的艺术美感。

②**船舶、车厢、建筑装饰修工程：**对胶合板的耐候性、耐水性，特别是耐海水性能等方面有着比较高的要求，一般采用酚醛树脂为胶粘剂制成的高强度胶合板（图2-46）。

不同厚度的胶合板，在建筑室内装修中的用途也不一样，三合板、五合板一般用于做门套、窗套、踢脚线、护墙板、家具面层等；九合板一般用于做踢脚线的基层、门套裁口、窗套基层、家具基层等。而产品包装箱由于有相应的受力要求，一般应用七合板以上的胶合板。

③**其他产品：**对胶合板的要求根据不同功能需求而定，如滑板要求具有一定的硬度，结实且弹性好，需要采用九合板以上的模压胶合板；在材种上，一般选用加工工艺性好、纹理美观、弹缩性好、结实耐用的枫材木作为滑板的首选用材（图2-47）。

2.5.3　纤维板

纤维板是利用木材采伐剩余物或加工余料，经过纤维分离、施胶干燥、成型热压等工序而制成的人造板，俗称为密度板（图2-48）。

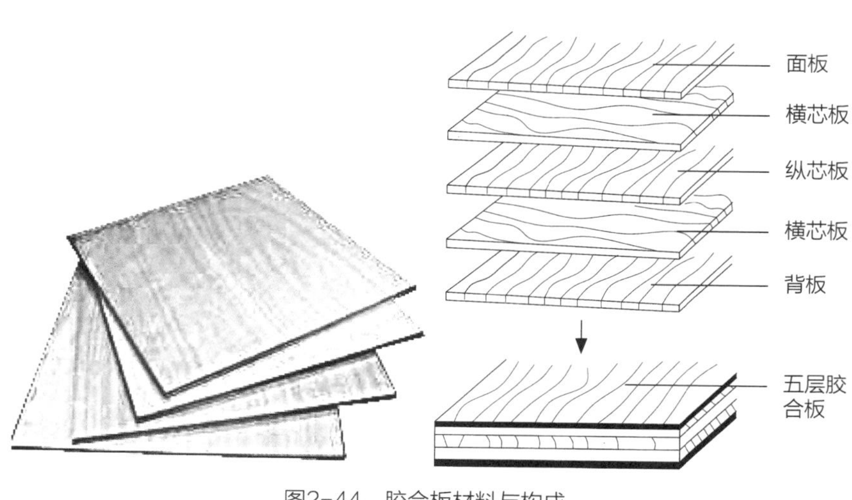

图2-44　胶合板材料与构成

图2-45　“门萨”咖啡桌系列产品

图2-46　豪华邮轮内部装修用胶合板示例

图2-47　枫木滑板

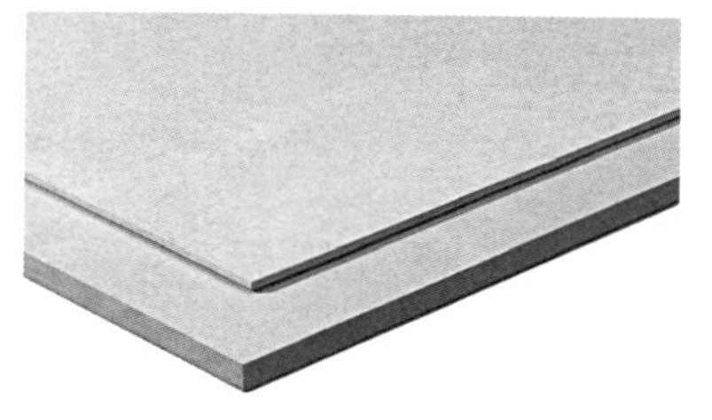

图2-48　纤维板

纤维板具有材质均匀、纵横强度差小、不易开裂等优点，用途广泛。中国纤维板生产起步于20世纪70年代，发展于80年代中后期，进入21世纪以来，纤维板产量大幅度增长，约占世界总量的45%。按1m^{3}纤维板可代替3m^{3}木材折算，可节约木材超过1亿m^3。纤维板在满足人们对木质产品消费的同时，为有效地保护珍贵的森林资源做出了巨大贡献。

（1）纤维板的构成与分类。构成纤维板的基本单元是纤维，其内部结构细密，表面平整光滑，密度适中。根据纤维板的性能特点、生产方法、用途等方面的不同，具体分类如下：

①**按生产方法分：**按纤维板生产方法的不同可分为湿法纤维板，干法纤维板，半干法纤维板三类。

湿法纤维板：以水为介质输送和成型为纤维板坯，湿板坯热压时的含水率在70%左右，产品一般为单面光。

干法纤维板：以空气为介质输送和成型为纤维板坯，板坯热压时的含水率在10%左右。

半干法纤维板：以空气为介质输送和成型为纤维板坯，但热压时板坯的含水率介于干法和湿法之间，约为30%。

②**按密度分：**按纤维板的密度不同可分为高密度纤维板，中密度纤维板，低密度纤维板三类。

高密度纤维板：密度大于0.88g/cm^3，厚度为3mm左右；主要用于复合木地板的基材。

中密度纤维板：密度在0.45～0.88g/cm^3；主要用于高、中档家具和室内装修，其中有2/3用于家具产品中。

低密度纤维板：密度小于0.45g/cm^3；主要用于室内装修的吊顶饰面、吸声材料。

③**按结构分：**按纤维板结构的不同可分为单层结构纤维板，三层结构纤维板，渐变结构纤维板，定向纤维板四类。

单层结构纤维板：纤维板厚度方向上粗细纤维分布均匀一致。

三层结构纤维板：纤维板的表层为较细纤维，中层为粗纤维构成。

渐变结构纤维板：从纤维板表层到芯层，纤维逐渐由细变粗所构成。

定向纤维板：纤维的长度方向在纤维中的分布不是随机的，而是基本上沿着某一方向排列，所构成的纤维板是一种各向异性的人造板材。

④**按用途分：**按纤维板用途的不同可分为建筑纤维板、普通纤维板、难燃纤维板、防腐纤维板、模压纤维板、浮雕纤维板、表面印刷纤维板、贴面装饰纤维板等。

（2）纤维板的规格。

高密度纤维板（硬质板）的厚度：一般为3mm。

中密度纤维板的厚度为1.8～45mm；常用的有：3mm，5mm，9mm，12mm，15mm，18mm，25mm等。也可以定做其他特殊规格、厚度的中密度板。

纤维板的幅面宽度为915mm，1220mm；幅面长度为1830mm，2135mm，2440mm。

市场上最常见的普通纤维板幅面尺寸为1220mm×2440mm。

甲醛释放量应符合GB 18580-2017《室内装饰装修材料人造板及其制品中甲醛释放限量》中的规定。

普通纤维板分为四个等级：特等、一等、二等、三等；其中：一等、二等、三等为普通纤维板的主要等级。

（3）中密度纤维板的优点与缺点。市场上广泛使用的是中密度纤维板（英文：Medium Density Fiberboard），也有按其英文字母缩写为“MDF”；其优点主要有以下几个方面：

一是力学性能良好，抗弯强度较好，密度适中，尺寸稳定性好，变形量小；二是表面平整光滑，适合薄木、胶纸薄膜、饰面板、轻金属薄板、三聚氰胺板等材料进行表面贴面或者涂饰；三是结构致密均匀，且具有良好的机械加工性能，可进行锯切、钻孔、开槽、开榫、表面雕刻和镂铣加工，制成装饰线条等成型部件；四是厚度容易控制，可生产小于8mm以下的板材，常用规格2.5～30mm的各种厚度规格，用途宽泛。

但是，中密度纤维板也具有耐水性差，吸水易膨胀变形；握钉力比实木和刨花板较差等缺点。

（4）中密度纤维板的应用。中密度纤维板由于其厚度规格较多，从几毫米到几十毫米不等，性能优良，是目前木质材料综合利用、合理利用的有效途径之一，因此，中密度纤维板也是目前最有发展前途的木质人造板材。

中密度纤维板在建筑、家具制造、船舶、飞机等方面均可代替一般木质板材使用。例如墙板、地板、水泥模板、天花板、空心门板、家具用板等。

①**家具产品用材：**目前，中密度纤维板主要是替代天然木材用于家具产品中。常用中密度纤维板制作家具的部件，如用作柜体部件、抽屉面板，桌面、桌腿，床的各个零部件，沙发的模框，椅座面、靠背、扶手等部位的基材。特别是用作家具的面板、门板、层板、装饰线条等成型部件基材时，其加工工艺性等同于实木，并且在整体尺寸稳定性、幅面完整性等多方面优于实木（图2-49）。一般还可以在中密度纤维板表面进行贴珍贵材种刨切薄木，或做高档油漆（图2-50）。

②**建筑装修用材：**用中密度纤维板做基材开发的强化复合木地板是中密度纤维板另一个主要用途；还可以制作门、壁板及隔板、房间隔断、踢脚线、楼梯扶手等。

③**车船内部装修用材：**中密度纤维板可用于船舶、车辆的内壁板、顶板、隔板等，代替天然木材或胶合板使用，具有成本低廉，加工简单，利用率高，比天然木材更为经济的特点。

④**音响器材、乐器用材：**中密度纤维板为均质多孔材料，音响效果好，可用于电视机、收音机外壳、钢琴制造等。如图2-51所示是用中密度纤维板为基材的音箱，在其表面贴一层刨切薄木进行装饰。还可以选择利用酸枝木类、花梨木类、胡桃木、红橡木、有天然雀眼的枫木等刨切薄木进行贴面装饰。

⑤**包装用材：**包装行业每年使用大量硬质纸板作为生产原料，造纸行业每年产生的污水也是不容忽视的一个环境问题。用同样厚度的中密度纤维板制出的包装盒，无论从质感、强度和包装盒的档次等方面都远比硬质纸板效果好。中密度纤维板具有的价格优势、质量优势正促使中密度纤维板迈入包装盒制造行业。同时，中密度纤维板生产的污染也远比造纸行业小，无论是社会效益，还是产品档次，中密度纤维板进入包装盒制造行业都具有良好的前景。目前，中密度纤维板已经广泛用于手机、酒类、皮革制品、茶叶、食品、礼品等行业的包装盒制造中。

图2-49　中密度纤维板件边部和正面铣削型面和凹槽

图2-50　中密度纤维板件表面装饰与横截面结构

图2-51　中密度纤维板音箱

2.5.4 刨花板

刨花板是利用木材加工剩余物、小径材或其他植物秸秆等作为原料，经过刨花制备、干燥拌胶、成型铺装、热压等工序制成的人造板（图2-52）。生产1m^{3}刨花板，只需1.3～1.8m^{3}木材加工剩余物，而1m^{3}刨花板可代替3m^{3}原木使用。

普通刨花板　　定向刨花板

图2-52　刨花板

刨花板作为木材综合利用的重要产品之一，于20世纪50年代末进入中国市场，在改革开放之后，特别是21世纪以来得到长足发展，中国现已成为世界刨花板生产第三大国。从综合利用木材、节约自然资源方面来看，刨花板具有重大意义，近年来也得到了充分发展。随着社会经济快速、稳定、持续的发展以及建筑业、房地产业和居民消费领域的不断扩展、用途广泛、适应性强、环保经济的刨花板产品需求将日益增加。因此，随着刨花板生产技术和表面装饰技术的不断改进，其用途也越来越广。

（1）刨花板的构成与分类。构成刨花板的基本单元是刨花或碎料。根据制造方法、表面状态、刨花尺寸形状、板的结构、产品用途等方面的不同，将刨花板分为不同类别：

①**按制造方法分：**平压法刨花板，辊压法刨花板，挤压法刨花板。

②**按表面状态分：**未砂光刨花板，砂光刨花板，涂饰刨花板，装饰材料饰面刨花板（如装饰单板、浸渍胶膜纸、装饰层压板、薄膜等）。

③**按刨花尺寸和排布状态分：**普通刨花板，定向刨花板，均质刨花板，华夫刨花板等。

④**按结构分：**单层结构刨花板，三层结构刨花板，多层结构刨花板，渐变结构刨花板。

⑤**按所用的胶粘剂分：**脲醛胶刨花板，酚醛胶刨花板，水泥刨花板，石膏刨花板，异氰酸酯刨花板，热塑性树脂刨花板等。

⑥**按用途分：**在干燥状态下使用的普通刨花板，在干燥状态下使用的家具及室内装修用刨花板，在干燥状态下使用的结构刨花板，在潮湿状态下使用的结构刨花板，在干燥状态下使用的增强结构用刨花板，在潮湿状态下使用的增强结构用刨花板。

（2）刨花板的规格。

刨花板的厚度为：6mm、8mm、10mm、12mm、13mm、16mm、19mm、22mm、25mm、30mm等；常用的厚度为：16mm、19mm、22mm及25mm几种规格。

常规刨花板的幅面尺寸为1220mm×2440mm，特殊幅面规格由供需双方协商确定。

常规刨花板的密度在0.65~0.7g/cm^3。

甲醛释放量应符合GB 18580—2017《室内装饰装修材料人造板及其制品中甲醛释放限量》中的规定。

普通刨花板分为四个等级：特等、一等、二等、三等；其中：一等、二等、三等为普通刨花板的主要等级。

（3）刨花板的优点与缺点。刨花板与其他人造板材相比，由于其原料与结构的特殊性，既有普通人造板的一部分优点，也有一些固有的缺陷，具体分述如下：

其优点主要有以下几个方面：一是板幅面大、厚度均匀、表面平整，具有一定的强度和较好的机械加工性能；二是内部为交叉错落结构的颗粒状，各方向的性能基本相同，横向承重力好；三是生产工艺简单，改性方便，可制成防潮型或耐水型特殊用板，且成本低。

其缺点也较突出，主要表现在表面及边部较粗糙，不易于铣削型面，需做表面贴面装饰和边部封边处理；内结合强度较差，握螺钉力低，锯切时容易崩边或暴齿，对加工设备要求较高；耐水性差，未改性刨花板防潮性能不佳，部件重，甲醛释放量偏高，环保性较差。

（4）刨花板的应用。刨花板具有保温、隔热、隔声、吸声、绝缘等特性，在刨花板生产过程中通过使用改良胶种或加入改性剂，使其在防潮、阻燃、抗霉、抗白蚁等方面具有良好功效；为建筑装修、家具、包装、造船、汽车等领域提供了广泛的基材。

①**用作基材：**刨花板具有良好的尺寸稳定性和优异的抗弯性，密度均匀、厚薄公差小、表面光滑，是非常好的贴面装饰的基材。贴面材料可选用各类浸渍胶膜纸或各材种的薄木，形成花色品种多，装饰效果好，表面耐污染、耐腐蚀、耐磨损和具有实木天然纹理等优良特性。图2-53是刨花板经表面装饰与异型侧面封边装饰后，形成高档用材。可作地板材料、天花板吊顶、壁板、橱柜等各个方面的基材。

②**柜类、台桌类家具产品用材：**在民用家具中，可选贴面装饰后的刨花板，用于橱柜和衣柜等家具的门板、侧板、水平搁板。另外，随着刨花板生产技术的改进和发展，刨花板品种的不断增加，环保性能的提高，其用于办公家具的比重也越来越大，广泛用于办公屏风、台面等办公家具中（图2-54）。

③**建筑、车船内部装修用材：**利用刨花板不易变形、防潮与防水、隔热及隔声性能都比较好的特性，可直接用于建筑木房或简易住房的外墙；另外还可以用来制作内壁板与隔板、房间隔断、护墙板、踢脚线等；用作地板铺垫板，再在其上面铺装地板，形成强度大、结实、隔声效果好、耐冲击、防潮的地面效果。

（5）**中密度纤维板与刨花板的比较。**中密度纤维板和刨花板同属于木质人造板材，具有相同的幅面尺寸、相近的表面质量和使用领域。并且，当应用中密度纤维板和刨花板制成产品后，由于表面都进行了覆面装饰，一般情况下，不易辨别。而实际上，两者还是有本质的区别，现将两间的区别分述于表2-2。

刨花板贴面装饰

刨花板贴面与异型侧面封边装饰

图2-53　刨花板表面装饰与异形侧面封边装饰

图2-54　刨花板基材在办公屏风与家具中的应用

表 2-2　中密度纤维板和刨花板的比较

项目内容	中密度纤维板	刨花板
构成基本单元	纤维	刨花或碎料
表面与横切面	表面与横切面一致，细腻、均匀	表面呈小粒状，横切面中心部为颗粒状间隙结构
密度	较低	较高
力学性能	很好	较好
握钉力	较好	较差
加工工艺性	很好	较好

续表

项目内容	中密度纤维板	刨花板
环保性	很好	较好
防潮性	较好	较差
应用	高档产品	中、低档产品

注：由表中可以看出，中密度纤维板各个方面的性能均优于刨花板。

2.6 木质人造板材的成型工艺

木质人造板材产品的成型工艺过程，有别于实木产品。现将整个木质人造板材产品的成型工艺过程归纳为图2-55所示。

2.6.1 开料

开料是指将各类整张1220mm×2440mm幅面的木质人造板材，根据产品零件的设计尺寸要求，锯解为所需尺寸的过程。根据材料和加工设备的不同，可把开料方式分为两种：一种是对于中密度纤维板、刨花板等厚度较大的木质人造板材，采用锯解的方式；另一种是对于薄胶合板、背板用薄板、防火板等较薄的木质人造板材，采用划切折断方式。

通常要求开料板件尺寸准确、切口平滑、没有崩口等切口缺陷，不需要再进行精加工即可进入后续工序。

2.6.2 定厚砂光

木质人造板材料看似平整，但实际上是存在一定的表面不平整度和厚度误差的；另外还会在表面残留一层光滑的胶质层，这些都会影响到进行板件贴面装饰时的胶层质量。所以，一般要进行定厚砂光，消除厚度误差和表面胶质层。

定厚砂光的基本原理是将待砂光板件送入砂光机后，由高速旋转的砂带同时磨削板件上、下两面，实现定厚磨削砂光，然后由出料端的清扫辊清除残存在板件表面的粉尘并送出砂光机。磨削砂光后的板件获得表面平整、光滑、厚度尺寸符合要求的成品。

2.6.3 封边

封边主要用于对刨花板、中密度纤维板、细木

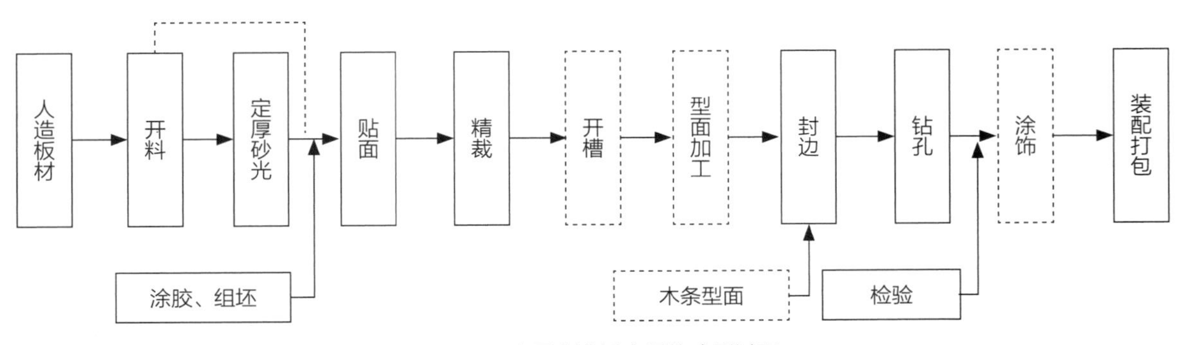

图2-55　木质人造板产品的成型过程

工板等人造板材断面的固封，起到收口、装饰、防止板材本身所含的有害气体的挥发、防止板材受水分等不利因素的损坏等方面的作用。总之，封边是对板材的断面进行保护、装饰、美化，使一件板件更显木纹清晰、色彩缤纷的整体效果。

封边条常用PVC材料，有红、黄、白、灰等单一颜色的PVC封边条和木纹封边条。封边条的厚度在 0.5～3mm不等；宽度为12～80mm不等，宽度的确定主要取决于待封边板材的厚度，一般比板材厚度多出3～4mm即可；多出的几毫米主要给修边提供余量。封边材料一般应与贴面材料相近，如果表面为薄木贴面装饰，则采用相应的薄木封边材料。图2-56为不同类型的PVC封边条材料。

图2-56 PVC封边条材料

封边加工可在专业的封边机上进行，板件封边后要求接合牢固、密封、表面平整、清洁、无胶痕，并确保尺寸与形状的精度。

2.6.4 钻孔

为了满足板件间采用各种五金件进行接合的要求，需要在板件表面和端面上精确加工出各种贯通和不贯通的圆孔，即连接件孔、圆棒榫孔、圆柱螺母孔、杯型铰链孔、各种拉手孔、锁孔等；用于各类五金连接件的安装和连接。

板件上钻孔可用单轴或多轴木工钻床进行，但一般是在其专用的钻孔设备——单排钻或多排钻上进行。排钻钻头轴间距是32mm的整数倍，即64mm，96mm，128mm，160mm等，即为世界通用的木质人造板材产品的“32mm”系统体系。

2.6.5 木质人造板材产品成型工艺流程示例

例一：列出图2-57所示的中密度纤维板（MDF），表面贴薄木装饰的音箱的简要加工工艺流程。

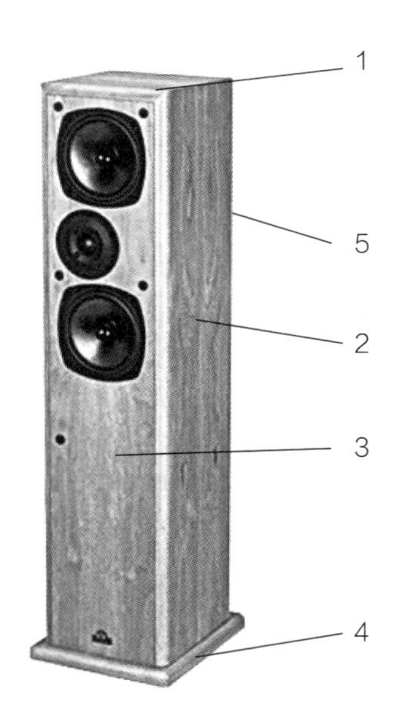

1. 顶板（MDF）：人造板→开料→定厚砂光→贴面→精裁→开背板槽→铣型边→封边→铣45°端边→钻孔→油漆
2. 侧板（MDF）：人造板→开料→定厚砂光→贴面→精裁→开背板槽→铣型边→封边→铣45°端边→钻孔→油漆
3. 面板（MDF）：人造板→开料→定厚砂光→贴面→精裁→开喇叭孔→钻孔→油漆
4. 底座（MDF）：人造板→开料→定厚砂光→贴面→精裁→铣型边→封边→钻孔→油漆
5. 背板（MDF）：人造板→开料→定厚砂光→贴面→精裁→钻孔→油漆

（以上1～5汇合）→组装

图2-57 音箱

1
2
3

1. 桌面（MDF）：人造板→开料（圆形）→定厚砂光→贴面→铣型边→封边→钻孔 →总装配

2. 拉档（实木）：板方材→配料→毛料加工→开榫头→钻孔 →脚架组装→修整→油漆→

3. 腿（实木）：板方材→配料→毛料加工→铣型面→打榫眼→钻孔

图2-58 餐桌

例二： 列出图2-58所示餐桌的简要加工工艺流程，桌面为中密度纤维板（MDF）或刨花板材料，表面贴三聚氰胺塑料贴面板，脚架为实木材料。

2.7 木质产品的连接

由于一般的木质产品是由若干个零部件按照一定的连接方式装配而成，所以木质产品的连接主要是研究其零部件间的接合关系，以合理的连接方式，在提高木质产品的力学性能、节省材料、提高工艺性的同时，也可加强产品造型的艺术性。因此，木质产品的连接方式就是根据所用材料特征，全面表达零部件各自的形状、相互间的接合方式、装配关系以及必要的技术要求。

按木质产品连接后可拆装与否，把其连接方式分为框式和板式两大类。

2.7.1 框式接合

框式接合是指以榫接合的木质框架为连接方式的产品，是古今中外木质产品的一种传统连接方式，一般情况下不可重复拆装，框式家具即为典型的框架式榫接合不可重复拆装产品。其连接方式及其技术要求设计的合理与否，直接影响到产品的美观性、接合强度和加工工艺性等方面。按照连接榫头的形状不同可分为直角榫、燕尾榫、圆棒榫、圆弧榫等不同形式（图2-59）。

同时，不同的榫头与相应的榫眼或榫槽相配合，形成不同类型的榫接合形式。根据接合后能否看到榫头的侧边与否，或榫头是与榫槽还是与榫眼接合，有开口榫、闭口榫和半开口榫之分；按榫头贯通与否，又有明榫和暗榫之分（图2-60）。直角开口榫加工简单，但强度欠佳，且影响美观，闭口榫接合强度较高，外观也美观，半开口榫介于开口榫和闭口榫之间，既可防榫头侧向滑动，又能增加胶合面积。

另外，根据构件的规格尺寸和产品结构形式的要求不同，接合方式还可采用直角多榫接合、燕尾榫槽接合、直角榫槽接合、插入榫槽接合、传统榫接合等接合方式。

2.7.2 板式接合

板式接合一般是指以木质人造板材为主要基材，再在表面进行覆面装饰，以板件为基本构成单元，用五金件连接的可重复拆装的产品；板式家具即是可重复拆装、搬运方便的一类家具产品。

板式接合可分为结构紧固类接合、转动类接合、滑动类接合、支撑类接合等接合形式。

结构紧固类接合。

结构紧固类接合即为形成板式产品的基本接合结构，一般需要至少四块板件通过专用五金件连接，形成牢固、稳定的围合形基本单元。如柜类产品需要至少两块竖直板（旁板）和两块水平板（顶板、底板）形成基本柜体单元，然后才有可能在此基础上添加柜门、抽屉、搁板、背板等构成单元。

结构紧固类接合所用五金件有偏心式连接件、倒刺式连接件和螺旋式连接件三类，现分别简介如下：

①**偏心式连接件接合：**偏心连接件的接合原理是利用偏心螺母结构，将连接另一板件的连接端部夹紧，从而把两板连接在一起，用于两相互垂直板件间的连接（图2-61）。偏心连接件由圆柱螺母、连接杆及倒刺螺母等组成，使用时，在一板件上嵌入倒刺螺母，并把一端带有螺纹的连接杆旋入其中，另一端通过板件的端部通孔，接在开有凸轮曲线槽的圆柱螺母内，当顺时针拧转圆柱螺母时，连接杆在凸轮槽内被提升，即可实现两部件之间的垂直连接，为了使表面美观，可用装饰盖将连接后的圆柱螺母掩盖起来。

偏心式连接件具有拆装方便、灵活，适用于DIY产品，有较大的接合强度等特点，但是偏心连接件定位性能差，要求板件加工精度高。

②**倒刺式连接件接合：**倒刺式连接件的接合原理是将外周有倒刺、内周有螺纹的螺母预埋在板件中，然后用一根螺杆将其与另一板件连接在一起，主要用于两垂直板件间的接合，按螺母上倒刺的形状特点不同，倒刺式连接件又有直角式、角尺式、排刺式（图2-62）。

③**螺旋式连接件接合：**螺旋式连接件的接合原理同倒刺式连接件，采用带内螺纹的空心木螺钉螺母、圆柱螺母、五眼板或三眼板等取代倒刺螺母，主要用于两垂直板件间的接合。比较常用的是圆柱螺母连接件，由金属圆柱螺母、螺栓连接件组成。使用时，先在板内侧连接处钻好安装圆柱螺母的圆孔，孔径应比圆柱螺母外径大0.5mm左右，再在板的端面钻出螺栓孔，使之与圆柱螺母的螺母孔相通。安装时，将圆柱螺母放入板的侧孔内，并使螺母孔朝外，跟螺栓相对，然后将螺栓穿过板端上的螺栓孔，对准圆柱螺母孔旋紧即可。其结构特点是接合强度高，且不需要借助木材的握钉力来提高接合强度；其缺点主要是螺柱帽外露，影响美观。螺旋式连接件主要用于衣柜、文件柜等大型柜类产品的顶板、底板和旁板的连接（图2-63）。

2.7.3　胶合

胶合是将木材与木材或其他材料的表面胶接成为一体的接合方式。它是木材制品零部件榫接合和五金件接合方法的发展。胶合，还可使短材接长，薄材增厚，窄材加宽，劣材变优，提高木材的利用效果和利用水平。按胶合制品的用途和选用胶粘剂的性能不同，可把胶合分为结构性胶合和非结构性胶合两类。为使胶合制品用作建筑结构材料而用胶合强度高、耐老化性能好的胶合剂进行的木材胶合，称结构性胶合，此外是非结构性胶合。

（1）胶合原理。木材之间的胶合主要是特性胶合和机械胶合。此外也存在化学胶合，但其作用影响较小，在考虑胶合强度时常被略去。木材和胶粘剂都是高分子化合物，高分子之间存在着物理吸

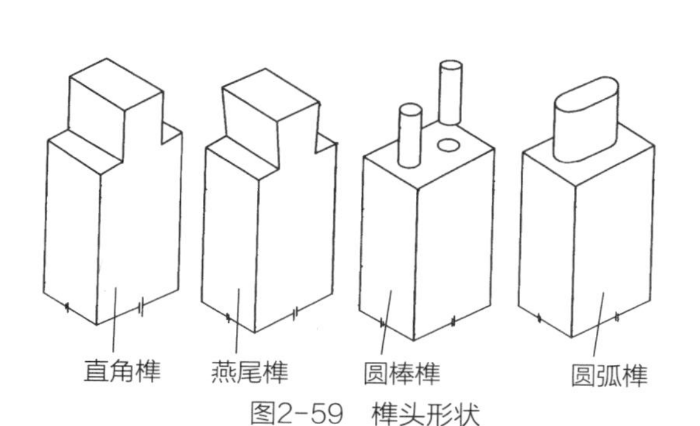

图2-59　榫头形状

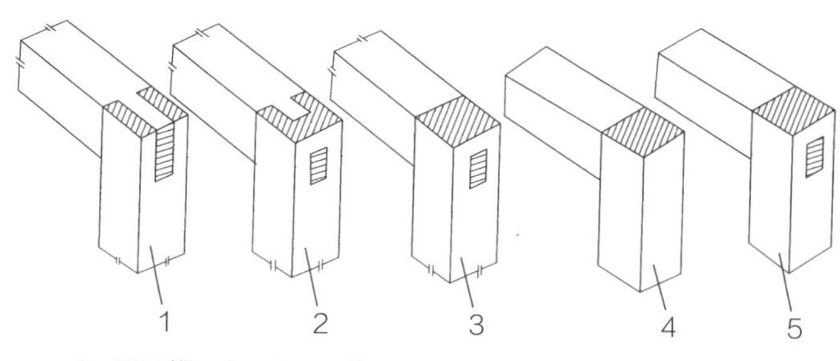

图2-60　榫接合类型

图2-61　偏心式连接件及其接合原理

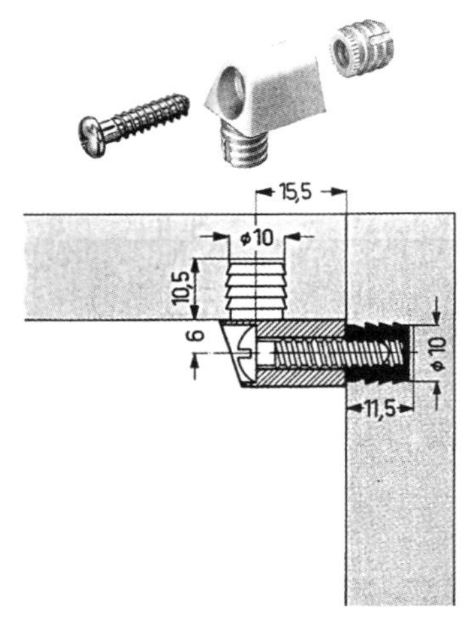

图2-62　倒刺式连接件及其接合原理

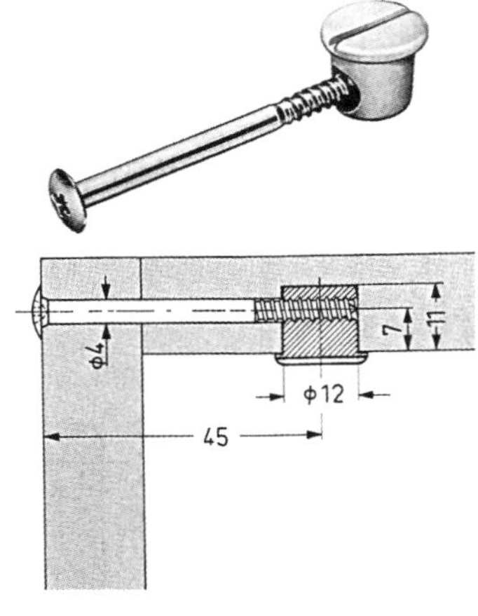

图2-63　螺旋式连接件及其接合原理

引力，即范德华力和氢键力。虽然这些力的单位值小，但分子量大，其总和很可观，由它们形成影响胶合强度的特性胶合。另外，木材还是一种多孔物质材料，内有不少液体通道，其体积占木材总体积的25%～85%。液体胶粘剂由于毛细管张力的作用而进入通道后，可随着胶粘剂的固化而形成“胶钉”，将木材接合，称为机械胶合。当“胶钉”形成后，如果不克服“胶钉”的阻力，就不能使木材与胶粘剂分开。

（2）**胶合工艺。**木材胶合主要经历待胶合木材的准备、涂胶、组坯、晾置、闭合、加热和后期处理等工序。任何木材表面放大看都是不平的。为了获得理想的胶合强度，须使胶粘剂成为液体，完全湿润木材表面；同时，液体状态的胶粘剂所具有的流动性，能使胶粘剂与粗糙不平的木材表面充分接触而形成完整、连续的胶层，以便保证胶合质量。

（3）**胶合质量。**影响胶合质量的因素很多，其中胶粘剂主要有：树脂的性能和含量、对木材的湿润性、胶液的pH和黏度，固化条件和适用期，以及胶层的状态和胶厚度等。木材方面有：木材的pH、缓冲能力、密度和所含提取物的性质，含水率及水分在木材中的分布，心材、边材和早、晚材的多少，纹理以及表面状况如光洁度等。胶合工艺方面有涂胶量、陈化时间、闭合速度以及加压的温度、压力和时间等。固化后的胶层中有内应力，也是影响木材胶合强度和木材胶合耐久性的不利因素之一。

2.8　木质材料的表面装饰

木质材料的表面装饰是指通过物理或化学的方法，对木质材料及其制品按使用要求和审美要求进行的表面加工处理的过程；使木质材料表面具有耐热、耐水、耐腐蚀等特性的保护层，并形成更加美观的视觉效果。

木质材料的表面装饰历史悠久，中国古代使用生漆、桐油涂饰木材制品；到明代除涂饰外，还有了雕刻、镶嵌等装饰方法；20世纪40年代后，高分子合成树脂涂料开始被应用，并逐渐占主要地位；20世纪60年代又出现了新颖的贴面装饰材料，又为木质材料表面装饰提供了新的发展。

在木质材料的表面装饰中，实木制品一般组装成最终产品后进行装饰，木质人造板材制品则一般在组装之前进行装饰。现代木质材料表面装饰方法主要有涂饰、覆贴和机械加工三种。

2.8.1　涂饰装饰

涂饰是指把涂料覆盖在木质产品的表面，以美化和保护木质产品表面的处理技术。在美化木质产品的同时，还可防止外界环境对产品造成不利影响，提高其耐久性。即具有保护、装饰、掩饰产品的缺陷和其他特殊作用，提升产品的价值。

（1）**涂料。**涂料是指涂布于物品表面，在一定的条件下能形成薄膜，而起保护、装饰或其他诸如绝缘、防锈、防霉、耐热等特殊功能的一类液体或固体材料。涂料有液态和固态粉末两大类；根据涂饰层不同又可分为底层涂料和面层涂料；按涂饰的方式不同又有刷、淋、喷、滚等类涂料。

涂料是由主要成膜物质、次要成膜物质和辅助成膜物质三种成分组成。主要成膜物质即固着剂，是构成涂料的主要成分，它使涂料固着在木材表面而形成漆膜。其原料为干性、半干性油料，或天然树脂、合成树脂等。次要成膜物质主要是颜料，又分着色颜料和体质颜料两种；后者大都为白色，仅能使漆膜增加厚度及硬度；颜料借主要成膜物质作为黏结剂而附着于木材表面。辅助成膜物质有溶剂、稀释剂、助溶剂、催干剂、增塑剂、固化剂等。不含有次要成膜物质的涂料为透明涂料，也称清漆；加有着色颜料的涂料为不透明涂料，又称色漆（或称为调和漆、磁漆）；加有大量体质颜料的涂料为腻子。

（2）**涂饰工艺。**尽管涂料品类繁多，涂饰方法多种多样，被涂饰的基材不同且造型千变万化；但归纳起来可把涂饰工艺分为被涂制品的表面处理、涂饰涂料、涂层干燥和涂膜修整四个工段。

根据制品涂饰后基材是否清晰可见，可将涂饰工艺分为透明涂饰、半透明涂饰和不透明涂饰三类。

①**透明涂饰：**指用各种透明涂料与透明着色剂涂饰木质产品表面，形成透明漆膜，不仅保留了木材的天然纹理与颜色，而且还通过某些特定的工序使其纹理更加明显，木质感更强，颜色更加鲜明悦目。多用于名贵木材或优质阔叶材制成（或贴面）的家具、乐器、电视机壳等木质产品上。但凡高档木质产品，都要求采用透明涂饰。

②**半透明涂饰：**指用各种透明涂料涂饰木质产品表面，但采用了半透明着色剂着色，漆膜呈半透明状态，形成基材纹理模糊不清，减轻材质缺陷对木质产品品质的影响，材质真实感不强。

③**不透明涂饰：**指用含有颜料的不透明涂料，即各种磁漆或调和漆涂饰木质产品表面，形成不透明漆膜，完全掩盖基材的所有缺陷。主要用于材质较差的木材，或没有进行贴面装饰的刨花板与中密度纤维板等木质产品表面涂饰。

图2-64是透明涂饰、半透明涂饰与不透明涂饰效果的比较。

无论是透明涂饰，还是半透明涂饰与不透明涂饰，根据木质产品涂膜反射光线的强弱，又分别存在亮光、哑光两种效果及其相应的涂饰工艺。

2.8.2 覆贴装饰

木质材料覆贴装饰也称表面二次加工装饰或深加工装饰，其目的有三个方面：第一是起到装饰美化作用，遮掩基材表面缺陷，装饰后的基材外观质量大幅提高，提高基材档次。第二是保护基材表面，提高表面性能，利用覆贴的饰面层将基材与水或空气隔绝，降低外界环境因素对基材的影响。第三是提高基材的耐老化能力，在一定程度上减缓使用过程中因光照、氧化、温度、水分等因素的影响易出现的老化现象。

覆贴装饰的材料与方法有以下几种：

（1）**印刷装饰纸覆贴。**采用印有木纹或其他图案的装饰纸胶贴在基材表面的一种处理方法，主要用于低档木质产品覆贴装饰。

（2）**三聚氰胺塑料贴面板或三聚氰胺浸渍纸覆贴。**采用专用的三聚氰胺塑料贴面板或三聚氰胺浸渍纸直接胶贴在木质材料表面的一种装饰方法。

（3）**单板和薄木覆贴。**采用珍贵木材经过旋切和刨切等方法制成的薄型覆贴装饰材料，胶贴在被装饰的基材表面，经过涂饰处理的一种表面装饰方法。厚度小于1mm的单板称薄木，小于0.5mm者为微薄木，都可用于家具及其他各类木质产品的表面装饰或室内装潢工程。

（4）**其他材料类覆贴。**木质材料的覆贴方法和材料种类繁多，除了上述材料外，还有如金属箔材覆贴、纺织品覆贴、竹单板覆贴、编织竹席覆贴等。

图2-65是印刷装饰纸、三聚氰胺塑料贴面板、花梨木薄木、金属箔材四种不同类别的覆面装饰材料示意图。

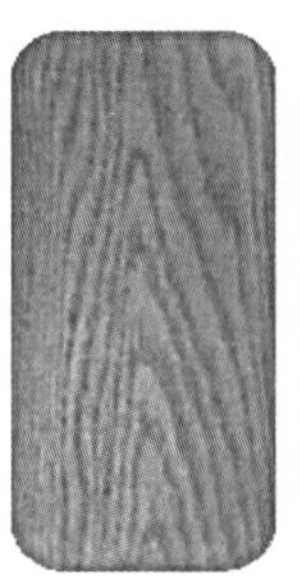

透明涂饰

半透明涂饰

不透明涂饰

图2-64　透明、半透明与不透明涂饰的比较

印刷装饰纸

三聚氰胺塑料贴面板

花梨木薄木

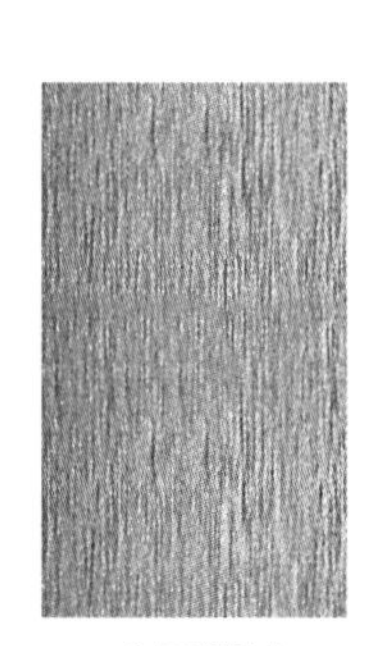

金属箔材

图2-65　几种覆贴装饰材料

2.8.3　加工装饰

加工装饰，指使用手工工具、切削设备或模具对木质产品表面进行的装饰性加工，使用手工工具的加工装饰即是常见的手工雕刻装饰方法；而使用切削设备或模具对木质产品进行的机械加工装饰的常用方法有：铣沟、刨槽、钻孔、压纹等。一定距离的平行沟槽，多用于木质产品局部装饰，或建筑物、船舶和车辆内壁的表面装饰，起到增加表面阴影及隐蔽拼缝作用。在木材表面钻盲孔、半盲孔、穿孔等孔型，孔距若按声学驻波原理排列，可以增强吸声效果；也可按各种图案花纹排列，以增加美观性。此外，还可用铣削或模压方法制成具有立体效果的浮雕图案等。

2.9　木质产品设计实例赏析（扫码下载实例）

实例二维码

本章思政与思考要点

1. 简要分析中国传统木构造的科学性、先进性、美观性及现代应用的可行性。
2. 以中国古代造物的主要木材为例，思考中国古代器物美的内涵。
3. 根据中国木材资源现状，讨论如何建立人与自然协调发展的可持续设计观。
4. 简述木材的分类方法、基本成分、宏观构造以及颜色、纹理的形成原理。
5. 木材的主要缺陷有哪些？设计中如何回避或利用这些缺陷？
6. 简述木质人造板材的类型与各自特点。
7. 结合产品实例简述实木加工的主要工艺过程。
8. 结合产品实例简述木质人造板材产品的主要成型加工工艺过程。

第3章

金属材料与工艺

3

在人类文明发展史上，经历了由石器时代到金属时代的过渡，而金属时代的到来则为人类文明带来了新的曙光。约公元前4000年，埃及人就已经采集黄金，并且广泛应用；大约在公元前4000年，人类进入青铜时代；大约在公元前2200年，人类已经会冶炼和使用铁器了。由此可见，人类文明的发展史与金属材料的发明与应用历史是一致的。

金属材料是由金属元素或以金属元素为主构成的，并具有光泽、延展性、导热性、导电性等特性的一类材料的统称；包括纯金属、合金、金属间化合物（不含氧化物）和特种金属材料等。在现实生活中，金属材料种类繁多，用途广泛。在自然界中，绝大多数金属以化合态存在，少数金属例如金、铂、银、铋以游离态存在，金属矿物多数为氧化物及硫化物；其他存在形式有氯化物、硫酸盐、碳酸盐及硅酸盐。金属之间的联结是金属键，因此，当金属材料受到外力作用，在内部随意变换相对位置后，都具有可再重新建立联结的特性，这也是金属延展性良好的原因。

纯金属是指由单一金属原子组成的金属，合金是指以一种金属为主体，再加入其他金属或非金属，经过熔炼、烧结或其他方法制成。因为合金通常比纯金属有更好的机械性能、物理化学性能和工艺性能，所以在金属材料的实际使用中，多以合金为主。

3.1 金属材料的分类

由于金属材料的种类繁多，按不同的要求有多种分类方法。

3.1.1 按构成元素分

按金属材料构成元素不同可分为黑色金属材料和有色金属材料。

黑色金属材料通常是指铁和以铁为基体的合金，如纯铁、碳钢、合金钢、铸铁、铁合金等，简称钢铁材料。钢铁材料资源丰富、冶炼加工较方便、生产率高、成本低、力学性能优良，在应用上最为广泛。理论上，把锰、铬及其合金，也归为黑色金属。

有色金属是指黑色金属以外的金属及其合金，以有色金属作为材料的产品大约只占金属材料总量的5%左右，但其作用却是钢铁材料无法替代的。常用的有色金属有铝及铝合金、铜及铜合金、钛及钛合金，锡及锡合金等。其简要分类如下：

- 金属材料按构成元素分
  - 黑色金属
    - 铸铁（含C 2.11% ~ 4.3%）
    - 钢（含C 0.03% ~ 2.11%）
    - 纯铁（含C小于0.03%）
    - 锰、铬
  - 有色金属
    - 有色轻金属（密度≤ 4.5%）
    - 有色重金属（密度> 4.5%）
    - 贵金属（金、银、铂族金属）
    - 稀有金属
    - 半金属（硅、硼、硒、碲、砷）

3.1.2 按用途分

按金属材料主要性能和用途不同分为金属结构材料和金属功能材料。

金属结构材料是指在机电设备、工程建筑和工具器具中起骨架作用而承受各种力负荷的金属材料。对金属材料的要求主要体现在常温状态下的强度、韧性、刚度、硬度、耐磨性等力学性能，是用于制造以受力为主的结构件的材料。金属功能材料则是具有特殊物理性能、化学性能或生物性能等，主要用于功能器件的材料。金属功能材料主要包括：磁性功能材料、电性功能材料、力学功能材料、声学功能材料、热学功能材料、光学功能材料、化学功能材料等。

3.1.3 按加工工艺分

按金属材料加工工艺不同分为铸造金属材料、变形金属材料和粉末冶金材料。

铸造金属材料是指其是否具有用铸造方法制成优良铸件的性能，又称可铸性；而可铸性主要取决于金属材料熔化后即金属液体的流动性，冷却时的收缩率和偏析倾向等。变形金属材料是指金属液体及固体在一定的条件下，在外力的作用下产生形变，当施加的外力撤除或消失后该形变不能恢复原状的一种物理现象。粉末冶金材料是指用金属粉末或金属粉末与非金属粉末的混合物作为原料，经过成型和烧结而制得的多孔、半致密或全致密材料或制品。粉末冶金材料具有传统熔铸工艺所无法获得的、独特的化学组成和物理、力学性能，并可一次成型。

3.1.4 按密度分

按金属材料的密度不同可分为轻金属和重金属。

轻金属是指密度小于4.5g/cm^3的金属：如铝的密度是2.7g/cm^3，镁的密度是1.7g/cm^3，而钾的密度只有0.87g/cm^3，钠只有0.97g/cm^3；其次是化学活性稳定，与氧、硫、碳和卤素的化合物均非常稳定。重金属是指密度大于4.5g/cm^3的金属，约有45种：如铜、铅、锌、铁、钴、镍、锰、镉、汞、钨、钼、金、银等；尽管锰、铜、锌等重金属是生命活动所需要的微量元素，但是大部分重金属如汞、铅、镉等并非生命活动所必需，而且所有重金属超过一定浓度都对人体有毒；砷虽不属于重金属，但因其来源以及危害都与重金属相似，故通常列入重金属类进行研究。

3.2 金属材料的性能

金属材料的性能主要有使用性能和工艺性能，使用性能是指为保持机械零件或工具正常工作，金属材料所具备的性能；它包括物理性能、力学性能和化学性能。工艺性能是指制造机械或零件的过程中，金属材料适应各种冷热加工的性能，它包括铸造性能、塑性加工性能、切削性能、焊接性能、热处理性能等。

3.2.1 物理性能

金属材料的物理性能是指金属本身所固有的特性，以及能够承受热、电、磁等作用所表现的能力。如密度、熔点、硬度、延展性、导热性、导磁性、导电性、热膨胀性等。

（1）**金属光泽。**金属都具有一定的金属光泽，一般都呈银白色。这是因为当光线投射到金属表面上时，自由电子吸收所有频率的光，然后很快释放出各种频率的光，所以绝大多数金属呈现钢灰色以至银白色光泽。

而少量金属由于容易吸收某些频率的光而呈现较为特殊的颜色，例如：金显黄色，铜显赤红色，铋为淡红色，铯为淡黄色，铅是灰蓝色。金属光泽只有在其为晶体时才能表现出来，当金属为粉末状时，主要是由于颗粒太小，表面不规则，吸收可见光后辐射不出去（漫散射），所以呈暗灰色或黑色。

在产品设计中，可利用人们对某些金属光泽的普通认同感，提升产品的档次。例如在现实生活中，经常应用铜或金的金属光泽，制作高档铜质产品或金饰品。

（2）**延展性。**金属的延展性是指其可锤炼与可压延的程度。当金属在外力作用下能延伸成细丝而不断裂的性质叫延性；在外力（锤击或滚轧）作用能碾成薄片而不破裂的性质叫展性。大多数金属具有良好的延性（抽丝，例如最细的白金丝直径可达到1/5000mm）及展性（压薄片，例如最薄的金箔只有1/10000mm厚）。在所有金属材料中，金（Au）的延展性最好；也有少数金属的延展性很差，如锰（Mn）、锌（Zn）等。

金属的延展性与金属晶体结构有关，在金属晶体中由于金属离子与自由电子间的相互作用没有方向性，各原子层之间发生相对滑动以后，仍可保持这种相互作用，因而即使在外力作用下，发生形变也不易断裂，表现出良好的延展性。

在产品设计中，可以利用金属的延展性，将金属轧制成各种不同的形状，或将贵重金属打成金属箔贴在产品表面上，以提高产品的表面装饰性及档次。

（3）**硬度。**金属硬度是衡量金属材料软硬程度的一项重要的性能指标，它既可理解为金属材料抵抗弹性变形、塑性变形或破坏的能力，也可表述为材料抵抗残余变形和反破坏的能力。硬度不是一个简单的物理概念，而是材料弹性、塑性、强度和韧性等力学性能的综合指标。

相对于其他材料而言，金属的硬度一般较大，但不同金属材料之间，硬度也有很大差别。有的坚硬，如铬、钨等；有的柔软，可用小刀切割，如钠、钾等。

在产品设计中，很多时候是要利用金属的硬度特性，如刀具刃部锋利程度、钢盔的抗冲击能力等。

（4）**密度。**金属的密度是指金属单位体积的质量。大多数金属的密度都比较大，例如，世界上密度最大的金属是锇，其密度为22.59g/cm^3，最常见的铁的密度为7.86g/cm^3，铝的密度为2.7g/cm^3。但有些金属密度也比较小，如钠、钾等能浮在水面上；一般认为世界上密度最小的金属是锂，其密度为0.534g/cm^3。

在产品设计中，根据产品类别的不同，有时需要应用高密度的金属，而在大多数情况下，设计师更青睐比强度高（强度和密度的比值）的金属材料，例如金属铝合金，由于其比较轻，不仅在日常生活用品中常见，而且还在工业上用来制造汽车、飞机等交通工具。

（5）**熔点。**金属的熔点是指在一定压力下，固态和液态呈平衡时的温度，即由固态转变（熔化）为液态的温度。大多数情况下，金属的熔点就等于凝固点。

在所有金属材料中，有的熔点比较高，例如：金属钨的熔点最高，为3410℃；而常见的铁的熔点是1538℃、铝的熔点是660℃、铜的熔点是1083℃。另外，有的金属熔点则比较低，熔点最低的金属是汞，为-39℃。

在产品设计中，人们早已利用金属钨的高熔点来制作灯泡内的灯丝；利用金属锡的熔点比较低来焊接金属；利用汞的低熔点来制作温度计。

（6）**导电性。**金属的导电性是指其传导电流的能力，其原理是金属在外加电场作用下，金属中的电子在无规则运动的基础上叠加一个有规则的运动，产生宏观电流的性质。

在各类金属晶体中，充满着可移动的自由电

子，在外加电场的条件下自由电子就会发生定向移动，因而形成电流，所以金属是电的良导体。在金属材料中，银的导电性最好，其次是铜和金。在实际应用中，多用性价比高的铜作为输电电线。

（7）**导热性。**金属的导热性是指其传导热量的性能。金属容易导热的原理是由于金属晶体中的自由电子在热的作用下与金属原子频繁碰撞从而把能量从温度高的部分传递到温度低的部分，使整块金属快速达到相同的温度。金属的导热性好则意味着其吸热快，散热也快。

一般而言，导电性好的材料，其导热性也好。在金属材料中，银的导热性最好，其次是铜和金，铝和铁的导热性一般，但铝的导热性比铁好。

在产品设计中，常利用金属的导热性好的特点，制作各类加热器具，如各类铁或铝质炊具、铜质空调器冷凝管等。

3.2.2 力学性能

金属材料的力学性能是指金属材料在各种外加载荷（拉伸、压缩、弯曲、扭转、冲击、交变应力等）作用下，所表现出来的抵抗变形或破坏的能力，是衡量金属材料性能优劣的极其重要的指标。

（1）**强度。**强度是指材料在外力（载荷）作用下，抵抗变形和断裂的能力。材料的强度指标是通过拉伸试验来测定的，常用的强度指标有：弹性极限、屈服极限和强度极限。

①**弹性极限：**用来表示材料发生纯弹性变形的最大限度。当金属材料单位横截面积受到的拉伸外力达到这一限度后，材料将发生弹塑性变形。对应于这一限度的应力值，称为材料的弹性极限。

②**屈服极限：**用来表示材料抵抗微小塑性变形的能力。

③**强度极限：**材料抵抗外力破坏作用的最大能力，称为材料的强度极限。也就是说，当材料横截面上受到的拉应力达到材料的强度极限时，材料就会被拉断。

（2）**弹性模量。**弹性模量（E）即为衡量金属材料受外力作用时产生弹性变形难易程度的指标，其值越大，使金属材料发生一定弹性变形的应力也越大，即材料刚度越大；在一定应力作用下，发生弹性变形越小。由此可见，弹性模量是指在弹性变形范围内，应力与应变的比值，即产生单位弹性变形时所需应力的大小。弹性模量越小，表明材料的弹性变形相对就大，刚度就小，材料易发生变形，柔性越好；相反弹性模量越大，则表明材料发生弹性变形相对就小，刚度大，材料不易变形，脆性越强。因此，在产品设计选材过程中，结合产品的实际用途，可把弹性模量作为金属材料选用的重要参考依据。

（3）**刚度。**刚度是指材料或结构在受力时抵抗弹性变形的能力，是材料或结构弹性变形难易程度的指标，材料的刚度通常用弹性模量（E）来衡量。刚度与构件材料的性质、几何形状、边界支持情况以及外力作用形式有关。相对于具体的零件而言，其刚度不仅与材料的弹性模量相关，还可以通过增加横截面积或改善横截面积形状的方法来提高构件的刚度。

一般来说，刚度和弹性模量是不一样的。弹性模量是材料物质组分的固有性质；而刚度则是材料的结构性质。也就是说，弹性模量是材料固有的微观性质，只是某种材料抗弹性变形的一个参量，衡量其刚度的一个指标，只与材料的化学成分有关；也就是说，对于同一种材料，其弹性模量一般是固定的，除随温度升高而降低外，很难通过热处理、冷热加工、合金化等材料强化手段对材料弹性模量进行大的改变。而刚度是材料宏观的性质，是可以通过构件横截面大小、几何形状等手段来改变其刚度。

（4）**塑性。**塑性是指材料受力破坏前，能稳定地发生永久变形而不破坏其完整性的能力。塑性良好的金属材料，冷压成型性能好，即具有较强的塑性变形能力。

塑性变形是指材料在外力作用下产生形变，在外力去除后，弹性变形部分消失，不能恢复而保留下来的那部分变形。在产品设计中，我们经常需要金属材料具有良好的塑性变形能力，如小汽车外壳、电脑机箱壳、手机壳及其他各类器皿类金属产品等，都是利用金属材料的塑性变形能力冷压成型的。

3.2.3　金属材料的优缺点

综合而言，金属材料的优点主要体现在耐热性好，不易燃烧；随着温度变化，性质变化小；机械强度高，耐久性好，尺寸稳定性好，不易老化；不易受到损伤，不易沾染灰尘及污物等方面。

但金属材料也有突出的缺点，如不易于成型和加工，不可根据需要随意着色或制成透明制品，产品制造成本高；制品质量重，易生锈，易腐蚀，易传热、导电，保温性能与绝缘性能差等方面。

3.3　产品设计中常用的黑色金属

黑色金属是对铁、锰、铬及其合金的统称。在产品设计中，应用最广泛的材料主要是钢铁。

钢铁金属包括铁与钢，其强度和性能受碳元素的影响。含碳量少时质软而强度小，容易弯曲且可锻性大，热处理效果欠佳；含碳量多时则质硬，可锻性减少，热处理效果好。

3.3.1　铁

（1）**铸铁。**铸铁也称生铁，是指含碳量大于2.11%的铁碳合金，工业用铸铁含碳量一般不超过4.3%。

铸铁硬度大而熔点低，流动性好，易于浇铸，且含碳量越高浇铸时流动性越好，铸铁中石墨的存在增加了铸铁的耐磨性。铸铁生产工艺简单，成本低廉，具有良好的耐磨性和机械加工性，可用来制造各种具有复杂结构和形状的零件。铸铁主要用在需要有一定重量的产品或部件上，典型用途如机床机座、工程部件、日用产品、厨具等（图3-1）。

（2）**纯铁。**纯铁也称锻铁、熟铁或软钢，是指含碳量在0.03%以下的铁。纯铁质地很软，硬度小，熔点高，塑性好，延展性好，可以拉成丝，强度和硬度均较低，不适于铸造，但易于锻造和焊接，制成各种器物（图3-2）。

3.3.2　钢

人类对钢的应用和研究历史相当悠久，但是直到19世纪贝氏炼钢法发明之前，钢的炼制都是一项高成本低效率的工作。如今，钢以其低廉的价格、可靠的性能成为世界上使用最多的材料之一，是建筑业、制造业和人们日常生活中不可或缺的成分，是现代社会的物质基础。

钢，是对含碳量介于0.03%～2.11%的铁碳合金的统称，为了保证钢的韧性和塑性，含碳量一般不超过1.7%。根据钢的化学成分不同，只含碳元素的钢称为碳素钢（或称碳钢）或普通钢；根据性能和用途不同，又可分为结构钢、工具钢和特殊性能钢；按品质不同可分为普通钢、优质钢、高级优质钢；按成形方法不同可分为锻钢、铸钢、热轧钢、冷拉钢。

（1）**碳素钢。**碳素钢是指碳含量低于2.11%，并有少量硅、锰以及磷、硫等杂质的铁碳合金。工业上应用的碳素钢碳含量一般不超过1.7%。这是因为含碳量超过此量后，钢就会表现出很大的硬脆性，并且加工困难，失去生产和使用价值。

按含碳量的不同，又可把碳素钢分为低碳钢、中碳钢和高碳钢。

①**低碳钢：**低碳钢又称软钢，含碳量为0.10%~0.25%，低碳钢适应于各种加工工艺，如锻造、焊

铸铁炒锅　　铸铁茶壶

图3-1　铸铁应用示例

熟铁平底炒锅　　熟铁铁艺花配件

图3-2　纯铁应用示例

接和切削，为了提高表面耐磨性能，还可以进行表面渗碳。低碳钢常用于制造链条、铆钉、螺栓、轴等（图3-3）。

②**中碳钢：**中碳钢是指含碳量为0.25%～0.60%的碳素钢。中碳钢热加工及切削性能良好，焊接性能较差；强度、硬度比低碳钢高，而塑性和韧性低于低碳钢；可不经热处理直接使用，也可以经热处理后使用。淬火、回火后的中碳钢具有良好的综合力学性能。中碳钢广泛用于制造各种机械零件和各类生活用品（图3-4）。

③**高碳钢：**常称工具钢，含碳量为0.60%~1.70%，可以淬硬和回火。切削工具如钻头、丝攻、铰刀及其他工具类产品等可由含碳量为0.90%~1.00% 的高碳钢制造（图3-5）。

（2）**合金钢。**在钢中除含有铁、碳和少量不可避免的硅、磷、锰、硫元素以外，可再根据需要，加入一定量的合金元素，在钢中加入的合金元素通常有钼、镍、铬、钒、钛、硼、铌、铝、稀土等其中的一种或几种元素，即为合金钢。根据添加元素的不同，并采取适当的加工工艺，可获得高强度、高韧性、耐磨、耐腐蚀、耐低温、耐高温、无磁性等特殊性能的合金钢。

合金钢种类较多，通常按合金元素含量多少分为低合金钢（含量低于5%），中合金钢（含量为5%～10%），高合金钢（含量高于10%）；按质量分为优质合金钢、特质合金钢；按特性和用途又分为合金结构钢、合金弹簧钢、合金工具钢、不锈钢、耐酸钢、耐磨钢、耐热钢、滚动轴承钢和特殊性能钢（如软磁钢、永磁钢、无磁钢）等。

①**合金结构钢：**合金结构钢的含碳量较低，一般在0.15%～0.50%范围内。除含碳外，还含有一种或几种合金元素，如硅、锰、钒、钛、硼、镍、铬、钼等。合金结构钢易于淬硬、不易变形或开裂，便于通过热处理改变钢的性能。

合金结构钢广泛用作机械零件和各种工程构件，如汽车、拖拉机、船舶、汽轮机、重型机床的各种零部件和紧固件。

②**合金弹簧钢：**合金弹簧钢是用于制造弹簧或者其他弹性零件的钢种。弹簧在冲击、振动或长期交变应力下使用，所以要求弹簧钢有较高的抗拉强度、弹性极限、抗疲劳强度。

合金弹簧钢主要是硅锰系钢种，它们的含碳量稍低，主要靠增加硅含量（1.3%～2.8%）提高其性能；另外还有含铬、钨、钒的合金弹簧钢种。

③**合金工具钢：**合金工具钢是在碳素钢的基础上加入铬、钼、钨、钒等合金元素以提高淬透性、韧性、耐磨性和耐热性的一类中、高碳钢种。它主要用于制造量具、小型或大型且形状复杂的刃具、耐冲击工具和冷、热模具及一些特殊用途的工具（图3-6）。

④**不锈钢：**不锈钢是不锈耐酸钢的简称。具有耐空气、蒸汽、水等弱腐蚀介质或具有不锈性的钢种称为不锈钢，是由不锈钢和耐酸钢两部分组成。不锈钢的不锈性和耐蚀性是由于其表面上铬氧化膜的形成。一般来说含铬量大于12%的钢，就具有了不锈钢的特点。

不锈钢常按组织状态分为：铁素体不锈钢（含铬12%～30%）、奥氏体不锈钢（含铬大于18%）、马氏体不锈钢、奥氏体-铁素体（双相）不锈钢及沉淀硬化不锈钢等。另外，还可以按成分分为：铬不锈钢、铬镍不锈钢和铬锰氮不锈钢等。

在现时应用中，常用的不锈钢有200系的202#和300系的304#。

202#不锈钢是200系不锈钢中的一种，国标型号为1Cr18Mn8Ni5N。200系不锈钢属于低镍高锰不锈钢，镍含量、锰含量在8%左右，是节镍型不锈钢，但防锈蚀效果较差。202#不锈钢广泛应用于建

图3-3　低碳钢锻造轮毂

图3-4　中碳钢唐刀

图3-5　高碳钢小剪刀

图3-6　合金工具钢量具

筑装饰，市政工程、公路护栏、宾馆设施、商场、玻璃扶手、公共设施等场所。

304#不锈钢国标标号为06Cr19Ni10，含铬量大于18%，含镍量大于8%，也有称为18/8不锈钢，密度7.93g/cm^3，耐高温800℃。304不锈钢作为一种用途广泛的铬-镍不锈钢，具有良好的耐蚀性、耐热性、低温强度和机械特性；冲压、弯曲等塑性加工性好，在大气中耐腐蚀，如果用于工业性或重污染地区，则需要及时清洁以避免腐蚀。适合用于食品的加工、储存和运输，家庭中餐具、橱柜等用品，是国家认可的食品级不锈钢；用于室内管线、热水器、锅炉、浴缸，汽车配件，医疗器具，建材，化学，食品工业，船舶部件等（图3-7）。

⑤**耐酸钢：**耐酸钢是指在酸、碱、盐等各种侵蚀性较强的化学介质中耐腐蚀的钢。通常把不锈钢与耐酸钢统称为不锈耐酸钢，或简称为不锈钢，但二者在合金化程度上有差异，不锈钢一般是在自然界的大气、水气和水等弱介质中不生锈，不一定耐酸；而耐酸钢则在酸、碱、盐等特殊化学侵蚀性介质中均不生锈。常见的耐酸钢有耐硝酸钢和耐硫酸钢。

耐酸钢主要含铬、镍等合金元素，有的还含有少量的钼、钒、铜、锰、氮或其他元素；其中铬含量高达25%左右，镍含量高达20%左右，具有极好的耐酸性能。因此，这类钢主要用于制造化工设备、医疗器械、食品工业设备以及其他在强酸性介质中要求不锈的器件等（图3-8）。

3.3.3　钢材

钢材是指钢锭、钢坯或钢材通过压力加工制成所需要的各种形状、尺寸和性能的材料总称。钢材有四大品种，即钢板、钢管、型钢与钢丝。

（1）**钢板。**钢板即平板状的钢材，按厚度不同可分为薄钢板和厚钢板。

①**薄钢板：**用热轧或冷轧方法生产的厚度在0.2～4.0mm的钢板。薄钢板的宽度在500～1400mm。根据不同的用途，有不同材质的薄钢板，主要有普通碳素钢板、优质碳素结构钢板、合金结构钢板、不锈钢板等。薄钢板具有加工性能良好、连接简单、安装方便、质轻并具有一定的机械强度及良好的防火性能、密封效果好的优点。但也存在保温性能差，壁薄体软，易变形等缺点。

薄钢板应该表面平整、光滑、厚度匀称，允许有紧密的氧化铁薄膜，不得有裂痕、结疤等缺陷。主要用于车辆、飞机、船舶、电子产品、农机具、容器、钢制家居用品等（图3-9）。

②**钢带：**钢带实际上是很长的钢板，成卷供应，故也叫钢带（图3-10），按所用材质不同分为普通钢带和优质钢带两类；按加工方法不同为分热轧钢带和冷轧带钢带两类；按表面状态不同可分为原轧制表面和镀（涂）层表面钢带；按用途不同可分为通用和专用钢带。钢带宽度在1300mm以内，长度根据每卷的大小略有不同，厚度有小于4mm的薄钢带和大于4mm的厚钢带。

钢带一般成卷供应，具有产量大、用途广、品种多、尺寸精度高、表面质量好、便于加工、节省材料等优点。广泛用于生产焊接钢管，作冷弯型钢的坯料，制造自行车车架、轮圈、卡箍、垫圈、弹簧片、锯条、五金制品和刀片等。

③**厚钢板：**厚度大于4mm的钢板统称厚钢板（图3-11），厚钢板的宽度在600～3000mm；厚钢板分为特厚钢板和中厚钢板。

特厚钢板是指厚度大于60mm的钢板。因为根据厚板轧机所能轧制的最大厚度，厚钢板的厚度界线常在60mm以内，而60mm以上的则需要在专门的特厚钢板轧机上轧制，因此叫特厚钢板。特厚钢

图3-7　不锈钢餐具

图3-8　耐酸不锈钢调味瓶

图3-9　薄钢板在小汽车壳体上的应用

图3-10　钢带

板主要用于造船、锅炉、桥梁和高压容器壳体等。

中厚钢板是指厚度大于4mm、小于60mm的钢板。中厚钢板主要用于造船、锅炉、桥梁、装甲和高压容器壳体等。

（2）**钢管。**钢管的发展始于自行车制造业的兴起、石油的开发、舰船、锅炉、飞机的制造。钢管按生产方法不同可分为无缝钢管和有缝钢管两类；按制管材质（即钢种）的不同可分为碳素钢管、合金钢管、不锈钢管等；按管端连接方式不同可分为光管（管端不带螺纹）和车丝管（管端带有螺纹）两类；按表面镀涂特征不同可分为黑管（不镀涂）和镀涂层管两类；按横断面形状不同可分为圆钢管和异形钢管两类；按用途不同可分为管道用管、热工设备用管、机械工业用管、石油地质钻探用管、化学工业用管和其他各行业用管。

钢管的特点为强度高、重量轻、富有弹性、易弯曲、易连接、易装饰，在产品设计中，常用于制作金属产品的骨架（图3-12）。

（3）**型钢。**型钢是一种有一定横截面形状和尺寸的条型钢材，是钢材中板、管、型、丝四大品种之一。根据横截面形状的复杂程度不同，型钢又分简单断面型钢和复杂断面型钢。简单断面型钢有方钢、圆钢、扁钢、角钢、六角钢等；复杂断面型钢有工字钢、槽钢、钢轨、H型钢等（图3-13）。

（4）**钢丝。**钢丝是用热轧盘条经冷拉制成的再加工产品，应用广泛，分类比较复杂。

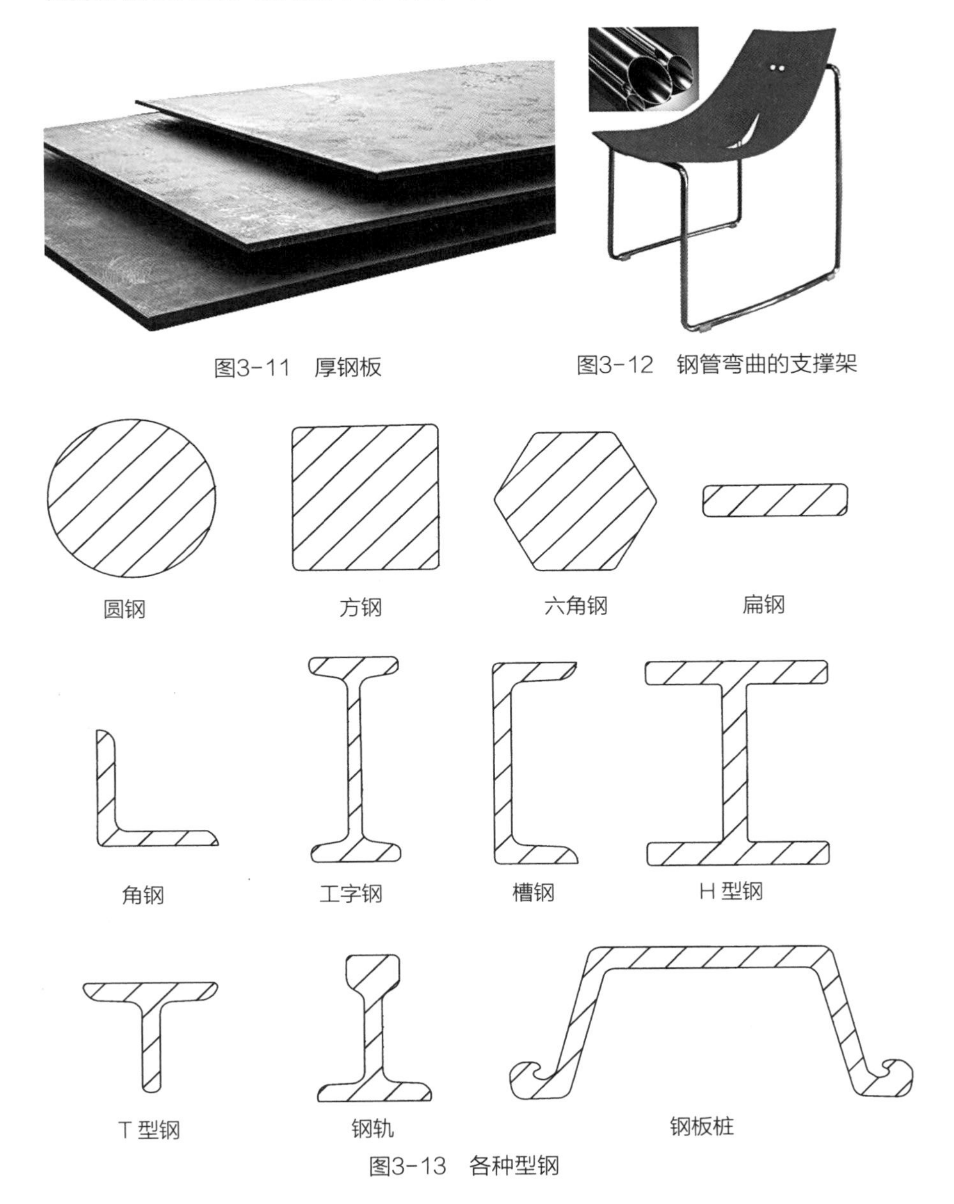

图3-11 厚钢板

图3-12 钢管弯曲的支撑架

图3-13 各种型钢

3.4　产品设计中常用的有色金属

狭义的有色金属又称非铁金属，是铁、锰、铬以外的所有金属（有时也除去锰和铬）的统称。广义的有色金属还包括有色合金。有色合金是以一种有色金属为基体（通常大于50%），加入一种或几种其他元素而构成的合金。有色金属可分为重金属（密度＞4.5%，如铜、铅、锌）、轻金属（密度≤4.5%，如铝、镁）、贵金属（如金、银、铂族金属）及半金属（硅、硼、硒、碲、砷）。

常见的有色金属有：铝及铝合金、铜及铜合金、锌及锌合金、银及银合金、钛及钛合金、金及金合金。各种有色金属根据其特性，都有其特殊的应用范围和用途；但仅从设计应用的角度，纯有色金属因为质软，是没有太多的实用意义的，一般都应用其合金。

3.4.1　铝及铝合金

（1）**铝的性质。**铝属于有色金属中的轻金属，密度为2.7g/cm^3，是钢铁的1/3，熔点为660℃。铝的表面为银白色，反射光能力强。铝的导电性和导热性仅次于铜，可用来做导电与导热材料。

铝的延展性良好，可塑性强。可以冷加工成棒状、片状、粉状、带状和丝状及厚度很薄的铝箔。铝在潮湿空气中能形成一层防止金属腐蚀的氧化膜，由于其强度和硬度较低，为提高铝的使用价值，常加入其他合金元素形成铝合金。

（2）**铝合金的性质。**以铝为基础，加入一种或几种其他元素，如铜、镁、硅、锰、锌等构成的合金，形成各种类别的铝合金以改变铝的某些性质的合金材料，称为铝合金。由于纯铝强度低，其用途受到限制，所以在工业上多采用铝合金。

铝合金既保持了铝质量轻的特性，同时，机械性能明显提高，大大提升了其使用价值，并且有重量轻、强度高、不变形、耐腐蚀、隔热隔潮等优越的性能特点。铝合金是现代工业中应用最广泛的一类有色金属结构材料，在航空、航天、汽车、机械制造、船舶五金配件、日常生活用品等领域中都有广泛应用。

（3）**铝合金的分类与应用。**按照加工方法不同可将铝合金分为铸造铝合金和变形铝合金。变形铝合金又根据热处理对其强度影响的不同，分为热处理非强化型和热处理强化型。

①变形铝合金：指采用轧制、冲压、弯曲、挤压等不同的压力加工方法使其组织、形状发生变化，制成的板、带、棒、管、型、条等半成品铝合金材料，广泛用作工程结构材料、工业产品造型材料和建筑装饰材料等。图3-14为应用变形铝合金冲压表面阳极氧化装饰处理制成的机箱。

②铸造铝合金：可用来直接浇铸各种形状零件的铝合金称为铸造铝合金。铸造铝合金中合金元素含量比变形铝合金高，流动性好，但塑性差，可以通过变质处理提高机械性能。多用于生产各种形状复杂，承载不大，重量较轻且具有一定耐蚀、耐热要求的铸件。

3.4.2　铜及铜合金

铜是人类发现最早的金属之一，可以追溯到青铜时代，也是人类广泛使用的一种金属，属于重金属，铜的使用对早期人类文明的进步影响深远。在现代产品中，铜材是高档产品、五金配件和装饰件等的主要材料。

（1）**铜的性质。**铜属于有色金属中的重金属，密度为8.9g/cm^3，与钢铁相近，熔点为1083℃。纯铜呈紫红色；具有高导电性、导热性、耐蚀性及良好的延展性，强度和硬度适中，具易加工性，可压延成薄片或拉拔成线材。主要用于制作发电机、母线、电缆、开关装置、变压器等电工器材和热交换器、管道、太阳能加热装置的平板集热器等导热器材。

（2）**铜合金的性质。**铜合金是以纯铜为基体加入一种或几种其他元素所构成的合金，常添加元素有锌、锡、钴、镍、银、镁、铬、铝、锰、硅、铅等。纯铜呈紫红色，又称紫铜。常用的铜合金根据添加的元素不同，主要有黄铜、青铜、白铜三大类。

铜合金的应用十分广泛，在电器工业中用于电机制造、电力输送；在电子工业中，用于印刷电路、集成电路、引线框架；在交通工业中，用于船舶、汽车、飞机、铁路；另外在建筑、航空、轻工业产品中也有十分普遍的应用。

（3）**铜合金的分类与应用。**按合金成分不同分为黄铜（铜锌合金）、青铜（铜锡合金）、白铜（铜钴镍合金）；按产品形态的不同可分为铜管、铜棒、铜线、铜板、铜带、铜条、铜箔等；按材料形成方法不同可分为铸造铜和变形铜。

①**黄铜：**黄铜是由铜和锌所组成的合金，黄铜分为普通黄铜和特殊黄铜两种。铜锌二元合金称普通黄铜或称简单黄铜；三元以上的黄铜称为特殊黄铜或复杂黄铜。按锌的含量不同，普通黄铜又分为三七黄铜和四六黄铜（即30%的锌和70%的铜或40%的锌和60%的铜。图3-15）。

②**青铜：**青铜早期特指以锡为主要添加元素的铜基合金，呈青灰色的金属光泽，是金属冶铸史上最早的合金。青铜发明后，立刻盛行起来，从此人类历史也就进入新的阶段——青铜时代。现在统指除黄铜和白铜外的其他类铜合金，为了便于区别，在青铜的前面附加上所加入的元素名称，如锡青铜、铝青铜、锰青铜、硅青铜等（图3-16）。

古代的青铜器有食器、酒器、水器、乐器、兵器、车马器、农器与工具、货币、玺印与符节、度量衡器、铜镜、杂器十二大类，应用十分广泛与普遍；现代主要用于高载荷的齿轮、轴套、船用螺旋桨、精密弹簧、电接触元件等。

③**白铜：**白铜是以镍为主要添加元素的铜基合金，呈银白色，有金属光泽，故名白铜。铜镍之间彼此可无限固溶，从而形成连续固溶体，即不论彼此的比例多少，而恒为单相合金。当把镍熔入铜里，比例超过16%以上时，产生的合金色泽就变得相对接近白如银，镍含量越高，颜色越白，但通常白铜中镍的含量为25%左右。另外，在加镍的基础上，再加有锰、铁、锌、铝等元素的白铜合金称复杂白铜（即三元以上的白铜）（图3-17）。

3.4.3 锌及锌合金

锌是继铁、铝、铜之后第四种应用最广泛的金属材料，外观呈银白色略带蓝灰色（蓝白色）。锌首先被罗马人所认知，但它第一次却是在印度被认定其金属身份，大规模的精炼始于公元1100-1500年，特别是在公元16世纪的中国。

（1）**锌的性质。**锌是一种蓝白色金属，密度为7.14g/cm^3，熔点为419.5℃，沸点906℃，莫氏硬度为2.5，较软，仅比铅和锡硬，延展性比铅、铜和锡小，比铁大；锌在常温下不会被干燥空气、不含二氧化碳的空气或干燥的氧所氧化。但在与湿空气接触时，其表面会逐渐被氧化，生成一层灰白色致密的碱性碳酸锌包裹其表面，保护内部不再被侵蚀。

（2）**锌合金的性质。**锌合金是以锌为基础加入其他元素组成的合金。常加的元素有铝、铜、镁、镉、铅、钛等。锌合金熔点低，流动性好，易熔焊、钎焊和塑性加工，在大气中耐腐蚀，残废料便于回收和重熔；熔化与压铸时不吸模，不腐蚀压型，不粘模，制成品有很好的常温机械性能和耐磨性，并可进行电镀、喷涂、抛光、研磨等表面处理。

（3）**锌合金的分类与应用。**锌合金的种类较多，除铸造锌合金是按加工方法分类外，还可按成分、特性及用途来分为锌—铝系合金、锌—铜系合金等。

图3-14　G5苹果铝合金机箱

图3-15　黄铜制品

四羊方尊

吴王夫差剑

图3-16　青铜制品

图3-17　白铜文房用品

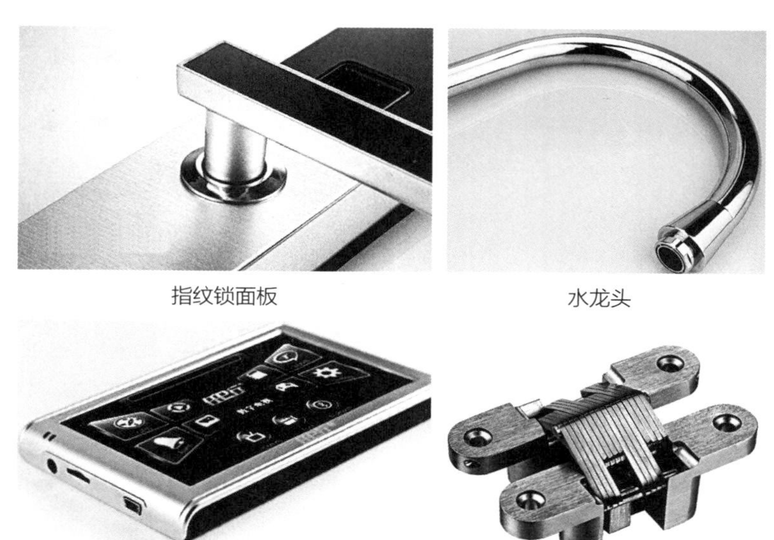

指纹锁面板　　水龙头

电子产品边框　　铰链

图3-18　锌合金的应用示例

锌合金最常见用于电子产品元件、电子产品壳体、黄铜的合金材料、家居用品、门锁等安保产品、水管水龙头、五金配件、镀层材料、移动电话天线、照相机的快门装置等（图3-18）。

3.4.4　钛及钛合金

地球表面钛的含量比较丰富，高达千分之六，比铜多61倍，是铜、镍、铅、锌的总量的16倍，在金属世界里排行第七，不属于稀有金属。但钛的工业化生产起步较晚，于20世纪40年代才进行工业化冶炼。它是伴随着航空和航天工业而发展起来的新兴工业，其发展速度超过了任何一种有色金属。钛是唯一对人类植物神经没有任何影响的金属。钛最常见的化合物是二氧化钛（俗称钛白粉）。

（1）**钛的性质。**钛具有银灰色金属光泽，无磁性，无毒；密度小，仅为4.5g/cm^3，比强度高（强度/密度），位于金属之首；耐热性能好，熔点为1660℃，沸点3287℃。钛的可塑性较好，高纯度钛的延伸率可达50%～60%，断面收缩率可达70%～80%，但收缩强度低。

（2）**钛合金的性质。**钛加入合金元素后可改善其加工性能和力学性能，常加的合金元素有铝、钒、锰、铬、钼等。钛合金具有许多优良特性，主要体现在如下几个方面：

①**强度高：**钛合金具有很高的强度，其抗拉强度为686～1176MPa，密度在4.51g/cm^{3}左右，仅为钢的60%，一些高强度钛合金超过了许多合金结构钢的强度。因此钛合金的比强度（强度/密度）远大于其他金属结构材料，可制出单位强度高、刚性好、质轻的零、部件及产品。

②**高温和低温性能优良：**在高温下，钛合金仍能保持良好的机械性能，其耐热性远高于铝合金，且工作温度范围较宽，目前新型耐热钛合金的工作温度可达550～600℃；在低温下，钛合金的强度反而比在常温时增加，且具有良好的韧性，低温钛合金在－253℃时还能保持良好的韧性。

③**抗腐蚀性强：**钛在550℃以下的空气中，表面会迅速形成薄而致密的氧化钛膜，钛合金在潮湿的大气和海水介质中，其抗蚀性远优于不锈钢；对点蚀、酸蚀、应力腐蚀的抵抗力特别强；对碱、氯化物、氯的有机物、硝酸、硫酸等有优良的抗腐蚀能力。但钛对具有还原性氧及铬盐介质的抗蚀性差。

（3）**钛合金的分类与应用。**根据热处置后钛合金的金相组织，可把钛合金可分为α、α+β、β钛合金三类。

钛合金常用于高尔夫球杆、网球拍、便携式电脑、照相机、行李箱、外科手术植入物、飞行器骨架等（图3-19）。

3.4.5 其他金属材料

（1）金。金是7种最古老的金属（金、铜、银、铅、锡、铁、汞）之一，是地球上最稀有的金属之一，也是货币金属之一，通称黄金，是一种广受欢迎的贵金属，在很多世纪以来一直都被用作货币、保值物及珠宝首饰。在自然界中，金以单质的金块或金粒形式出现在岩石中、地下矿脉及冲积层中。金的密度较高，为19.32g/cm^3，熔点为1064℃；质地异常柔软、光亮，具抗腐蚀、高导热导电性。金的延性及展性是已知金属中最高的，1g金可以加工成1m^{2}的箔片，金箔可以被打薄至半透明，因为金反射黄色光及红色光能力很强，所以透过箔片的光会显露出绿蓝色。金的纯度以K来计量，纯金为24K，18K金的纯度为24K金的2/3。

金在日常生活中的常见用途主要为首饰、镀覆材料等。在现代社会中，黄金的主要用途有：

一是用作国际货币储备。这是由黄金的货币商品属性决定的。由于黄金的优良特性，历史上黄金充当货币的职能，如价值尺度、流通手段、储藏手段、支付手段和世界货币。许多国家，包括西方主要国家国际货币储备中，黄金仍占有相当重要的地位（图3-20）。

二是用作珠宝装饰。华丽的黄金饰品一直是一个人社会地位和财富的象征，从古至今一直受到人们的追崇（图3-21）。

三是在工业与科学技术上的应用。由于金具备独特、良好的性质，广泛用于重要的电子技术、通信技术、宇航技术、化工技术、医疗技术等领域。

（2）银。银是古代就已知并加以利用的三大贵金属之一（金、银、铂）；一般分为标准纯银和92.5%的银与7.5%的铜的银合金。银的密度为10.53g/cm^3，熔点为960.8℃，塑性良好，延展性仅次于金，银的化学稳定性较好，在常温下不氧化。具有突出的导热、导电性能，高反光性，优良的延展性，高光敏感性，优良的防腐蚀性。

银在现代生活中主要用于首饰、镜子、太阳镜、电镀材料等；另外还用于电子元件、医疗和照相行业；在宗教领域用于宗教器皿和宗教信物（图3-22）。

（3）铂。铂是三大贵重金属之一（金、银、铂）；密度大，为21.45g/cm^3，熔点1772℃，延展性好，可拉成很细的铂丝（1g铂可以拉成1.609km的铂丝），轧成极薄的铂箔；铂抛光后光泽优雅，具有良好的化学稳定性、防腐蚀性、微生物稳定性，具有抑制癌细胞生长的作用。

铂的典型用途有：首饰、高档钢笔尖、飞行器火花塞、涂层刀片合金原料、牙科修补用料、具磁化性能的硬盘、汽车催化转换器、电子器件、耐高温高压白金坩埚等（图3-23）。

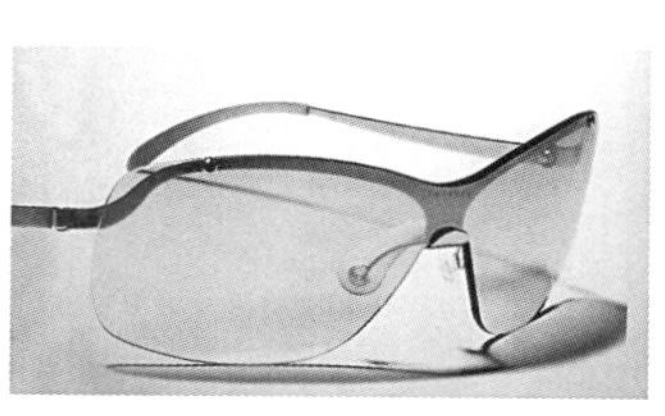
林德博格钛合金眼镜架

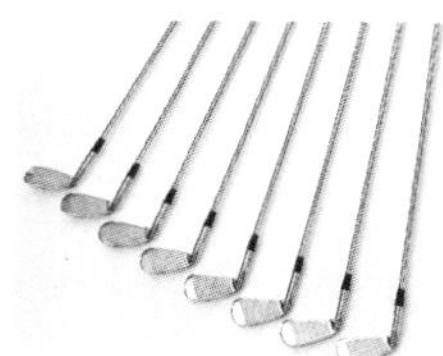
钛合金高尔夫球杆

苹果 POWER Book G4
钛合金外壳

徕卡 Q 钛合金灰色喷漆机身
相机

图3-19 钛合金在产品中的应用示例

图3-20 金砖

图3-21 18K金手镯

图3-22 银手镯

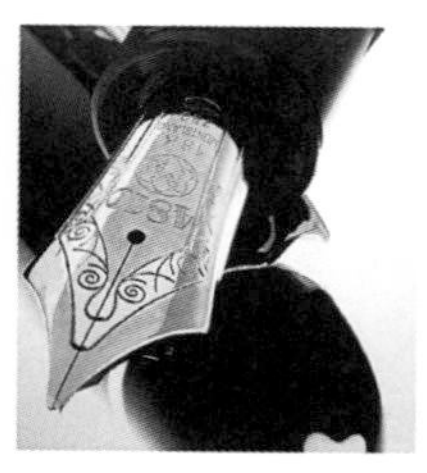
图3-23 铂笔尖

3.5　金属材料成型工艺

应用相应的工具或设备，将金属材料加工成某种物品、零件、组件，并根据需要进行组装成制品和表面处理，最后形成完整的金属产品的过程，称为金属材料产品的加工工艺。金属材料产品的加工工艺共分为成型加工、热处理、表面处理、连接与结构形式等内容。

3.5.1　成型工艺流程

金属的成型加工方法可分为铸造、塑性加工、切削加工、焊接与粉末冶金五类。

金属成型加工按原料和产品及零件形式的不同，其工艺过程可分为两大类别：一类是以金属板材、管材、线材类为原材料的产品成型工艺过程（图3-24）；另一类是以金属液态、棒状、块状、片状类为原料的产品成型工艺过程（图3-25）。

3.5.2　铸造加工

铸造是指将熔融态金属浇铸到与零件形状相适应的铸造空腔中，待其冷却凝固后，以获得具有一定形状、尺寸和性能的金属零件毛坯的成型方法。常用的铸造材料有铸铁、铸钢、铸铝、铸铜等，通常根据不同的使用目的、使用寿命和成本等方面来选用铸件材料，而铸模的材料可以是砂、金属或陶瓷。

铸造工艺可分为砂型铸造、熔模铸造、金属型铸造、压力铸造、离心铸造。

（1）**砂型铸造。**砂型铸造俗称翻砂，即用砂粒制造铸型进行铸造的方法。主要工序有：制造铸模、制造砂铸型（即砂型）、浇注金属液、落砂、清理等。砂型铸造适应性强，几乎不受铸件形状、尺寸、重量及所用金属种类的限制，工艺设备简单，成本低，为铸造业所广泛使用。但砂型铸造也存在生产效率低，劳动强度大，铸件尺寸精度低，表面质量差，容易产生内部缺陷等缺点（图3-26）。

砂型铸造主要适用于单件、小批量及形状复杂的大型铸件（图3-27）。

（2）**熔模铸造。**熔模铸造又称“失蜡铸造”，通常是在蜡模（50%石蜡，50%硬脂酸）表面涂上数

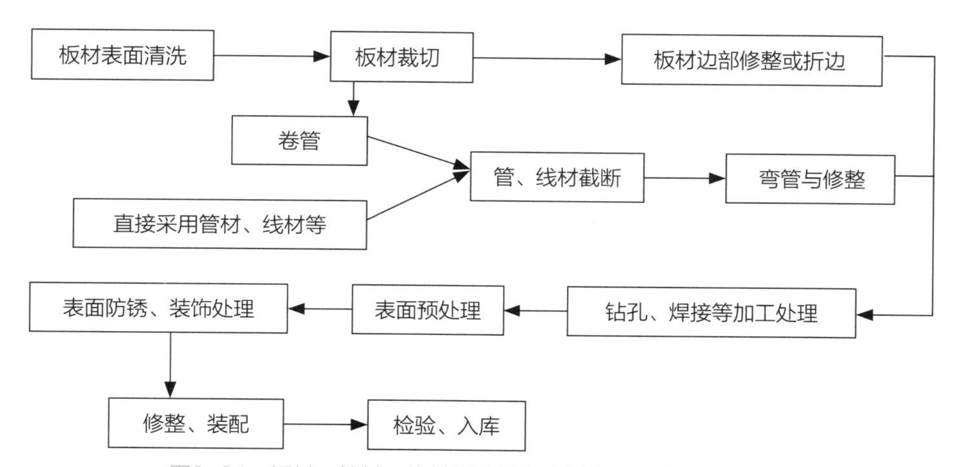

图3-24　板材、管材、线材类金属为原料的产品成型工艺流程

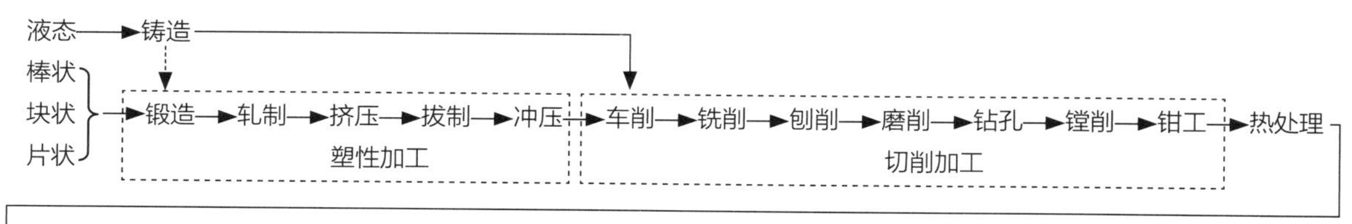

图3-25　液态、棒状、块状、片状类金属为原料的产品成型工艺流程

层耐火材料，待其硬化干燥后，将其中的蜡模熔去而制成型壳，再经过焙烧、浇注，而获得铸件的一种方法。由于获得的铸件具有较高的尺寸精度和表面光洁度，故又称“熔模精密铸造”或“失蜡铸造”，为精密铸造方法之一，是常用的铸造方法（图3-28）。

熔模铸造具有铸件精度与光洁度高、尺寸精确；适于形状复杂，薄壁件，无分型面；铸件不需加工即可安装使用，降低成本；生产批量不受限制，单件、大批均可；工艺复杂周期长，铸件重量一般小于25kg等特点（图3-29）。

（3）**金属型铸造。**金属型铸造即用金属材料制作铸型进行铸造的方法，又称永久型铸造或硬型铸造。铸型常用铸铁、铸钢等材料制成，可反复使用，直至损耗。金属型铸造所得铸件的表面光洁度和尺寸精度均优于砂型铸件，且铸件的组织结构致密，力学性能较高。适用于中小型有色金属铸件和铸铁铸件的生产。

（4）**压力铸造。**压力铸造也简称压铸，即在压铸机上，用压射活塞以较高的压力和速度将液态或半液态金属压入模腔中，并在压力作用下成型和凝固而获得铸件的铸造方法。压力铸造属于精密铸造方法，铸件尺寸精确，表面光洁，组织致密，生产效率高。

压力铸造适合生产小型、薄壁的复杂铸件，并能使铸件表面获得清晰的花纹、图案及文字等。主要用于锌、铝、镁、铜及其合金等铸件的生产。

（5）**离心铸造。**离心铸造即将液态金属浇入沿垂直轴或水平轴旋转的铸型中，在离心力作用下金属液附着于铸型内壁，经冷却凝固成为铸件的铸造方法。

离心铸造的铸件组织致密，力学性能好，可减少气孔、夹渣等缺陷。常用于制造各种金属的管形或空心圆筒形铸件，也可制造其他形状的铸件。

3.5.3 塑性加工

金属的塑性加工又称金属压力加工。是指在不破坏金属完整性的条件下，利用外力作用使金属坯料产生塑性变形，从而获得具有一定形状、尺寸和机械性能的毛坯或零件的加工方法。由于这种加工方法主要依靠金属所具有的塑性变形特性，故称为金属的塑性加工。

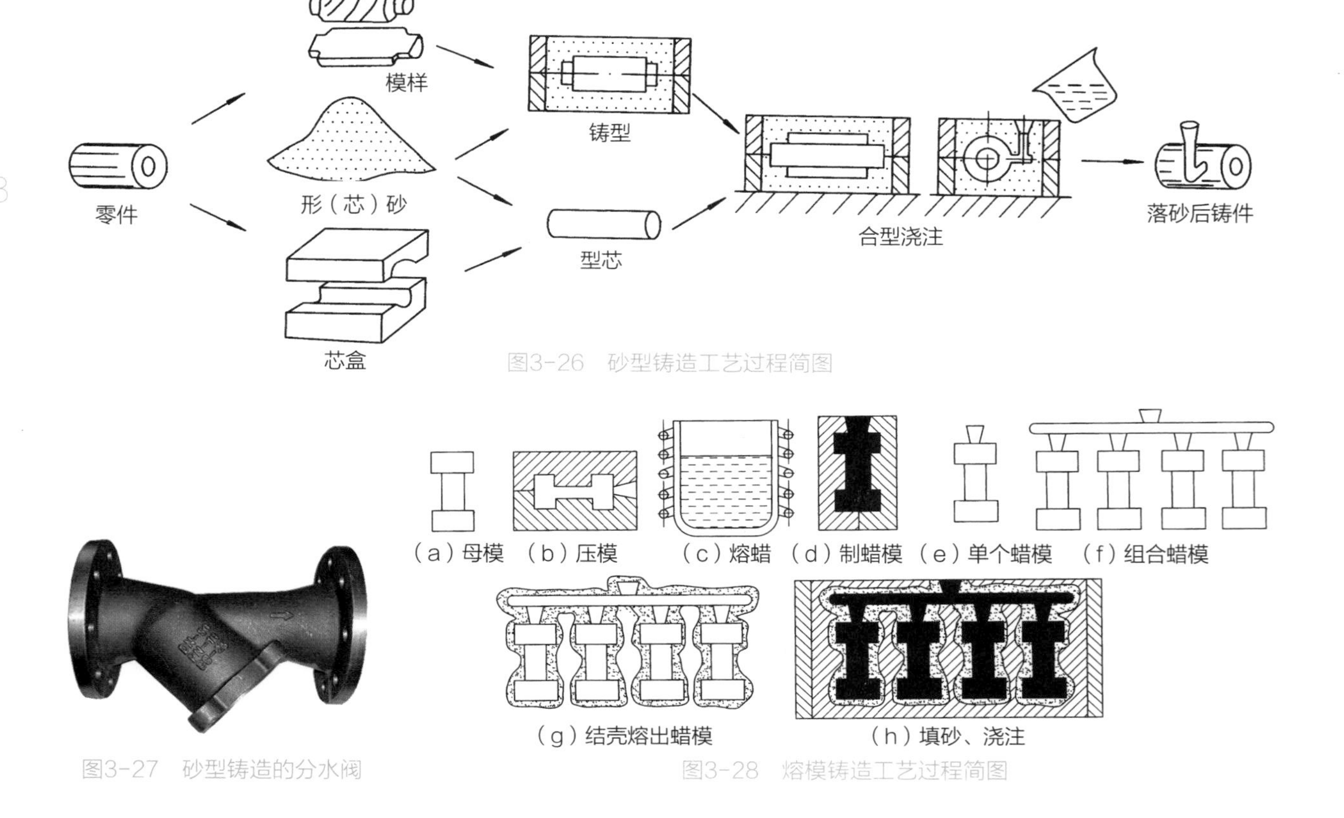

图3-26 砂型铸造工艺过程简图

图3-27 砂型铸造的分水阀

图3-28 熔模铸造工艺过程简图

金属的塑性加工的特点是在成型的同时，能改善材料的组织结构和性能，产品可直接制取或便于加工，无切削，金属损耗小。

金属的塑性加工方法主要有锻造、轧制、拔制、挤压、冲压等。

（1）**锻造。**锻造即利用手锤、锻锤或压力设备对金属坯料施加压力，使其产生塑性变形以获得具有一定机械性能、一定形状、尺寸和性能符合要求的零件的加工方法。通过锻造能消除金属在冶炼过程中产生的疏松等缺陷，优化微观组织结构，同时由于保存了完整的金属流线，锻件的机械性能一般优于同样材料的铸件。相关产品中负载高、工作条件严峻的重要零件，除形状较简单的可用轧制的板材、型材或焊接件外，多采用锻件。

锻造根据温度不同，可以分为热锻、温锻和冷锻；按是否使用模具，可分为自由锻、模锻；按加工方法不同，可分为手工锻造和机械锻造。

①**自由锻：**指用简单的通用性工具，或在锻造设备的上、下砧铁之间直接对坯料施加外力，使坯料产生变形而获得所需的几何形状及内部质量的锻件的加工方法。自由锻都是以生产批量不大的锻件为主，采用锻锤、液压机等锻造设备对坯料进行成型加工，获得合格锻件。 自由锻的基本内容包括镦粗、拔长、冲孔、切割、弯曲、扭转、错移及锻接等。自由锻采取的都是热锻方式。

②**模锻：**模锻是指在专用模锻设备上利用模具使毛坯成型而获得锻件的锻造方法（图3-30）。模锻方法生产的锻件尺寸精确，加工余量较小，结构也比较复杂，生产效率高。

根据设备不同，模锻分为锤上模锻，曲柄压力机模锻，平锻机模锻，摩擦压力机模锻等。锤上模锻所用的设备为模锻锤，通常为空气模锻锤，对形状复杂的锻件，先在制坯模腔内初步成形，然后在锻模腔内锻造。按锻模结构不同分为：锻模上有容纳多余金属的毛边槽的，称为开式模锻；反之，锻模上没有容纳多余金属的毛边飞槽的，称为闭式模锻；由原始坯料直接成型的，称为单模膛模锻；对形状复杂的锻件，在同一锻模上需要经过若干工步的预成型的，称为多模膛模锻。

与自由锻相比，模锻具有锻件尺寸和精度高；机械加工余量较小，节省加工工时，材料利用率高；可以锻造形状复杂的锻件；锻件内部流线分布合理，操作简便，劳动强度低，生产效率高等特点。

③**手工锻造：**手工锻造是一种古老的金属加工工艺，是以手工锻打的方式，在金属板上锻锤出各种高低凹凸不平的浮雕效果。手工锻造也有两种形式：一种是手工自由锻，一般用于小型金属工艺品的制作；另一种是手工模锻，一般用于大中型金属工艺品的制作。

（2）**轧制。**轧制是将金属坯料通过一对旋转轧辊间的特定间隙（间隙可以按要求设计成不同形状）产生塑性变形，以获得所要求的截面形状并同时改变其组织性能的压力加工方法。这也是生产钢材最常用的生产方式，主要用来生产型材、板材、管材。按轧制金属坯料温度不同可分为热轧和冷轧两种加工方式（图3-31）。

热轧是将坯料加热到再结晶温度以上进行轧制，热轧变形抗力小，变形量大，生产效率高，适合轧制断面尺寸较大、塑性较差或变形量较大的坯料。在热轧过程中，晶粒先被压碎然后再拉长，在

图3-29　熔模铸造的工艺品

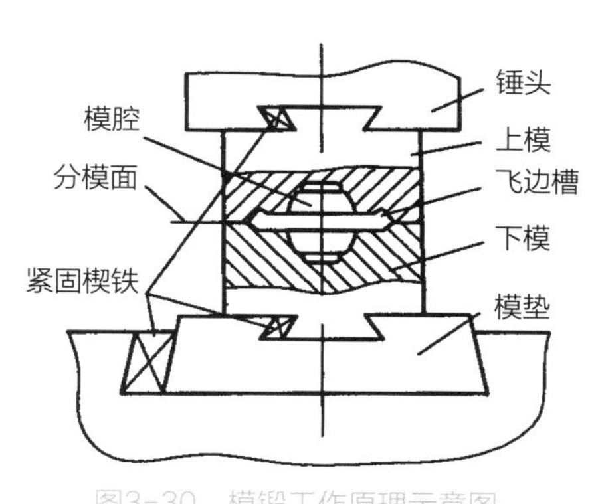

图3-30　模锻工作原理示意图

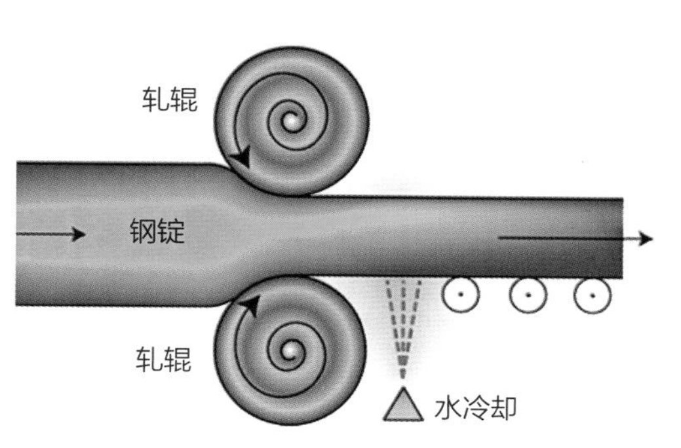

图3-31　轧制工作原理示意图

回复阶段晶粒会再生长，形成粗糙表面，并使钢材组织密实，力学性能得到改善。这种改善主要体现在沿轧制方向上，从而使钢材在一定程度上不再是各向同性体；浇注时形成的气泡、裂纹和疏松，也可在高温和压力作用下被焊合。

冷轧则是在室温下对材料进行轧制。在冷轧过程中，晶粒被碾碎并拉长，但可以在后期的加热或退火阶段，使晶粒再细化，形成光滑细致的表面。与热轧相比，冷轧产品尺寸精度高，机械强度与表面光洁度好。但冷轧变形抗力大，变形量小，适用于轧制塑性好，尺寸小的线材、薄板等。

图3-32是热轧与冷轧过程中金属晶粒变化示意图。

（3）**拔制。**拔制是以拉力使大截面的金属坯料强行穿过各种形状的锥形模孔，改变它的断面形状与规格，以获得尺寸精确、表面光洁的小截面毛坯或制品的塑性加工方法。图3-33所示是生产管材、棒材、型材及线材的主要方法之一。

拔制方法有实心材拉拔，形成棒材、型材、线材；空心材拉拔，形成管材、空心异型材两类。

拔制工艺具有拉拔制品尺寸精度高，表面光洁度好；工具与设备简单，维护方便；最适合于连续高速生产断面尺寸小的长制品等特点。

（4）**挤压。**挤压是将金属坯料放入封闭的挤压模内，用强大的压力将金属坯料从模孔中挤出成型的加工方法，从而获得符合模孔截面的零件的加工方法。挤压加工的工作原理见图3-34。按坯料的塑性流动方向，常用的挤压方法有：流动方向与加压方向相同的正挤压、流动方向与加压方向相反的反挤压、坯料向正、反两个方向流动的复合挤压、流动方向与凸模运动方向垂直的径向挤压。适合于挤压加工的材料主要有低碳钢、有色金属及其合金，形成品种规格多、断面复杂的线形棒型材。挤压制品尺寸准确、表面光洁、原材料利用率高、生产流程短，特别是冷挤压件强度高、刚性好、质量轻；但成品率较低、设备和工具费用较大。

通过挤压与其他加工工艺综合运用，可以得到多种截面形状的型材或零件，如常见的无缝钢管的基本工艺过程为“实心锭—穿孔挤压—冷轧—拉伸”；即用挤压法制得管坯，再用冷轧法将其外径、壁厚进一步减小到接近成品的尺寸时，再拉伸出成品。另外，还可以应用挤压加工一些形状较复杂的制件，如异形截面、内齿孔、盲孔等。

（5）**冲压。**冲压是应用压力机和模具（冲模）对金属板材、带材、管材和型材等施加外力，使之产生塑性变形或分离，从而获得所需形状和尺寸的

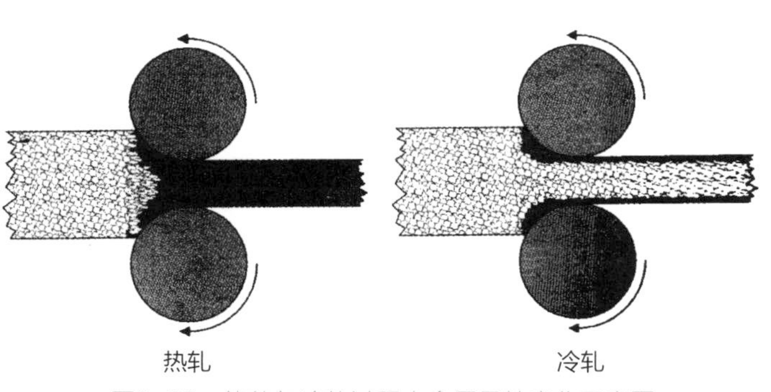

图3-32　热轧与冷轧过程中金属晶粒变化示意图

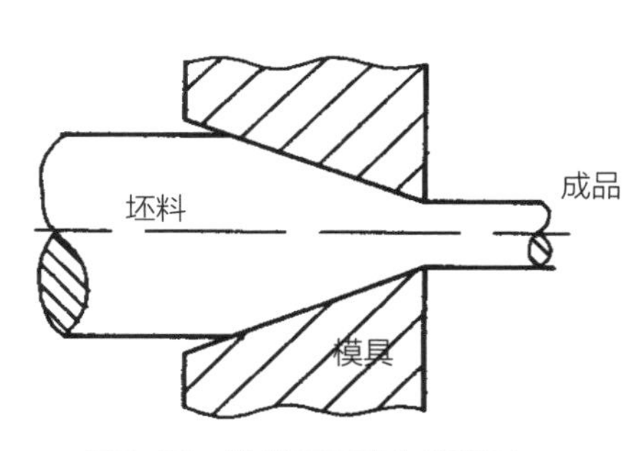

图3-33　拔制加工工作原理图

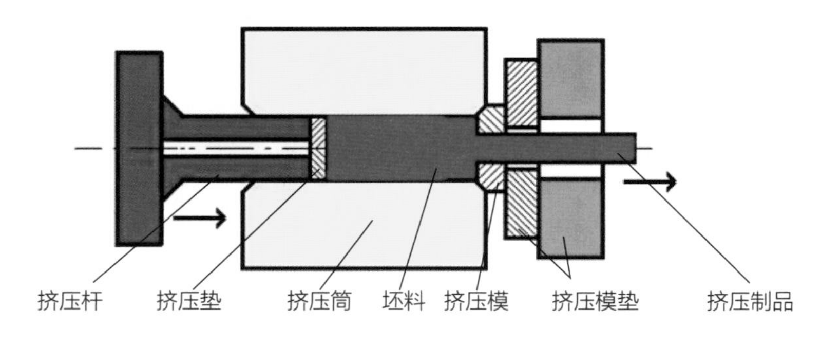

图3-34　挤压加工工作原理

工件（冲压件）的成形加工方法。冲压多在常温下进行，即称为冷冲压；只有当板料厚度超过8mm时，才采用热冲压。

冲压工艺是目前极为常见的金属加工工艺，应用十分广泛；在全世界的钢材中，有60%～70%是板材，其中大部分经过冲压制成成品。如汽车的车身、底盘、油箱、散热器片，锅炉的汽包，容器的壳体，电机、电器的铁芯硅钢片等都是冲压加工的。仪器仪表、家用电器、自行车、办公设备、生活器皿等产品中，也有大量冲压件。冲压和锻造同属塑性加工或称压力加工，也合称锻压。

冲压工艺按在其加工过程中整体性是否被破坏，分为分离工序和变形工序两类：

分离工序也称冲裁，是指通过冲压工艺将冲压件与板料按一定的轮廓线进行分离而获得一定形状、尺寸和切断面质量的冲压件的工序。分离工序主要包括冲孔、落料、剪切、切边、切口、剖切、整修、精冲等。表3-1是冲裁各分离工序的特点与应用范围介绍。

冲压成型工序是在保持板料不被破坏的条件下使之产生塑性变形，制成所需形状和尺寸的工件。常用的成型工序有弯曲、扭曲、拉深、翻边、翻孔、胀形、卷边、旋压、矫正、压印等。

表 3-1　冲裁分离工序的特点与应用范围

分离工序名称	简图	特点与应用范围
冲孔		用冲模冲切板件，冲下来的部分为废料，主要用于在板件上形成各种孔类
落料		用冲模冲切板件，冲下来的部分为制件，主要用于各种形状的平板类制件
剪切		用剪切机或冲模沿直线或不封闭的折线、曲线切断板料，多用于加工形状简单的平板制件
切边		将制件边沿进行修切以获得一定的形状
切口		用冲模冲切板件形成切口，切口部分发生弯曲，如通风板等
剖切		把半成品切分为两个或数个制件，常用于成双冲压

3.5.4 切削加工

金属切削加工又称为冷加工，即利用切削刀具从毛坯上切除多余的金属，以达到规定的形状、尺寸和表面质量的零件的加工方法。

铸造、塑性加工和焊接等工艺方法，通常只能用来制造毛坯和较粗糙的零件或制品。凡是精度要求较高的零件或制品，一般都需要进行切削加工。切削加工方式包括车削、铣削、刨削、磨削、钻孔、镗削及钳工等。金属切削加工虽然有各种不同的形式，但也存在共同的现象和规律，即从毛坯上切削去多余的金属。

（1）**车削。**车削加工一般在车床上进行，主要用车刀对旋转的工件进行切削加工，其工作原理是工件旋转、车刀在平面内作直线或曲线移动的切削加工。车床主要用于加工轴、盘、套和其他具有回转表面的工件，用以加工工件的内外柱面、端面、圆锥面、成形面和螺纹等，是机械制造和修配工厂中使用最广的一类机床加工。另外，在车床上还可以钻中心孔、车外圆、车端面、钻孔、车孔、铰孔、切槽、车螺纹、滚花、车锥面、车成形面、攻螺纹等相应的加工工艺（图3-35）。

（2）**铣削。**铣削是使用旋转的多刃刀具切削工件的加工方法。工作时刀具旋转（做主运动），工件移动（做进给运动）；也可以工件固定，但此时旋转的刀具还必须移动（同时完成主运动和进给运动）。铣削用的铣床可以是普通卧式铣床、立式铣床、龙门铣床、仿形铣床、万能铣床；也可以是数控机床。适于加工平面、沟槽、各种成形面（如花键、齿轮和螺纹）和模具的特殊形面等（图3-36）。

（3）**刨削。**刨削是在刨床上对工件进行加工的过程。刨削时，刨刀或工件的直线往复运动为主运动，工件的间歇移动为进给运动。常用刨床有牛头刨、龙门刨和刨插床；刨削主要用来加工各种平面、各种沟槽和成型面，如图3-37所示。

（4）**磨削。**磨削是指用磨料，磨具切除工件表面上多余材料的加工方法。磨削属于精加工，可用于加工各种工件的内外圆柱面、圆锥面和平面，以及螺纹、齿轮和花键等特殊、复杂的成型表面；加工量少、精度高，是应用较为广泛的切削加工方法之一（图3-38）。

（5）**钻削。**钻削是利用各种钻头进行钻孔、扩孔或锪孔的切削加工方法。钻削通常在钻床或车床上进行，也可在镗床或铣床上进行，但钻床是孔

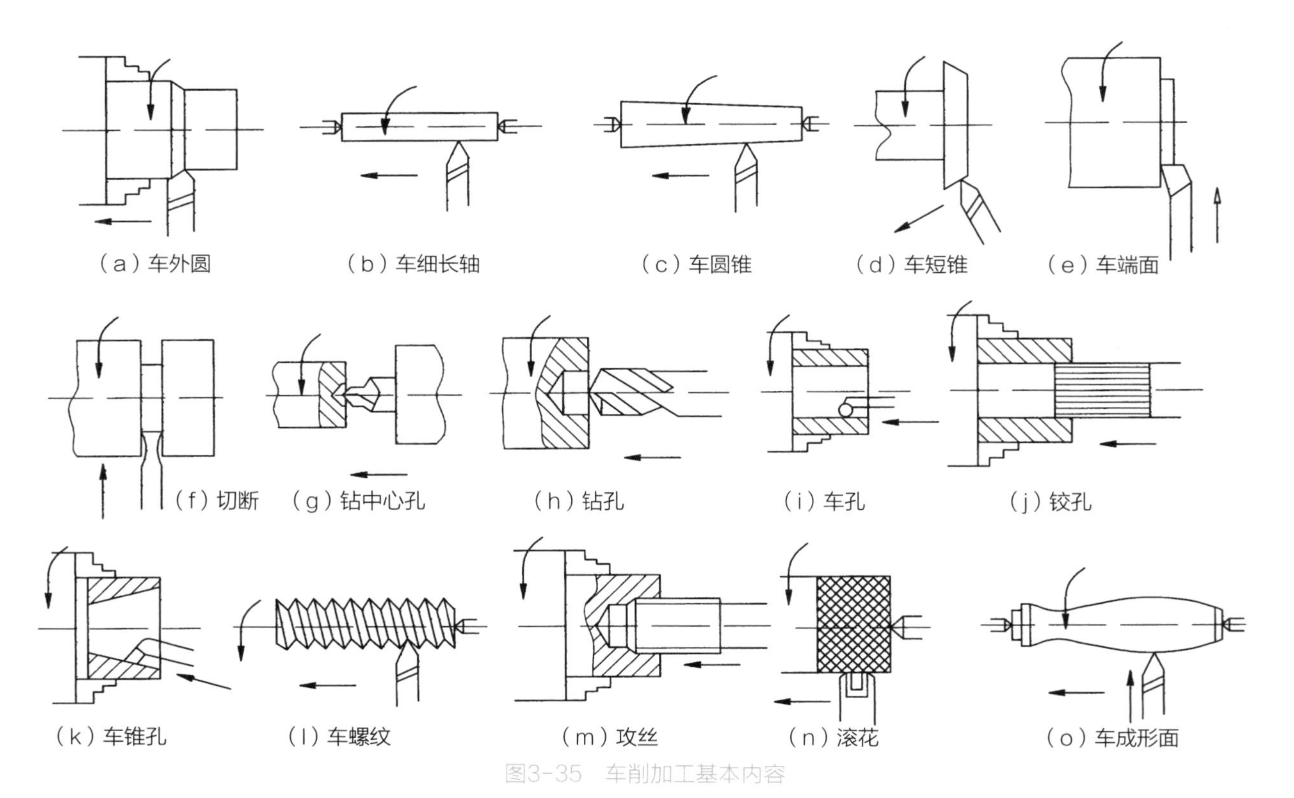

图3-35 车削加工基本内容

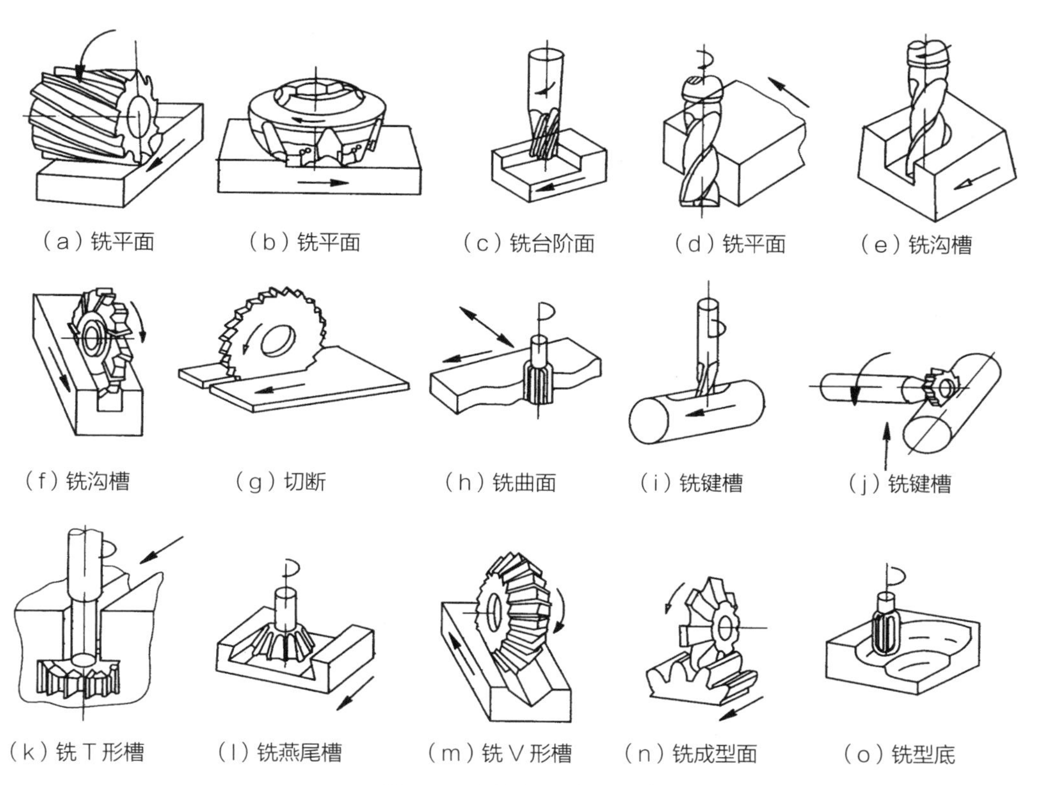

图3-36　铣削加工基本内容

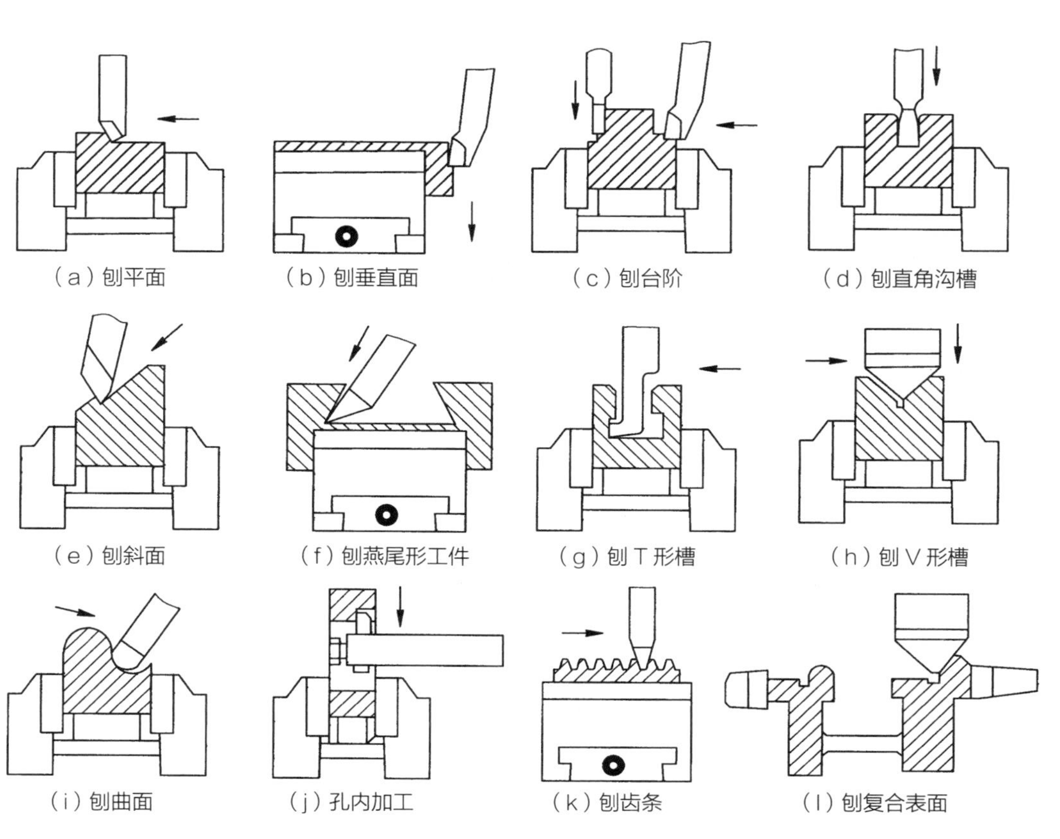

图3-37　刨削加工基本内容

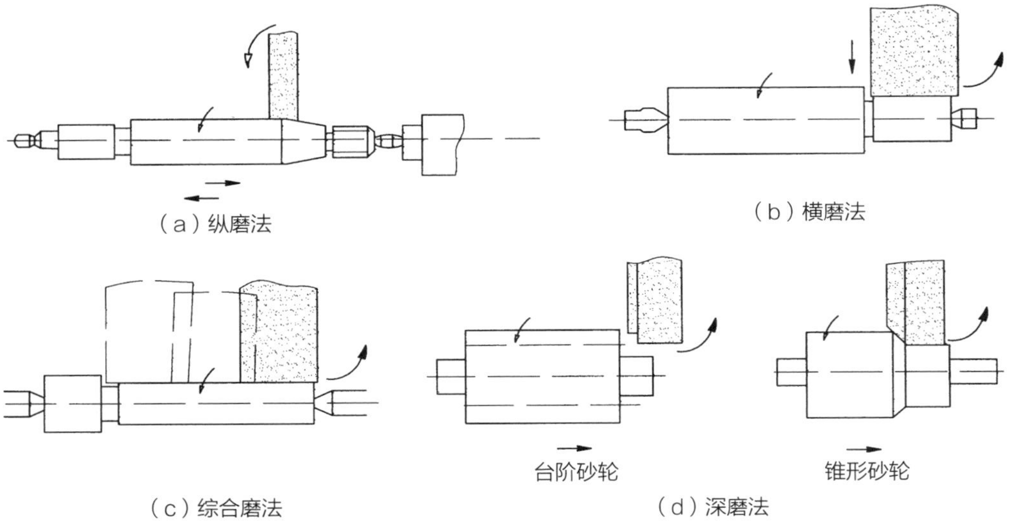

（a）纵磨法　（b）横磨法

台阶砂轮　锥形砂轮

（c）综合磨法　（d）深磨法

图3-38　磨削加工基本内容

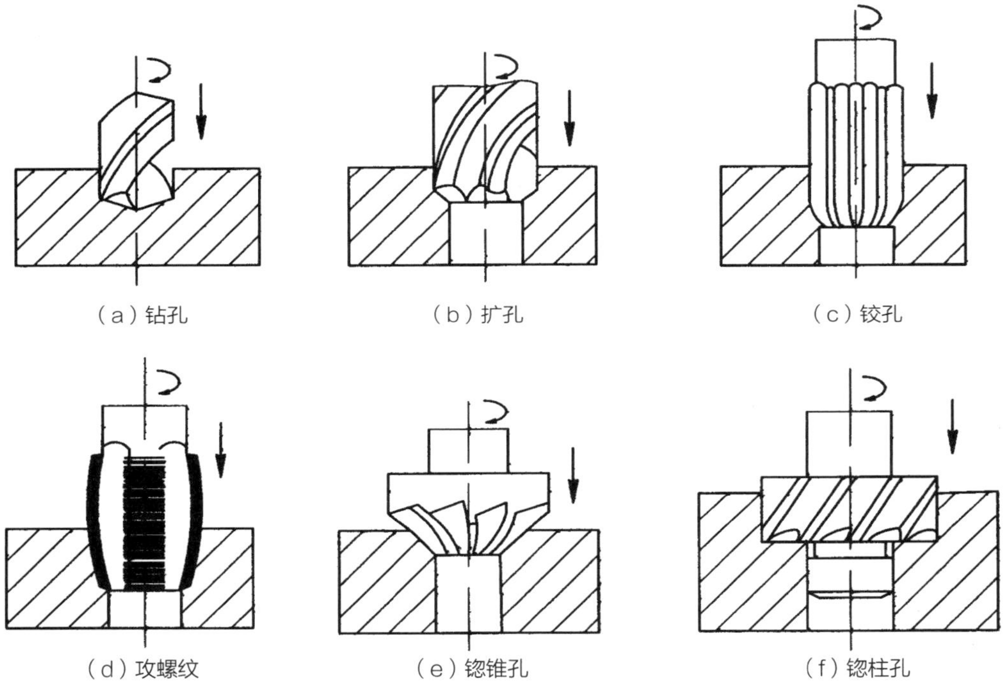

（a）钻孔　（b）扩孔　（c）铰孔

（d）攻螺纹　（e）锪锥孔　（f）锪柱孔

图3-39　钻削加工基本内容

加工的通用机床，主要用钻头进行钻孔。在车床上钻孔时，工件旋转，刀具做进给运动；而在钻床上钻孔时，工件不动，刀具做旋转主运动，同时沿轴向移动做进给运动。故钻床适用于加工没有对称回转轴线的工件上的孔，尤其是多孔加工，如加工箱体、机架等零件上的孔。除钻孔外，在钻床上还可完成扩孔、铰孔、锪平面、攻螺纹等工作，其加工方法如图3-39所示。

（6）**镗削。**镗削是一种用旋转的单刃镗刀把工件上的预制孔或其他圆形轮廓的内径扩大到一定尺寸，使之达到要求的精度和表面粗糙度的切削加工。其应用范围一般从半粗加工到精加工。镗削一般在镗床、加工中心和组合机床上进行，主要用于箱体、支架和机座等工件上的圆柱孔、螺纹孔、孔内沟槽和端面等部位的加工。

（7）**钳工。**钳工是切削加工、机械装配和修理作业中的手工作业，因常在钳工台上用虎钳夹持工件操作而得名。钳工作业主要包括錾削、锉削、锯切、划线、钻削、铰削、攻丝和套丝、刮削、研磨、矫正、弯曲和铆接等。钳工是机械制造中最古老的金属加工技术。具有加工灵活、可加工形状复杂和高精度的零件、投资小等优点；但生产效率低、劳动强度大、加工质量不稳定也是其最大的缺点。

3.5.5　金属连接

通过不同的方式加工成型的金属制件，一般需要被连接在一起才能成为最终的制品或进行进一步加工。金属的连接形式可分为可拆式连接和不可拆式连接两大类。其中，可拆式连接包括螺栓式连接和摩擦连接；不可拆式连接包括焊接、铆接和胶接。这些连接方法在连接强度、外观质量、使用场合与经济性等方面各有不同，现分述如下：

（1）**焊接。**焊接是一种以加热、加压的方式接合金属材料，形成所需制件的成型工艺与连接方式。焊接主要有熔焊、压焊和钎焊三大类。

①**熔焊：**熔焊是在焊接过程中将待焊两工件接口处迅速加热熔化，形成熔池，不加压力，待熔池冷却凝固后便接合而完成焊接的方法。在熔焊过程中，熔池随热源向前移动，冷却后形成连续焊缝而将两工件连接成为一体。熔焊可分为：气焊、电弧焊、电子束焊、等离子焊、电渣焊、激光焊等。

②**压焊：**压焊是在加压条件下，使两工件在固态下实现原子间结合的过程，又称固态焊接。常用的压焊工艺是电阻对焊，当电流通过两工件的连接端时，该处因电阻很大而温度上升，当加热至塑性状态时，在轴向压力作用下连接成为一体。

③**钎焊：**钎焊是使用比工件熔点低的金属材料作钎料，将工件和钎料加热到高于钎料熔点、低于工件熔点的温度，利用液态钎料润湿工件，填充接口间隙并与工件实现原子间的相互扩散，从而实现焊接的方法。

（2）**铆接。**铆接即铆钉连接，是利用轴向力将零件铆钉孔内钉杆墩粗并形成钉头，形成两个或两个以上的零件连接在一起的一种不可拆卸的静连接方法。铆钉有空心和实心两大类，最常用的铆接是实心铆钉连接。实心铆钉连接多用于受力大的金属零件的连接，空心铆钉连接用于受力较小的薄板或非金属零件的连接。铆接可分为活动铆接、固定铆接、密封铆接三大类。

活动铆接的结合件可以相互转动，不是刚性连接；如剪刀、钳子等（图3-40）。固定铆接的结合件不能相互活动，属于刚性连接；如：角尺、三环锁上的铭牌、桥梁建筑等（图3-41）。密封铆接的铆缝严密，不漏气体、液体，属于刚性连接。

（3）**胶接。**金属胶接是应用胶粘剂在金属的连接处产生的机械接合力、物理吸附力、化学键合力而把两个胶接件连接起来的接合方法。金属胶接工艺简单，设备低廉；由于操作环境可在常温下进行，因而胶接件接头应力分布均匀，不易产生变形。一般情况下，胶接接口具有良好的密封性、电绝缘性和耐腐蚀性；但胶接的可靠性不及焊接和其他机械连接。另外，胶接不仅可以用于金属材料间的连接，也适用于金属与非金属材料间的连接。

（4）**螺栓连接。**螺栓是由头部和螺杆（带有外螺纹的圆柱体）两部分组成的一类紧固件，需与螺母配合，用于紧固连接两个带有通孔的零件，这种连接形式即为螺栓连接。若把螺母从螺栓上旋下，又可以使这两个零件分开，故螺栓连接是属于可拆卸连接。

图3-40　剪刀的活动铆接形式

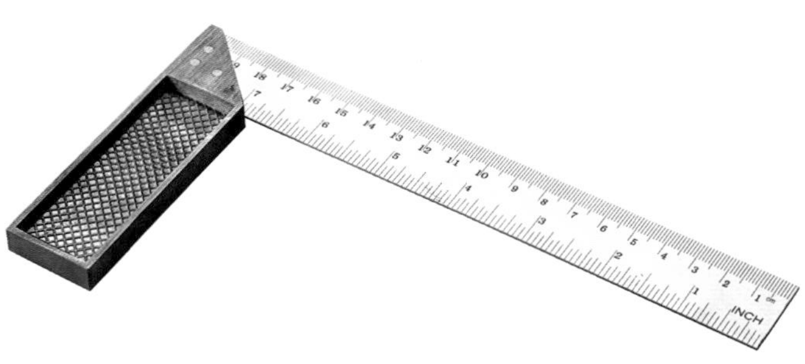

图3-41　角尺的固定铆接形式

3.5.6 金属材料的热处理

金属材料的热处理就是通过对固态的金属材料表面进行的加热和冷却的方法，改变其内部或表面的组织结构，以获得预期性能的工艺方法。通过热处理可以改善金属制件的机械加工性能、物理和化学性能，使制件具备设计要求的性能；同时通过热处理还可以消除制件和焊接件中的残余应力，稳定制件尺寸。金属的热处理工艺可分为普通热处理、表面热处理和特种热处理。

（1）**普通热处理。**普通热处理大致包括退火、正火、淬火和回火处理四种基本工艺过程（图3-42）。

①**退火：**退火是指将金属加热到临界温度（Ac_3或Ac_1）以上，根据材料和工件不同，保温一段时间后，以较慢的速度（或随炉温）冷却，使其组织结构接近均衡状态，从而消除或减少内应力，降低金属的硬度，提高塑性，以利于切削加工及冷变形加工；细化晶粒，消除因锻、焊等引起的组织缺陷，均匀金属的组织成分，改善金属的性能或为以后的热处理做准备；消除金属中的内应力，以防止变形或开裂。

②**正火：**正火是指将金属加热到适当温度（Ac_3或Ac_1）以上，保温后，在室温下空气中进行冷却，是一种特殊的退火处理，只是得到的组织更细，常用于改善金属的切削性能，有时也用于对一些要求不高的零件作为最终热处理。

③**淬火：**淬火是将金属加热至临界温度以上，保温后，在水、油或其他无机盐、有机水溶液等淬冷介质中快速冷却至室温，以达到强化金属组织，提高金属的强度、硬度等机械性能。

④**回火：**回火是将淬火后的金属重新加热，在高于室温而低于710℃的某一适当温度下，进行一段时间的保温，再进行自然冷却。其目的是消除淬火应力，降低制件的脆性，以达到所要求的组织和性能。

（2）**表面热处理。**表面热处理包括表面淬火和化学热处理：

①表面淬火是通过快速加热金属表面层至所要求的温度，然后进行淬火，以提高金属表面的硬度和耐磨性。

②化学热处理是将金属制件置于一定活性介质中加热保温，使介质元素渗入制件表面，改变其表面的化学成分和组织结构，提高表面的硬度、抗疲劳强度、耐磨性、抗蚀性和抗氧化性等。常用的化学热处理包括渗碳、渗氮和氮碳共渗（又称氰化）。

（3）**特殊热处理。**特殊热处理是利用一些特殊工艺方法进行热处理，通常有形变热处理、磁场热处理等。

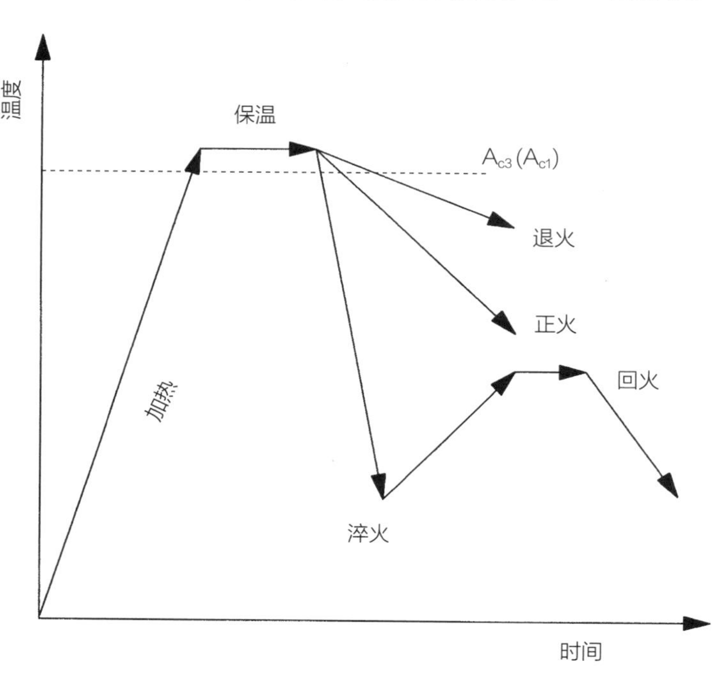

图3-42 普通热处理过程示意图

3.6　金属材料的表面处理

金属材料或制品的表面受到大气、水分、日光、盐雾细菌和其他腐蚀性介质等的侵蚀作用，会引起金属材料或制品失光、变色、粉化或裂开等损坏现象。针对于此可以人为的通过某些加工方式，丰富其美感，使其具有更好的审美价值，这就是金属材料的表面处理。金属材料表面处理一方面是为金属制品起保护作用，使其更好地保持质感、延长使用寿命；另一方面是起到美感和装饰作用。

3.6.1　表面前处理

在对金属材料或制品进行表面处理之前，往往会进行前处理或预处理，目的是使金属材料或制品的表面达到可以进行表面处理的状态。预处理主要包括金属表面的机械处理、化学处理和电化学处理等。

（1）**机械处理。**通过切削、研磨、喷砂等加工，清理制品表面的锈蚀及氧化皮等，将表面加工成平滑或具有凹凸模样。切削和研削是利用刀具或砂轮对金属表面进行加工的工艺，以便得到高精度的表面效果。研磨是可以达到金属表面加工成平滑面效果的工艺，可以得到光面、镜面、梨皮面等的效果；满足大部分圆轴类、圆盘类或平板类制品表面粗糙度的技术要求。

（2）**化学处理。**主要是利用酸性或碱性溶液与工件表面的氧化物及油污发生化学反应，使其溶解在酸性或碱性的溶液中，以达到去除工件表面锈迹氧化皮及油污的目的。化学处理适用于对薄板件清理，但缺点是：若时间控制不当，即使添加有缓蚀剂，也能使钢材产生过蚀现象；对于较复杂的结构件和有孔的零件，经酸性溶液酸洗后，浸入缝隙或孔穴中的余酸难以彻底清除，若处理不当，将成为工件以后腐蚀的隐患；且化学物易挥发，成本高，处理后的化学液排放难度大，若处理不当，将对环境造成严重的污染。随着人们环保意识的提高，此种处理方法正被机械处理法取代。

3.6.2　表面装饰

金属材料的表面装饰工艺主要分为表面着色工艺与肌理工艺两大类，是常见的保护和美化产品外观的重要方法。详细内容如下：

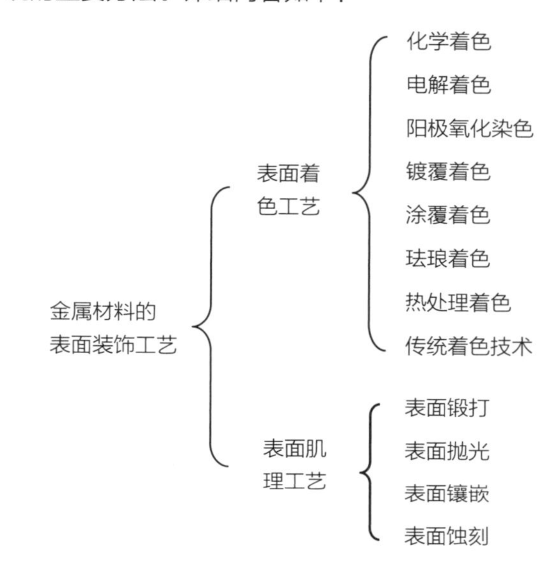

（1）**金属表面着色工艺。**金属表面着色就是采用化学、物理、电解、机械、热处理等方法，使金属表面形成具有各种色泽的膜层、镀层或涂层的金属表面装饰工艺。主要的着色方法有涂覆着色、化学着色、电解着色、阳极氧化着色，以及做假锈、汞齐镀、热浸镀锡、鎏金、鎏银、亮斑等工艺。

①**涂覆着色：**涂覆着色是指采用浸涂、刷涂、喷涂等方法，在金属表面涂覆有机涂层的着色方法。涂覆着色具有保护和装饰作用，能赋予产品丰富的色彩和肌理；但涂层会老化和磨损，容易被划伤导致保护膜破损，使底层金属锈蚀（图3-43）。

②**化学着色：**化学着色是指在特定的溶液之中，通过金属表面与溶液发生化学反应，生成有色粒子沉积在金属表面，使金属呈现出所要求的色彩的着色方法。经过化学着色的金属制品，由于更具美感，且其使用、观赏价值比较高，因而受到人们的普遍欢迎。因此，广泛应用于建筑装潢、厨房用具、家用电器、仪器仪表、汽车工业、化工设备、标牌印刷、艺术品及宇航军工等行业。图3-44是经化学着色后的不锈钢材料。

③电解着色：电解着色是指在特定的溶液中，通过电解处理方法，将溶液中的金属离子还原成的单质或其化合物吸附于氧化层底部，使金属表面发生反应而生成带色膜层的着色方法。由于被吸附的单质或其化合物对光线的干涉作用，从而产生显色效果。电解着色的色调依金属盐溶液的种类，金属沉积量而异，除金属的特征色以外，还与金属胶粒的大小、形态和粒度分布有关，如果胶粒的大小处于可见光波长范围，则胶粒对光波有选择性吸收和漫射，从而可见到不同的色调（图3-45）。

④阳极氧化染色：阳极氧化染色是指在特定的溶液中，将金属制件作为阳极，采用电解的方法使其表面形成能吸附染料的氧化物膜层的着色方法。阳极氧化是为了克服金属表面硬度、耐磨损性等方面的缺陷，扩大其应用范围，延长使用寿命。阳极氧化染色的色彩艳丽，色域宽广；在日常用品中，对铝合金制品进行阳极氧化染色较多，同时还适用于锌、镉、镍等合金制品。图3-46是阳极氧化染色的登山扣，由于阳极氧化染色工艺的应用，不仅使得产品本身得到了保护，还得到了装饰，增加了产品的附加值。

⑤镀覆着色：镀覆着色是指采用电镀、化学镀、真空蒸发沉积镀和气相镀等方法，在金属表面沉积金属、金属氧化物或合金等，形成均匀膜层的着色方法。镀覆着色是利用各种工艺方法在金属材料的表面覆盖其他金属材料的薄膜，从而提高制品的耐蚀性、耐磨性，并调整产品表面的色泽、光洁度以及肌理特征，以提高制品档次。缺点是镀层色彩单调，对产品大小形状有所限制。

图3-47是不锈钢表面镀铬（铬层厚度：0.006mm）的水龙头，具有硬度高、防腐蚀、不褪色的特性；表面装饰性的镀铬层与设计高雅的造型浑然一体，将造型和材料表面效果完美地结合在一起，使得水龙头具有精致细腻，如镜面一般的光亮效果。

⑥珐琅着色：珐琅着色是指在金属表面覆盖玻璃质材料，然后在800℃左右进行烧制而成。使金属材料表面坚硬，提高制品的耐蚀性、耐磨性；赋予产品表面宝石般的光泽和艳丽的色彩，具有极强的装饰性；其缺点是脆性高，不耐冲击，在急冷急热或变形冲击下，容易脱落。如搪瓷和景泰蓝（图3-48）。

⑦热处理着色：热处理着色是指利用加热的方法，使金属表面形成带色氧化膜的着色方法（图3-49）。

⑧传统着色技术：传统着色技术包括做假锈、汞齐镀、热浸镀锡、鎏金、鎏银以及亮斑等（图3-50）。

（2）金属表面肌理工艺。金属表面肌理工艺是通过锻打、抛光、镶嵌、腐蚀、刻划、打磨等工艺，在金属表面制作出肌理效果。

①表面锻打：表面锻打是通过使用不同形状的锤头在金属表面进行敲打，从而形成不同形状的点

图3-43　小汽车的涂覆着色

图3-44　化学着色的不锈钢材料

图3-45　电解着色的铝合金型材

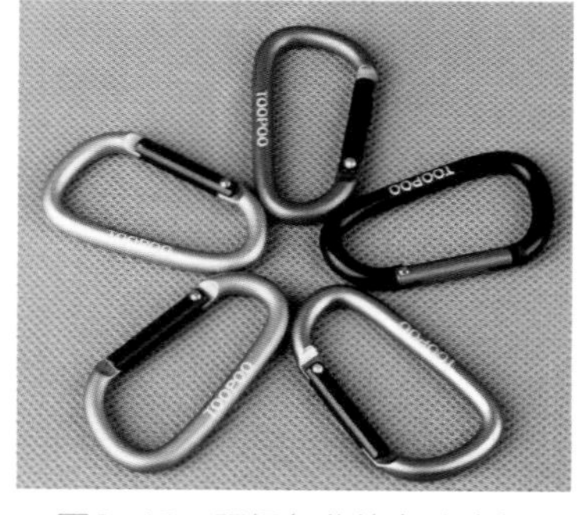

图3-46　阳极氧化染色登山扣

图3-47　不锈钢表面镀铬水龙头

图3-48　珐琅着色工艺品

图3-49　不锈钢表面热处理着色制品

图3-50　假锈做旧手提包

图3-51　小刀刀脊部位表面锻打装饰

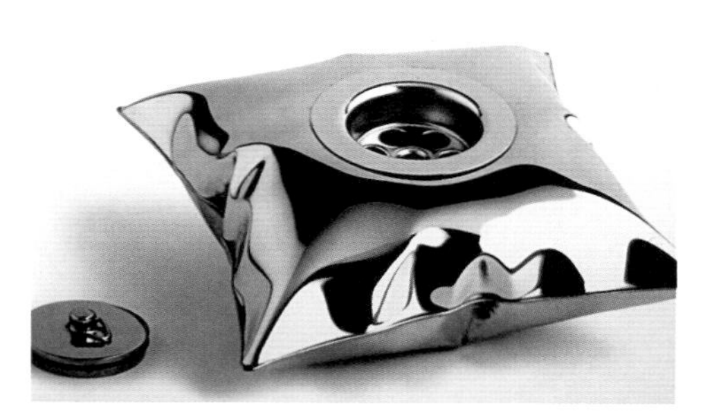

图3-52　带塞子的不锈钢容器表面抛光效果

图3-53　金属镶嵌工艺品

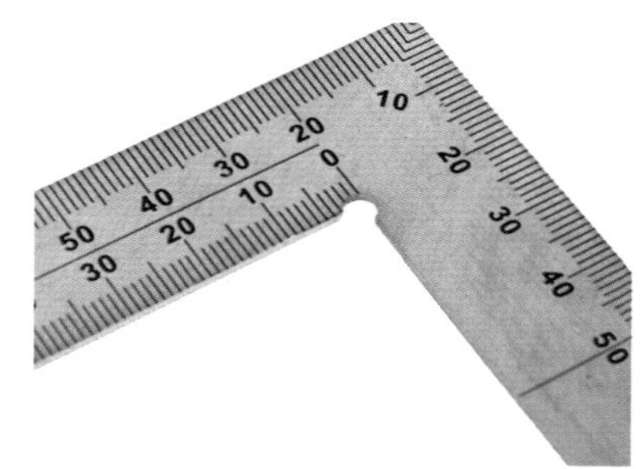

图3-54　不锈钢蚀刻角尺

状肌理，层层叠叠，十分具有装饰性（图3-51）。

②**表面抛光：**表面抛光是指利用机械或手工以研磨材料将金属表面磨光的方法。根据机械化程度的不同可分为人工抛光和机械抛光两种；根据表面抛光的不同效果，表面抛光又有磨光、镜面、丝光、喷砂等；不同的抛光效果，所使用的工具和方法也不尽相同。如图3-52所示的不锈钢容器，采用视觉效果柔和的枕头造型，与其坚硬的金属质地形成了强烈的对比；再应用抛光研磨工艺形成柔软的效果，类似常见的普通枕头。

③**表面镶嵌：**表面镶嵌是指首先在金属表面刻画出阴纹槽，然后再将金、银丝或金、银片等质地较软的金属材料嵌入其中，最后打磨平整，呈现纤巧华美的装饰效果（图3-53）。

④**表面蚀刻：**表面蚀刻是指使用化学酸进行腐蚀而得到的一种斑驳、沧桑的装饰效果。用耐化学酸薄膜覆盖整个金属表面，然后用机械或化学方法除去金属表面需要凹下去部分的保护薄膜，使这部分金属裸露；接着浸入药液中，使裸露的部分腐饰溶解而形成凹陷，获得纹样，最后清除掉制品上多余的药液，并去除保护膜（图3-54）。

3.7　金属材料产品成型工艺流程示例

例一：说明铸（生）铁锅（图3-55）的简要加工工艺流程。

铸铁锅采用传统的重力铸造加工工艺，即将铁水从铸型顶部注入，铁水在重力的作用下流动、成型、凝固，从而获得图3-55所示的铁锅产品。具体工艺过程可分为：

铸型准备 → 合型 → 浇注 → 凝固 → 开型取件 → 去除毛刺、打磨等修整 → 检验、包装入库

例二：说明图3-56所示不锈钢水槽的简要加工工艺过程。

不锈钢水槽是现代厨房必不可少的常用设备，主要材料为304#不锈钢，主体工艺有联体拉伸、表面处理、边角处理、水槽喷底几个环节。整体拉伸工艺形成的水槽节省材料、成本低，形体美观大方；表面处理有磨砂（拉丝）、喷砂（哑光珍珠银面）、抛光（镜面）、压纹、晶体抛丸五

图3-55 铸（生）铁锅

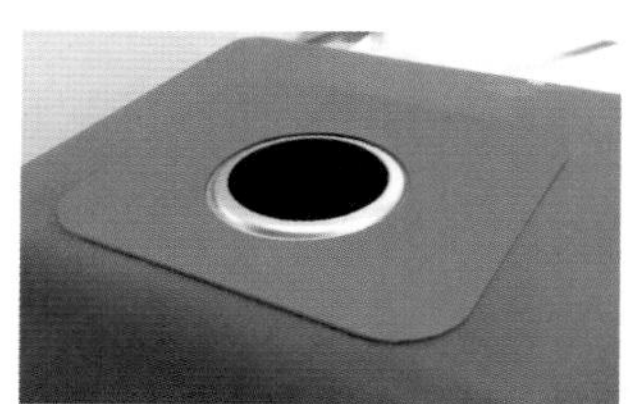

图3-56 不锈钢水槽及其底部背面

种形式；边角处理主要是形成平边方角、圆角翻边、薄边、斜边、飘边等不锈钢水槽的边角形式；水槽喷底即在水槽底部喷有多种不同颜色、不同材料的涂层，主要目的是防温差凝露，保护橱柜，同时可以降低落水噪声。具体的加工工艺流程如下：

不锈钢板下料（厚0.8~1.5mm）→ 涂拉伸油 → 第一次拉伸 → 退火 → 涂拉伸油 → 第二次拉伸 → 切边 → 冲孔 → 表面抛光 → 龙头与净水器孔位 → 打商标 → 喷底 → 检验、包装入库

例三：说明图3-57所示易拉罐的简要加工工艺过程。

易拉罐于1959年，由美国俄亥俄州帝顿市DRT公司的艾马尔·克林安·弗雷兹（ERNIE.C.FRAZE）发明，即用罐盖本身的材料经加工形成一个铆钉，外套上一拉环再铆紧，配以相适应的刻痕而成为一个完整的罐盖。易拉罐的主要材料是由三种不同成分的铝合金组成罐体、罐盖、拉环。铝合金的品质是制罐的关键，罐体不成形、罐盖口拉不开一般都是铝合金的品质问题。

现有的易拉罐可分为两片罐或三片罐，三片罐是由盖、罐身、底盖三部分组成，加工难度较小。而两片罐则由盖、带底的整体无缝罐身两部分组成，加工难度较大。在工艺过程中，以下料、拉伸和罐体成形工序与模具最为关键，其工艺水平及模具设计制造水平的高低，直接影响易拉罐的质量和生产成本。下面介绍二片罐的加工工艺流程：

罐盖（拉环式）：板料下料 → 冲裁及成型（含铆钉鼓包）→ 铆钉成型 → 压开口槽线 → 铆合圆边涂胶 → 烘干

罐身：板料下料 → 涂油 → 预拉深 → 二次拉深 → 多次变薄拉深 → 罐底成型 → 修切口边 → 清洗 → 外印涂 → 内喷涂 → 罐口润滑 → 缩颈 →（进入内装物生产线）→ 封盖（二重卷封）

例四：说明图3-58所示木柄菜刀的加工工艺过程。

厨房用菜刀由刀柄与刀身组成，刀身包括刀脊、刀腹、刀刃三部分；刀柄有木柄、空心金属柄、塑料柄等类型。本例中为胡桃木柄厨房用菜刀，其简要加工工艺流程如下：

刀身：钢板开料→刀坯调直→锻打柄部→冲孔→热处理→打砂→水磨→抛光→刻 LOGO→开刃→淬火

木柄：木材开料→毛料加工→铣型→打孔→铆接组装木柄→检验→包装入库

图3-57　易拉罐

图3-58　木柄菜刀

3.8　金属材料产品设计实例赏析（扫码下载实例）

实例二维码

本章思政与思考要点

1. 讨论并举例说明金、银、铜在中国传统器物中的文化内涵。
2. 结合中国成目前钢铁产业的现状，思考钢铁材料在社会发展中的重要地位。
3. 简述金属材料的分类与物理、力学、化学性能。
4. 简述金属塑性成型的主要内容及各自的特点。
5. 简述金属切削成型的主要内容及各自的特点。
6. 简述金属制品的连接方式及各自的特点。
7. 简述金属制品表面处理工艺的目的与内容。
8. 构思2～3款金属产品、金属+木质产品草图，并列出详细的成型工艺流程。

第4章

塑料与工艺

4

塑料，即可塑性材料的简称，是一种以合成树脂或天然树脂聚合物为基础原料，加入（或不加）各种塑料助剂、增强材料和填料，在一定温度、压力下，可任意形成各种形状，最后能保持形状不变的材料或可塑材料产品。

目前，人类造物活动所使用的四大材料有：木材、水泥、金属、塑料。尽管塑料是20世纪新发展起来的一大类合成材料，但由于塑料具有品种繁多、性能各具特色、适应性广、成本低等优势，所以发展迅速，目前在全世界2亿吨/年的合成材料中占75%，是钢材体积的2倍。人们一般是从日常生活中接触到塑料，并对其有了一定的认识，随处可见的塑料包装、塑料容器、塑料家电、塑料用品等标志着塑料已经走进了我们的日常生活与工作中，并成为其中不可缺少的一部分。实质上，自20世纪30年代，随着塑料产生和加工技术理论的突破，塑料便作为一类十分重要的材料逐步应用于交通工具、建筑、电子信息、机械制造、医药卫生、农业水利、国防军工、航空航天、家居产品等各个领域，并且不断发挥着越来越重要的作用。

另外，塑料也是20世纪以来对产品设计和造型影响最大的材料。而且，塑料也是当今世界上真正的生态材料中的一类，可大范围地回收利用和再生。

4.1 塑料的分类

塑料的种类繁多，其分类体系也较复杂，分类方法之间还会存在着交叉。常用的分类方法有两种：按热性能分类和按应用分类。

4.1.1 按塑料的热性能分

按塑料在受热条件下所表面出来的行为特征可分为热塑性塑料和热固性塑料两类。

（1）**热塑性塑料。**热塑性塑料的热加工过程只是一个物理变化过程，受热时软化（或熔化），冷却后硬化（定型），变硬后受热可再次软化，无论加热多少次均能保持这种性能，并且在反复的加热冷却过程中，其性能并不会发生变化。因而，热塑性塑料在加热软化时，具有可塑性，可以采用多种方法加工成型，成型后的机械性能较好，但耐热性和刚性较差。在塑料加工过程中产生的边角料及废品可以回收粉碎成颗粒后重新利用。常见的热塑性塑料有：聚乙烯、聚丙烯、聚氯乙烯、聚苯乙烯、ABS、聚酰胺、聚甲醛、聚碳酸酯、有机玻璃、聚砜、氟塑料等都属热塑性塑料（图4-1）。

（2）**热固性塑料。**在热固性塑料的加热过程中，发生了化学变化，分子间形成了共价键成为体型分子；在冷却之后再次加热时，升温的过程中导致共价键破坏，从而改变原材料的化学结构。也就是说，热固性塑料在一定的温度、压力或者加入固化剂、紫外光等条件作用下生成不溶或不熔性能的塑料，即固化成型，变硬后不能再软化，也不能再回收利用了。热固性塑料在固化后不再具有可塑性，刚度大、硬度高、尺寸稳定、耐热性高等特性；但其机械强度不高，加工中的边角料和废品不可回收再生利用。常见的热固性塑料有：酚醛塑料、氨基塑料、环氧塑料、有机硅塑料等（图4-2）。

4.1.2　按使用性能和用途分

按使用性能和用途不同可把塑料分为通用塑料、工程塑料、特种塑料和增强塑料。

（1）**通用塑料。**通用塑料一般是指产量大、用途广、成型性好、价格便宜的塑料，在产品和建筑业应用较多。主要包括：聚乙烯、聚氯乙烯、聚苯乙烯、聚丙烯、酚醛塑料和氨基塑料六大品种，它们的产量占塑料总产量的一半以上，构成了塑料工业的主体（图4-3）。

（2）**工程塑料。**工程塑料是指可以作为结构材料的塑料。一般指能承受一定外力作用，具有良好的机械性能和耐高低温性能，尺寸稳定性较好，可以用作工程结构材的塑料。工程塑料具有很好的耐磨性，耐腐蚀性，自润滑性及尺寸稳定性等；或具有某些金属特性，因而现在越来越多地代替金属作某些机械零件。常用的工程塑料有聚酰胺、聚碳酸酯、聚甲醛、ABS等（图4-4）。

（3）**特种塑料。**特种塑料又称功能塑料，是指具有特殊功能，能满足特殊使用要求的塑料。其特点是：耐高温、具有自润滑性，强度高、缓冲性能好。如氟塑料、聚酰亚胺塑料、有机硅塑料和环氧树脂等具有突出的耐高温、自润滑等特殊功用。常见的特种塑料还有导电塑料、医用塑料、发光塑料等（图4-5）。

（4）**增强塑料。**由树脂和增强材料相结合而成，用来提高塑料机械强度的复合材料。其特点是：质地轻、坚硬和耐腐蚀，可用作电绝缘材料、装饰材料及机械部件的外壳。如玻璃钢、碳纤维增强塑料等（图4-6）。

塑料的具体分类可简化归纳为表4-1所示：

图4-1　热塑性塑料制作的饮料瓶

图4-2　热固性塑料制作的行李箱

图4-3　通用塑料收纳箱

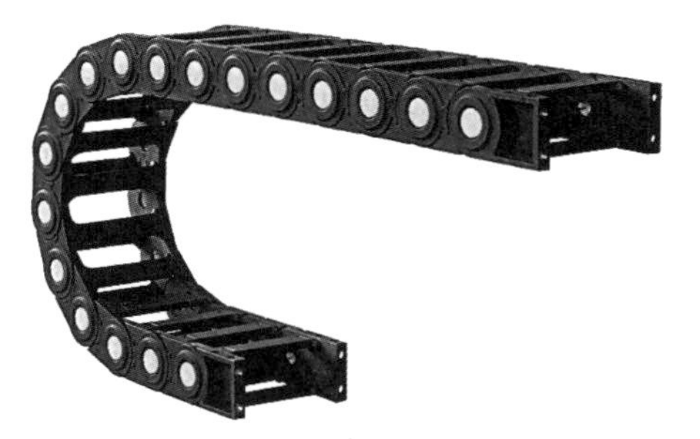
图4-4　工程塑料拖链

图4-5　聚四氟乙烯电磁阀

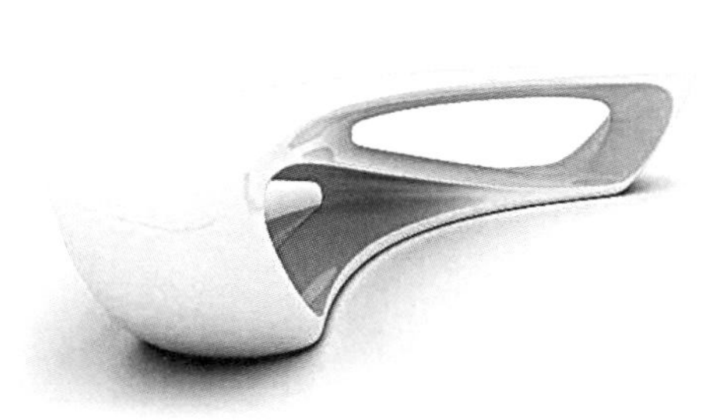
图4-6　玻璃钢商场休闲凳

表 4-1 塑料分类简表

分类方法	类别	代表品种
按性能分	热塑性塑料	聚乙烯、聚丙烯、聚氯乙烯、聚苯乙烯、ABS、聚酰胺、聚碳酸酯等
	热固性塑料	酚醛塑料、氨基塑料、环氧塑料、有机硅塑料等
按使用性能和用途	通用塑料	聚乙烯、聚氯乙烯、聚苯乙烯、聚丙烯、酚醛塑料、氨基塑料等
	工程塑料	聚酰胺、聚碳酸酯、聚甲醛、ABS 等
	特种塑料	氟塑料、有机硅、导电塑料、医用塑料、发光塑料等
	增强塑料	玻璃钢、碳纤维增加塑料等

4.1.3 按加工方法分

另外，根据各种塑料不同的成型加工方法，可把塑料分为注射、挤出、吹塑、模压、层压、浇铸等多种类型。

4.2 塑料的组成

通常所用的塑料并不是一种单一成分，而是以高分子合成树脂为基本原料，加入一定量的添加剂而组成，在一定的温度、压力下可塑制成具有一定结构形状，能在常温下保持其形状不变的材料。塑料的具体组成如下：

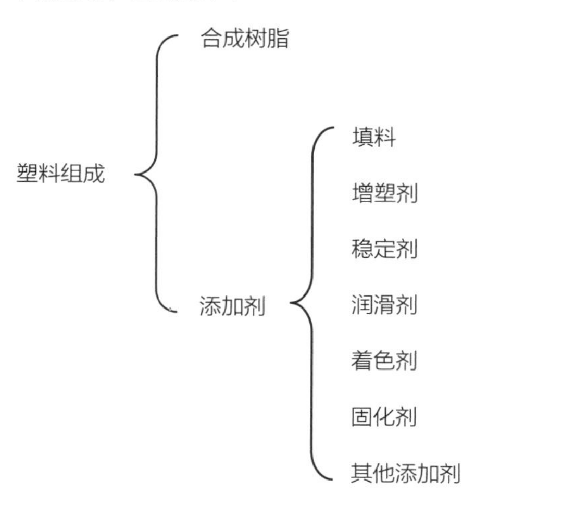

（1）**合成树脂。**合成树脂是指人工合成的高分子化合物，它是塑料的基本成分，其在塑料中的含量一般为40%～100%，它决定了塑料的类型和基本性能，联系或胶粘着塑料中的其他成分，并使塑料具有可塑性和流动性，从而具有成型性；而塑料除了极少一部分含有100%的树脂外，绝大多数的塑料，除了树脂外，还需加入填充剂、增塑剂等其他物质。

（2）**填充剂。**填充剂是塑料中重要的，但并非每种塑料必不可少的成分。填充剂与塑料中的其他成分不起化学反应，但与树脂牢固胶粘在一起。填充剂在塑料中的作用有两个：一是减少树脂用量，降低塑料成本；二是改善塑料某些性能，如提高耐热性能、机械性能、电性能和耐化学性能等，扩大塑料的应用范围。填充剂有无机和有机两类，可根据塑料的用途进行选择添加。如用石棉作填充剂则可以提高塑料的耐热性。

（3）**增塑剂。**有些树脂可塑性很小，柔软性也很差，在树脂中加入增塑剂后，可使塑料在较低的温度下具有良好的可塑性和柔软性。

（4）**稳定剂。**稳定剂是为了防止或抑制塑料在成型、储存和使用过程中，因受热、氧化和光线等外界因素作用所引起的变质、分解等性能变化，即所谓“老化”，以延长塑料制品的使用寿命。

（5）**润滑剂。**润滑剂是为了防止塑料在成型加工过程中黏附在成型设备或模具上造成脱模困难；润滑剂还可以使塑料制品的表面光亮美观。

（6）**着色剂。**添加着色剂的目的是使塑料具有一定的色彩，以满足使用要求。

（7）**固化剂。**固化剂的作用是与树脂发生化学反应，以便得到坚硬和稳定的塑料制品。

（8）**其他添加剂。**有时为了改善塑料的加工和使用性能，往往加入一些其他成分，如发泡剂、阻燃剂、防静电剂、荧光剂、导电剂和导磁剂等。

4.3 塑料的特性

与其他材料相比，塑料具有良好的综合特性，但并不是每一种塑料都具备所有的优良特性；因此产品设计师需要更进一步深入了解各种塑料的特性，才能在设计塑料制品过程中运用自如。塑料的特性主要可分为物理性能、力学性能和化学性能几个方面。

4.3.1 物理性能

物理性能是指塑料原料的基本性能，主要有密度、吸水率、热变形、热膨胀、导热性、导电性等。

（1）**密度。**塑料质轻，一般塑料的密度都在0.9～2.3g/cm^3，只有钢铁的1/8～1/4、铝的1/2左右。目前所知塑料中密度较轻的为聚甲基戊烯（0.83），较重的为铁氟龙（2.3），其他的都在1.0左右。密度可用来估算塑料制品所需原料的重量，而要减轻塑料的用量或重量可采用发泡的方式解决，发泡后的密度可低达0.01～0.5g/cm^3。

（2）**吸水率。**吸水率表示塑料吸收水分的程度。其测量方法是将样品烘干后称重，再浸入水中24或48小时，然后取出来再称重，计算重量增加的百分比，即为吸水率。酚醛树脂、尿醛树脂、尼龙、纤维素树脂等吸水率较高，聚乙烯（PE）、聚丙烯（PP）等吸水率较低。一般吸水率大者，其机械强度与尺寸稳定性易受影响。

（3）**热变形温度。**热变形温度表示塑料在受到高温时能否保持不变外形的能力，用以表示塑料的短期耐热性能。塑料的耐热性能比金属等材料差，大多数塑料仅能在100℃以下正常使用，只有少数能在200℃左右时使用。

（4）**热膨胀系数。**热膨胀系数是指塑料加热时尺寸膨胀的比率。塑料的热膨胀系数要比金属大3～10倍，容易受温度的变化而影响尺寸的稳定性。

（5）**收缩率。**收缩率是指塑料制品经冷却、固化并脱模成型后，其尺寸与原模具尺寸之差的百分比。所以在进行塑料模具设计时，收缩率是首先考虑的重要因素，以免造成制品尺寸的误差。

（6）**导热性能。**塑料的导热率很低，只有金属的1/600～1/200，泡沫塑料的导热率与静态空气相当，因此被广泛用作绝热保温材料、冷藏等绝热装置材料。

（7）**光学性能。**多数塑料的透光性较好，可以作为透明或半透明制品，其中聚氯乙烯、聚乙烯、聚丙烯等塑料具有良好的透光和保暖性能。在日常生活中，可以用塑料制作灯罩；特别是聚苯乙烯和丙烯酸酯类塑料具有玻璃材料的透光性，可以用来代替玻璃制作防碰撞、透明度要求较高的相框等工艺品。

（8）**导电性。**几乎所有的塑料都具有优良的电绝缘性，可与陶瓷相媲美，这是因为塑料的分子链是原子以共价键结合起来的，分子既不能电离，也不能在结构中传递电子，所以塑料具有绝缘性。所以常用塑料来制造电线的包皮、电源开关、电插座、电器的外壳等。

4.3.2 力学性能

力学性能是指塑料受外力作用时的各项性能强

度，主要内容如下：

（1）**抗拉强度及伸长率。**抗拉强度又称抗张强度，是指将塑料材料拉伸到某一程度，所需力量的大小，而其所拉伸长度的百分比即为伸长率。抗张强度与伸长率通常都必须注明是在屈服点或断裂点才能比较准确地显示塑料的抗张性质和状况。一般以尼龙、聚丙烯腈类的抗张强度较高，而用玻璃纤维强化的塑料，其抗张强度也比一般塑料高。

（2）**弯曲强度。**弯曲强度又称折曲强度，主要用来测定塑料耐折的能力，常以每单位面积多少力来表示。一般塑料以PVC、环氧树脂及聚酯类弯曲强度为佳。玻璃纤维也常用来提升塑料的耐折性。

而弯曲弹性率是指将塑料进行弯曲时，在弹性范围内，单位变形量所产生的弯曲应力。一般弯曲弹性率越大，则表示该塑胶材料的刚性越好。

（3）**压缩强度。**压缩强度是指塑料承受外来压力时的抗压缩能力。聚甲醛、聚酯、聚甲基丙稀酸甲酯、尿醛树脂的抗压缩性能较突出。

（4）**冲击强度。**冲击强度是指塑料受外力打击所能承受的强度。由于塑料柔韧而富于弹性，当它受到外界的机械冲击和震动时，将作用的机械能吸收转变成热能，从而减除震动，特别是各种泡沫更是优良的减震材料。一般塑料以聚氯乙烯（PVC）、聚乙烯（PE）、聚碳酸酯（PC）、聚丙烯（PP）、丙烯腈丁二烯苯乙烯（ABS）等抗冲击强度较高。

（5）**硬度。**一般塑料的硬度常采用洛氏硬度及萧氏硬度法来测试。其中萧氏硬度常用来测定较软的塑料，如热塑性弹性体（TPE）或橡胶；而洛氏硬度常用来测定较硬的工程塑料或高性能工程塑料。

（6）**弹性系数。**弹性系数是指塑料受外力作用变形后恢复原来形状的能力，一般以应力对应变的比值表示。弹性系数值越大表示塑料材料的刚性越好。

4.3.3 化学性能

大多数塑料具有较好的化学稳定性，对一般浓度的酸、碱、盐和某些化学药品表现出良好的抗腐蚀性能，其中较为突出的是聚四氟乙烯，能耐王水（硝基盐酸）等强腐蚀性物质的腐蚀，是一种优良的防腐材料。

但塑料存在老化现象，塑料制品在使用过程中，由于受到氧、热、光、机械力、水蒸气及微生物等因素的作用，会逐渐失去光泽与弹性，出现龟裂、变硬变脆或发黏软化，物理与力学性能变差等现象，即塑料的“老化”。

4.3.4 工艺特性

塑料的工艺特性是指将塑料原料转变为塑料制品的成型加工性。塑料的成型方法很多，根据加工时聚合物所处状态的不同，塑料成型加工的方法大体可分为三类：一是处于玻璃态的塑料，即常温状态下的塑料，可以采用车、铣、钻、刨等机械加工方法和电镀、喷涂等表面处理方法；二是当塑料处于高弹态时，即加热至非融状态下的塑料，可以采用热压、弯曲、真空成型等加工方法；三是把塑料加热到粘流态，即加热融化状态下的塑料，可以进行注射成型、挤出成型、吹塑成型等加工。

塑料成型方法的选择取决于塑料的类型（热塑性或热固性）、特性、起始状态及制成品的结构、尺寸和形状等。

4.3.5 塑料的优缺点

（1）**塑料的优点。**

①**优良的加工性能：**塑料可采用多种方法加工成型，如压延法、挤出法、注塑法等，尤其适合机械化大规模生产。

②**质轻：**塑料的密度一般只有铝的1/2，与木材相近。

③**比强度大：**塑料的比强度（即指强度与密度的比值）高，有的接近甚至超过了钢材，属于一种轻质高强的材料；广泛地应用于汽车外壳、船体甚至是航天飞机上。

④**导热系数小：**塑料的导热系数很小，是理想的绝热材料。塑料的导热率只有金属的1/600～1/200，泡沫塑料的导热率与静态空气相当，被广泛用作绝热保温材料或建筑节能、冷藏等绝热装置材料。

⑤**化学稳定性好：**塑料具有较高的化学稳定性，通常情况下对水、酸、碱及化学试剂或气体有

较强的抵抗能力。塑料的制品不生锈、不易腐蚀，使用时不必担心酸、碱、盐、油类、药品、潮湿及霉菌等的侵蚀。

⑥**电绝缘性好：**一般塑料都是电的不良导体，在低频低压下具有良好的电绝缘性能，其性能几乎可以和陶瓷相当。有的即使在高频高压下也可以作电器绝缘材料或电容介质材料。

⑦**耐磨、自润滑性能好：**大多数塑料具有优良的减磨、耐磨和自润滑特性，可以在无润滑条件下有效工作。工业产品中的很多耐磨零件就是利用工程塑料的这种特性制作的。

⑧**设计性能好：**根据使用需要，可以通过改变塑料的配方和加工工艺，制成具有各种特殊性能的工程材料。

⑨**富有装饰性：**塑料可根据需要制成各种颜色和质感的制品，色彩鲜艳美观、耐久耐蚀，并具有光泽。大多数塑料可制成透明或半透明制品，其中聚苯乙烯和丙烯酸酯类塑料像玻璃一样透明，可以任意着色，且着色坚固，不易变色。

（2）塑料的缺点。

①**易老化：**塑料制品在阳光、空气、热及环境介质如酸、碱、盐等的作用下，易发生老化，从而出现机械性能变差、硬脆、破坏等现象。

②**耐热性差：**塑料受高热后容易产生变形，甚至分解；低温容易发脆。一般塑料多在100℃以下使用，高温时易发生变形，严重影响其外观及功能，使塑料的用途受到限制。

③**易燃：**塑料的燃点较低，属于典型的易燃产品，而且塑料在燃烧时发烟量大，甚至产生有毒气体。

④**刚度小：**塑料的弹性模量较低。随着时间的延续，塑料制品变形也会增加，而且温度越高，变形的速度越快。

4.4　产品设计中常用的塑料

随着塑料工业的发展，塑料的品种也越来越多，且其性能也有很大的差异。了解塑料的特性，选择塑料产品最适合的品种与加工工艺，是塑料产品设计走向成功的重要环节。表4-2是设计中常用的部分塑料的主要性能特点、典型产品用途及在设计中的应用介绍。

表 4-2　产品设计中常用塑料特性

英文简称	中文名称	特性	制品最小壁厚	用途
ABS	丙烯腈-丁二烯-苯乙烯	热塑性	0.75 mm	工程塑料，主要用于汽车内饰件、电器外壳等，用途广泛
AS	丙烯腈-苯乙烯	热塑性	1.00 mm	日用器皿、家用电器、餐具、牙具、文具等
CA	乙酸酯纤维素	热塑性	0.70 mm	工具把手、头盔、眼镜框、牙刷、餐具手把等

续表

英文简称	中文名称	特性	制品最小壁厚	用途
EP	环氧树脂	热固性	0.76 mm	土木建筑、电子电器、汽车工业、体育用品等
GRP	强化玻璃纤维增强塑料（玻璃钢）	多品种、复合材料		航空航天、铁道铁路、装饰建筑、家居用品、建材卫浴和环卫工程等
MF	三聚氰胺甲醛	热固性	0.90 mm	手柄、风扇外壳、烟灰缸、衣服纽扣、餐具等
PA	聚酰胺	热塑性	0.45mm	轴承、齿轮、汽车、化工、容器等
PBT	聚对苯二甲酸丁二酯	热塑性	0.80 mm	仪器仪表、电子产品、机械零部件等
PC	聚碳酸酯（防弹玻璃）	热塑性	0.95 mm	机械、仪器、电讯器材、车辆灯罩、镜片等
PE	聚乙烯	热塑性	0.60 mm	食品包装、建材、农用物品
PET	聚对苯二甲酸乙二酯	热塑性	0.60 mm	电影胶片、光学碟片等的基片，瓶类容器，电器零部件、轴承、齿轮等
PF	酚醛树脂（电木）	热固性	1.3 mm	汽车与机械制造行业、泵壳、叶轮、齿轮、燃气管道、皮带轮、恒温器壳等

续表

英文简称	中文名称	特性	制品最小壁厚	用途
PMMA	聚甲基丙烯酸甲酯（有机玻璃、压克力）	热塑性	0.80 mm	挡风玻璃、面板、家具、文具、日用品等
POM	聚甲醛（赛钢）	热塑性	0.80 mm	轴承、齿轮、凸轮等
PP	聚丙烯（百折胶）	热塑性	0.85 mm	包装、日用品、微波炉用餐具、编制纤维等
PPO	聚苯醚（铁氟龙）	热塑性	1.2 mm	耐热件、绝缘件、减磨耐磨件、传动件、电子设备零件等
PS	聚苯乙烯（标准塑料）	热塑性	0.75 mm	家用日用品、餐具、泡面盒、快餐盒、电器零件、玩具等
PSF	聚砜	热塑性	0.95 mm	电子电器零件及壳体、交通运输、医疗器械等
PTFE	聚四氟乙烯	热塑性	0.80 mm	用于机械、电子、化工等工业
PU	聚氨酯（耐磨之王）	热固性	0.60 mm	土木建筑、钻探、采矿、石油工程、运动场的跑道、室内地板等
PVC	聚氯乙烯	热塑性	1.15 mm	硬管、软管、薄膜、电缆、人造革

4.4.1 聚氯乙烯（PVC）

（1）聚氯乙烯的特性。聚氯乙烯是世界上产量最高的通用塑料之一。其原料来源丰富，价格低廉，性能优良，应用广泛。聚氯乙烯本色为微黄色半透明状，有光泽，类似明矾；相对密度为1.4g/cm^3左右。其透明度胜于聚乙烯、聚丙烯，差于聚苯乙烯，随助剂用量不同，分为软、硬聚氯乙烯，软制品柔而韧，手感黏；硬制品的硬度高于低密度聚乙烯，而低于聚丙烯，在曲折处会出现白化现象。

聚氯乙烯的优点是机械强度高，硬聚氯乙烯有较好的抗拉、抗弯、抗压和抗冲击性能；软聚氯乙烯柔软性、断裂伸长率较好；电性能优良，耐酸碱，化学稳定性好；其缺点是对光、热的稳定性较差，热软化点低（80℃），不耐高温，使用温度在-15～55°C之间。

（2）聚氯乙烯的应用。聚氯乙烯应用非常广泛，在建筑材料、工业制品、日用品、地板革、地板砖、人造革、管材、电线电缆、包装膜、瓶、发泡材料、密封材料、纤维等方面均有广泛应用。其主要产品可分为以下几个方面：

①**聚氯乙烯异型材：**型材、异型材是PVC消费量最大的领域，约占PVC总消费量的25%，主要用于制作门窗和节能材料。在发达国家，塑料门窗的市场占有率高居首位，如德国为50%，法国为56%，美国为45%，其应用量仍有较大幅度增长（图4-7）。

②**聚氯乙烯管材：**在众多的聚氯乙烯制品中，聚氯乙烯管道是其第二大消费领域，约占其消费量的20%。在我国，聚氯乙烯管较聚乙烯（PE）管和聚丙烯（PP）管开发早，品种多，性能优良，使用范围广，在市场上占有重要位置（图4-8）。

③**聚氯乙烯膜：**聚氯乙烯膜领域对聚氯乙烯的消费位居第三，约占10%。聚氯乙烯与添加剂混合、塑化后，利用三辊或四辊压延机制成规定厚度的透明或着色薄膜，用这种方法加工薄膜，成为压延薄膜。也可以通过剪裁，热合加工包装袋、雨衣、桌布、窗帘、充气玩具等。宽幅的透明薄膜可以供温室、塑料大棚及地膜之用。经双向拉伸的薄膜，利用其受热收缩的特性，可用于收缩包装（图4-9）。

④**PVC硬材和板材：**聚氯乙烯中加入稳定剂、润滑剂和填料，经混炼后，用挤出机可挤出各种口径的硬管、异型管、波纹管，用作下水管、饮水管、电线套管或楼梯扶手。将压延好的薄片重叠热压，可制成各种厚度的硬质板材。板材可以切割成所需的形状，然后利用聚氯乙烯焊条焊接成各种耐化学腐蚀的贮槽、风道及容器等（图4-10）。

⑤**PVC一般软质品：**利用挤出机可以挤成软管、电缆、电线等；利用注射成型机配合各种模具，可制成塑料凉鞋、鞋底、拖鞋、玩具、汽车配件等（图4-11）。

⑥**聚氯乙烯包装材料：**聚氯乙烯制品用于包装

图4-7 PVC塑料型材

图4-8 PVC塑料管材

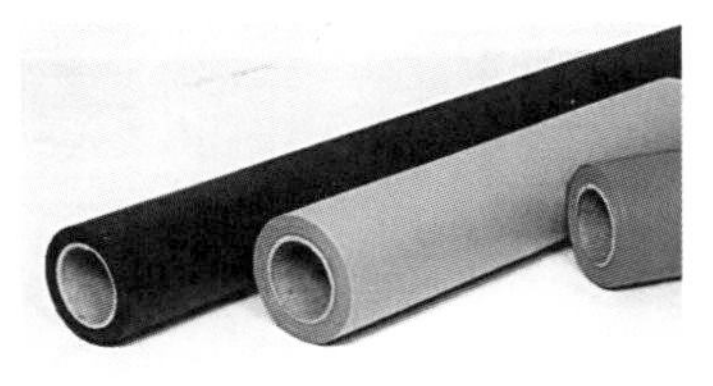

图4-9 PVC塑料膜

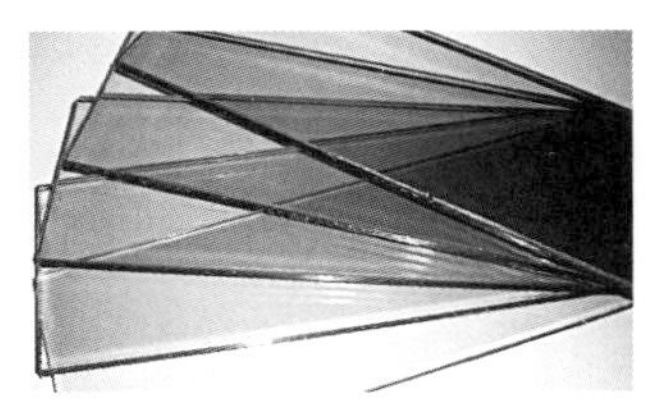

图4-10 PVC塑料板材

图4-11 PVC塑料凉鞋

的产品形式主要为各种容器、薄膜及硬片。用“注塑—拉伸—吹塑”法生产的聚氯乙烯容器瓶子无缝线，瓶壁厚薄均匀，可用于盛装碳酸饮料、矿泉水、化妆品，也可用于精制油的包装。聚氯乙烯膜可用于与其他聚合物一起挤出生产成本低的层压制品，以及具有良好阻隔性的透明制品（图4-12）。

聚氯乙烯塑料的安全性一直是人们关注的问题。用于包装的聚氯乙烯树脂中的氯乙烯含量不能高于1×10^{-6}，即1kg聚氯乙烯树脂只允许含1mg氯乙烯单体，用这种PVC树脂生产的瓶子包装饮料，在食品中测不出氯乙烯单体。

⑦**聚氯乙烯日用品：**行李包是聚氯乙烯加工制作而成的传统产品，聚氯乙烯被用来制作各种仿皮革，用于行李包，运动制品如篮球、足球和橄榄球等。还可用于制作制服和专用保护设备的皮带。服装用聚氯乙烯织物一般是吸附性织物（不需涂覆），如雨披、婴儿裤、仿皮夹克和各种雨靴。聚氯乙烯还用于许多玩具、娱乐用品，由于其生产成本低、易于成型而占有优势（图4-13）。

⑧**PVC泡沫制品：**软质聚氯乙烯混炼时，加入适量的发泡剂做成片材，经发泡成型为泡沫塑料，可作泡沫拖鞋（图4-14）、凉鞋、鞋垫及防震缓冲包装材料。也可用挤出机形成低发泡硬PVC板材和异型材，替代木材使用，是一种新型的建筑材料。

4.4.2　聚丙烯（PP）

（1）聚丙烯的特性。聚丙烯为无毒、无臭、无味的乳白色高结晶的聚合物；密度小，只有0.90g/cm^{3}左右，是目前常用塑料中较轻的品种之一。聚丙烯具有良好的耐热性，制品能在100℃以上温度进行消毒灭菌，在不受外力的作用下，150℃也不变形，熔点高达167℃，是唯一可以放进微波炉加热食品的塑

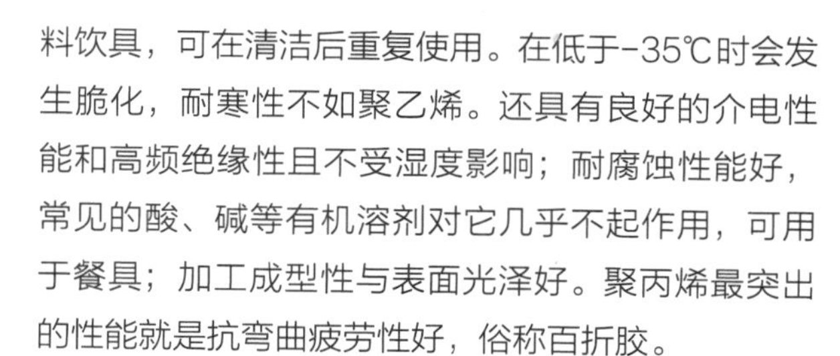

料饮具，可在清洁后重复使用。在低于-35℃时会发生脆化，耐寒性不如聚乙烯。还具有良好的介电性能和高频绝缘性且不受湿度影响；耐腐蚀性能好，常见的酸、碱等有机溶剂对它几乎不起作用，可用于餐具；加工成型性与表面光泽好。聚丙烯最突出的性能就是抗弯曲疲劳性好，俗称百折胶。

（2）聚丙烯的应用。由于晶体结构规整，具有易加工、抗冲击强度、抗挠曲性以及电绝缘性好等优点，在汽车工业、家用电器、电子、包装及建材、家具等方面具有广泛应用。

①**编织制品：**编织制品（塑编袋、篷布和绳索等）所消耗的聚丙烯（PP）树脂在中国一直占很高的比例，是中国聚丙烯（PP）消费的最大市场，几乎占其总量的一半，主要用于粮食、化肥及水泥等的包装袋（图4-15）。中国是现今世界上最大的塑编制品生产国和消费国，更是世界上最具潜力的塑编生产市场和消费市场。

②**注塑成型制品：**聚丙烯的注塑制品主要应用在电器与电子产品、汽车工业、可穿戴产品、日用产品、玩具等领域。在家用电器方面用于收音机、电视机、显示器、仪器仪表的外壳，洗衣机槽桶以及座体、绝缘体等。在汽车工业中，主要用于制造方向盘、车内装饰等。在可穿戴产品中，主要用于产品的壳体、穿戴部件。在日常用品中，常见用于盒子、箱子、餐具、盆、桶、小工艺品等（图4-16）。此外，还用于耐蒸汽消毒的医疗器械等方面。

③**薄膜制品：**聚丙烯（PP）薄膜主要包括双向拉伸聚丙烯薄膜（BOPP）、流延聚丙烯薄膜（CPP）、普通包装薄膜和微孔膜等。双向拉伸聚丙烯薄膜（BOPP）具有质轻、机械强度高、无毒、透明、防潮等众多优良特性，广泛应用于食品、糖果、香烟、茶叶、果汁、牛奶、纺织品等的包装，有“包装皇后”的美称；还应用于电工、电子电器、

图4-12　PVC塑料饮料瓶

图4-13　PVC塑料雨伞

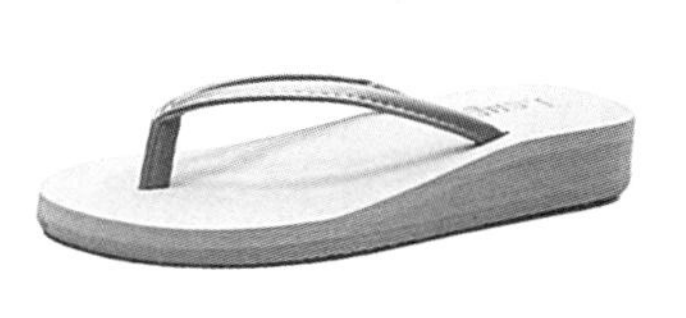

图4-14　PVC泡沫拖鞋

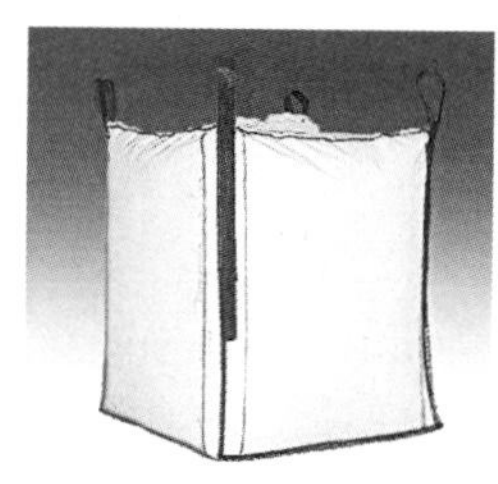

图4-15　PP编织袋

胶带、标签膜、胶卷等众多领域（图4-17），其中以包装工业使用量最大。而不同的应用领域对双向拉伸聚丙烯薄膜（BOPP）的技术要求有较大差别，其中以薄膜电容器应用领域要求最高。

④**纤维制品：**聚丙烯（PP）纤维（即丙纶）是指以聚丙烯为原料通过熔融纺丝制成的一种纤维制品。由于聚丙烯纤维有着许多优良性能，因而在装饰、服装等领域中的应用日益广泛，已成为合成纤维第二大品种。聚丙烯纤维分为短纤、长丝、无纺布（纺粘和熔喷）、烟用丝束、膨体连续长丝（BCF）等，应用领域包括包装、卷烟滤材、建材、服装、地毯、卫生制品等（图4-18）。

⑤**管材：**聚丙烯（PP）管材具有耐高温、管道连接方便（热熔接、电熔接、管件连接）、可回收再利用等特点，主要应用于防腐管道、管件、输油管道，建筑物给水系统、采暖系统、农田输水系统以及化工管道系统等（图4-19）。

4.4.3 聚苯乙烯（PS）

（1）聚苯乙烯特性。聚苯乙烯是一种无色透明、无味无毒的热塑性塑料，密度为1.04g/cm^{3}左右，也称为标准塑料，流动性好，吸水率低，是一种易于成型加工的透明塑料。其制品透光率达88%～91%，仅次于有机玻璃，着色力强，耐水性、化学稳定性良好，硬度高，电绝缘性优良。但脆性较大，易产生内应力开裂；耐热性较差，制品连续使用温度为60℃左右，最高不宜超过80℃；脆化温度为-30℃左右、玻璃化温度为80～105℃、熔融温度为140～180℃、分解温度300℃以上；不耐苯、汽油等有机溶剂。

（2）聚苯乙烯的应用。由于聚苯乙烯透明且具有优良的刚性、电绝缘性、印刷性能，成本价廉，使其在日常生活用品、机电工业、仪器仪表、通信器材等方面已有广泛的应用。

①**通用聚苯乙烯：**通用聚苯乙烯，可用于日用品，如各种生活日用品，如瓶盖、容器、装饰品、果盘、钮扣、梳子、牙刷、肥皂盒、香烟盒及玩具等（图4-20）；还可用于电气、仪表外壳、玩具、灯具、家用电器、文具、车灯罩、光学零件、仪器零件、透明窗镜、透明模型、化工贮酸槽、酸输送槽、电讯配件，电频电容器薄膜，高频绝缘材料、电视机等集装箱、波导管、化工容器等。

②**注塑成型制品：**高抗冲击聚苯乙烯可注塑或挤塑成各种制品，适合家电产品外壳，如电器用品、仪器仪表配件、冰箱内衬、板材、电视机、收录机、电话机壳体（图4-21）；文教用品、玩具、包装容器、日用品、家具、餐具、托盘、餐具等。聚苯乙烯（PS）的成型加工流动性好、易着色、尺寸稳定；可用注塑、挤塑、吹塑、发泡、热成型、

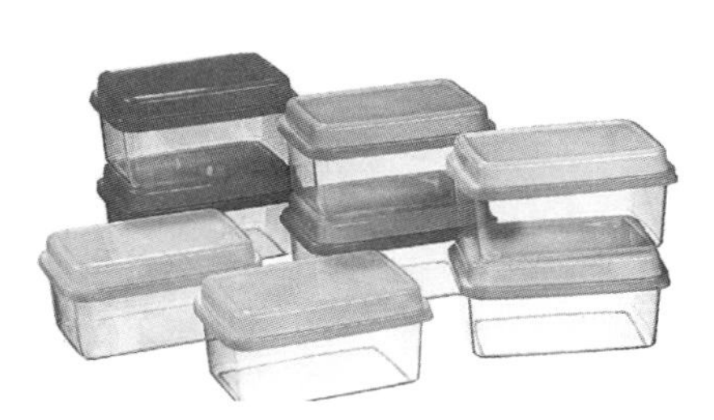
图4-16　PP餐盒

图4-17　PP透明胶带

图4-18　PP卷烟滤材

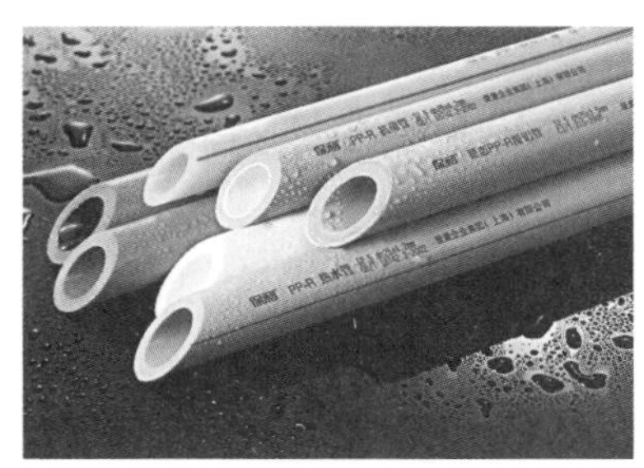
图4-19　PP热水管

图4-20　PS肥皂盒

图4-21　PS注塑电视机外壳

粘接、涂覆、焊接、机加工、印刷等方法加工成各种制件；而又以注塑成型加工最为适宜，注塑成型时物料一般可不经过干燥直接使用。

③聚苯乙烯泡沫塑料：聚苯乙烯可制成不同密度的泡沫塑料，用作绝热、隔音、防震、漂浮、家具、包装材料，软木代用品，预发泡体可作为水过滤介质及制备轻质混凝土，低发泡塑料可制成合成木材用作家具等。图4-22是雅各布森应用聚苯乙烯泡沫设计制作的代表作品，具有雕塑般美感的蛋形椅。

4.4.4 聚甲基丙烯酸甲酯（PMMA）

（1）聚甲基丙烯酸甲酯的特性。聚甲基丙烯酸甲酯俗称有机玻璃，市场上也有按其英文Acrylic发音称之为“压克力”，是透光率最高的一种塑料，密度为1.18g/cm^3，是普通玻璃的一半；透光率达92%，优于普通硅玻璃，是迄今为止合成透明材料中最优质的一种。

聚甲基丙烯酸甲酯机械强度高、韧性好，机械强度为普通硅玻璃的8～10倍；化学性能稳定，易着色，具有优良的耐紫外线和大气老化性能，耐碱、耐稀酸、耐水溶性无机盐、烷烃和油脂；溶于部分有机溶剂；电绝缘性能良好。耐热性、耐腐蚀性、耐候性及抗寒性能都较好。综合力学性能在通用塑料中位居前列，拉伸、弯曲、压缩等强度均较高，在一定条件下，尺寸稳定，并易于成型加工。有机玻璃可制成棒、管、板等型材，供二次加工成塑件；也可制成粉状物，供成型加工。

市场上供给的聚甲基丙烯酸甲酯多为型材，常见的有板材、棒材、管材、片材等；按色泽的不同，又分为无色透明、有色透明、珠光、压花有机玻璃四种。

（2）聚甲基丙烯酸甲酯的应用。由于聚甲基丙烯酸甲酯透明性极好，强度较高，有一定的耐热耐寒性，耐腐蚀，绝缘性良好，多用于制作透明绝缘和强度一般的零件或制品，在建筑、医疗设备、交通工具、日常用品等方面具有广泛的用途。

①建筑应用：在建筑方面，有机玻璃主要应用于采光体，如屋顶、棚顶、楼梯、橱窗、隔音门窗、电话亭等。随着大城市饭店、宾馆和高级住宅的兴建，采光体发展迅速，采用有机玻璃挤出板制成的采光体具有整体结构强度高、自重轻、透光率高和安全性能好等特点，与无机玻璃采光装置相比，具有很大的优越性。

②交通应用：在交通工具上，应用于火车、飞机、轮船、汽车等的门窗，在汽车灯具方面的应用也相当广泛；在交通设施上，有机玻璃用于高速公路照明、高级道路照明和交通信号灯的灯罩（图4-23）。

③医学应用：在医疗方面，有机玻璃可用于婴儿保育箱、各种手术医疗器具、假牙等（图4-24）；特别是可用于制造人工角膜。如果人眼的透明角膜发生了不透明的病变，可以用有机制造人工角膜替换，它的透光性好，化学性质稳定，对人体无毒，易于加工成所需形状，能与人眼长期相容。

④工商业应用：在工业上，有机玻璃可用于仪器表面板、光学镜片、透明模型、透明管道、防护罩盖、绝缘材料、油标及各种仪器零件；在商业上，有机玻璃广泛用于灯箱、广告铭牌、指示指引

图4-22 PS泡沫蛋形椅

图4-23 PMMA汽车玻璃

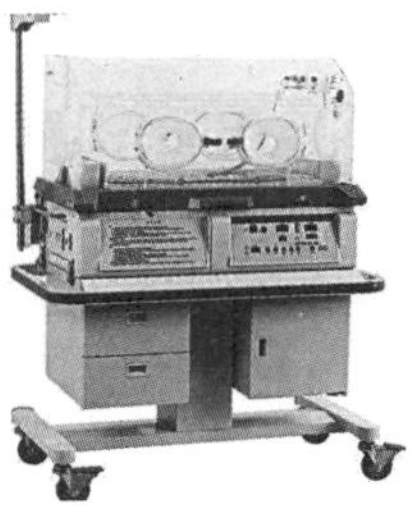

图4-24 PMMA婴儿保育箱罩

图4-25 PMMA灯箱广告牌

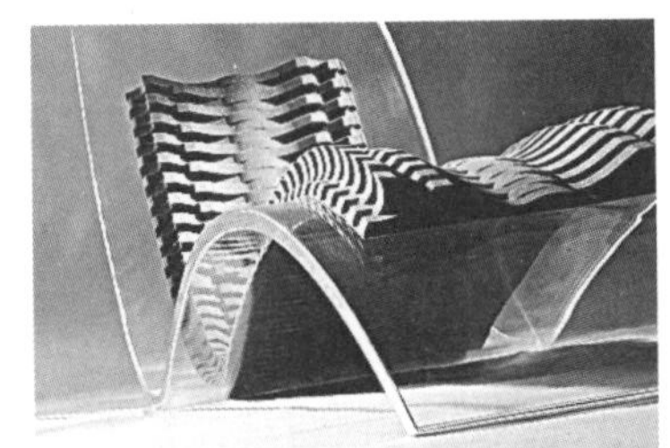

图4-26 PMMA躺椅

牌等（图4-25）。

⑤日常生活中的应用：在日常生活用品中，有机玻璃因容易清洗、强度高、抗碰击、质量轻和使用舒适等特点得到了广泛的认可，常用于卫浴设施、化妆品、水族箱中；并用于制作家具、灯具灯罩等家居日用产品中（图4-26）。

4.4.5 聚乙烯（PE）

（1）聚乙烯的特性。聚乙烯是世界上产量最大的合成树脂，也是消耗量最大的塑料包装材料，约占塑料包装材料的30%。

聚乙烯为白色蜡状半透明材料，柔而韧、比水轻、无毒，具有优越的介电性能。易燃烧且离火源后继续燃烧。高密度聚乙烯熔点范围为132～135℃，低密度聚乙烯熔点较低（112℃左右）且范围宽。聚乙烯有优异的化学稳定性，室温下耐酸碱等各种化学物质的腐蚀，耐寒性和电绝缘性好，易加工成型。但聚乙烯的机械强度不高、质软且成型收缩率大，耐热性、耐老化性较差，表面不宜进行胶粘和印刷。

根据密度不同，聚乙烯主要可分为低密度聚乙烯、中密度聚乙烯、高密度聚乙烯三类。低密度聚乙烯（LDPE），密度一般在0.91～0.92g/cm^3；高密度聚乙烯（HDPE），密度一般在0.94～0.965g/cm^3。中密度聚乙烯（MDPE），其密度和性能介于高密度聚乙烯和低密度聚乙烯之间。

（2）聚乙烯的应用。聚乙烯有吹塑、挤出、注射、压延等多种不同的成型方法，形成的制品种类繁多，应用十分广泛。

①聚乙烯薄膜：低密度聚乙烯总产量的一半以上经吹塑制成薄膜，用于农用薄膜，具有透气率低、保温性好、透光率高、抗张强度大、便于黏合等特点；工业上可用于包装、防雨、防腐；日常生活中大量用于雨具、窗帘、桌布、充气玩具等材料。也可以用压延成型的工艺制成人造革，其力学强度高、外观质量好，可用于服装、箱、包、帐篷等材料。此外，还可以在纸、铝箔或其他塑料薄膜上涂覆聚乙烯涂层，制成高分子复合材料。

②聚乙烯中空制品：高密度聚乙烯强度较高，适宜作中空制品。可用吹塑法制成中空的容器，如盛放清洁剂、化学品、化妆品等，汽油箱、食品包装盒与袋（图4-27）、杂品购物袋、化肥内衬薄膜等；或用浇铸法制成槽车罐和贮罐等大型容器。

③聚乙烯管、板材：应用挤出法可生产聚乙烯管、板材。高密度聚乙烯管强度较高，适于地下铺设；挤出的管、板材可进行二次加工；管材主要用于生活供水管、煤气输送管、农业灌溉管、穿线波纹管、液体吸管、圆珠笔芯管等；板材可以用于制成长条百叶窗帘（图4-28），或进行二次加工制成其他产品。还可用发泡挤出和发泡注射法将高密度聚乙烯制成低泡沫塑料，用作台板、建筑材料、防护套等。而低密度聚乙烯管材可用于化妆品、药

图4-27 PE食品盒

图4-28　PE片材百叶窗帘

图4-29　PE钓鱼线

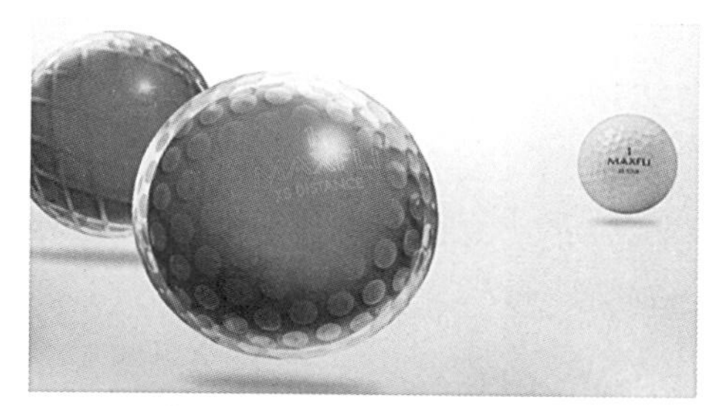

图4-30　PE高尔夫球

品、牙膏等化学品的包装。

④**聚乙烯丝线：**聚乙烯丝线也称为乙纶，一般用高密度聚乙烯制成，用于编织渔网、缆绳、工业滤网、民用纱窗网（图4-29）；也可用于工业耐酸碱织物。超高强度聚乙烯纤维，可用作防弹背心，汽车和海上作业用的复合材料。

⑤**聚乙烯日用品：**聚乙烯日用品包括日用杂品、人造花卉、周转箱、小型容器、门把手、玩具、高尔夫球、曲棍球头盔、香水瓶、保龄球瓶、工具把手、自行车和拖拉机的零件等（图4-30）；电冰箱容器、存储容器、家用厨具、密封盖等；而制造结构件时要用高密度聚乙烯。

4.4.6　强化玻璃纤维增强塑料（GRP）

（1）强化玻璃纤维增强塑料的特性。强化玻璃纤维增强塑料俗称玻璃钢，是一种重要的高分子复合材料。增强塑料分增强热固性塑料和增强热塑性塑料两类；其中以热固性为主。采用的热固性树脂有：不饱和聚酯、酚醛树脂、环氧树脂等；采用的热塑性树脂有：聚酰胺、聚碳酸酯、聚乙烯和聚丙烯等；所用增强材料有金属材料、非金属材料和高分子材料，三者均以纤维状材料为主。常用的增强纤维有玻璃纤维、碳纤维、石棉纤维等。树脂与增强材料复合后，增强材料可以起到增进树脂的力学或其他性能，而树脂对增强材料可以起到黏合和传递载荷的作用，使增强塑料具有优良性能。

玻璃钢材料的相对密度在1.5～2.0g/cm^3，尽管只有碳素钢的1/5～1/4，可拉伸强度却与碳素钢相近，甚至超过碳素钢，而比强度（强度与密度的比值）可以与高级合金钢相比。因此，玻璃钢材料在航空、火箭、宇宙飞行器、高压容器以及在其他需要减轻自重的制品应用中，都具有卓越成效。玻璃钢材料良好的耐腐蚀性，对大气、水和一般浓度的酸、碱、盐以及多种油类和溶剂均有较好的抵抗能力，已用到化工防腐的各个方面，正在取代碳素钢、不锈钢、木材、有色金属等。

（2）强化玻璃纤维增强塑料的应用。玻璃钢材料因其独特的性能优势，已在航空航天、铁道铁路、装饰建筑、家居用品、广告展示、工艺礼品、建材卫浴、游艇泊船、体育用材、环卫工程等十多个行业中广泛应用并深受赞誉。玻璃钢制品不同于传统材料制品，在性能、用途、寿命属性上大大优于传统制品。其易造型、可定制、色彩随意调配的特点，深受商家和销费者的青睐，占有越来越大的市场份额，前景广阔。

①**建筑与装饰行业：**在建筑与装饰行业中，玻璃钢主要用于制作冷却塔灌、玻璃钢门窗、建筑结构件、围护结构、室内设备及装饰件、玻璃钢平板、波形瓦、装饰板、卫生洁具及整体卫生间、桑拿浴室、冲浪浴室，建筑施工模板、储仓建筑，以及太阳能利用装置等（图4-31）。

图4-31　GRP浴缸

②化学化工行业：在化工行业中，玻璃钢常用于化粪池、耐腐蚀管道、贮罐贮槽、耐腐蚀输送泵及其附件、耐腐蚀阀门、格栅、通风设施，以及污水和废水的处理设备及其附件等（图4-32）。

③汽车与交通运输行业：在汽车与交通行业中，玻璃钢常用于汽车壳体及其他部件，全塑微型汽车，大型客车的车体外壳、车门、内板、主柱、地板、底梁、保险杠、仪表屏，小型客货车以及消防罐车、冷藏车、拖拉机的驾驶室及机器罩等；火车窗框、车内顶弯板、车顶水箱、厕所地板、车顶通风器、冷藏车门、储水箱，以及某些铁路通信设施等；在公路建设方面，有交通路标、路牌、隔离墩、公路护栏等（图4-33）。

④船艇及水上运输行业：在船艇及水上运输行业中，玻璃钢主要用于内河客货船、捕鱼船、气垫船、各类游艇、赛艇、高速艇、救生艇、交通艇，以及玻璃钢航标浮鼓和系船浮筒等。

⑤电气工业及通讯工程：在电气工业及通信工程中，玻璃钢材料的应用主要有灭弧设备、电缆保护管、发电机定子线圈和支撑环及锥壳、绝缘管、绝缘杆、电动机护环、高压绝缘子、标准电容器外壳、电机冷却用套管、发电机挡风板等强电设备；配电箱及配电盘、绝缘轴、玻璃钢罩等电器设备；印刷线路板、天线、雷达罩等电子工程（图4-34）。

⑥日常生活方面：在日常生活方面，玻璃钢常用于城市雕塑、工艺品、快餐桌椅、摩托车部件、玻璃钢花盆、安全帽、幼儿园游乐设施、高级游乐设备、家用电器外壳等（图4-35）。

4.4.7 聚碳酸酯（PC）

（1）聚碳酸酯的特性。聚碳酸酯是用多种原料通过酯交换法（又称熔融法）或光气法生产的新型热塑性工程塑料。呈轻微淡黄色，透明，密度为1.20g/cm^3，透光率接近90%。

聚碳酸酯具有优良的力学性能，其突出特点是抗冲击强度高，在热塑性树脂中名列前茅，俗称“防弹玻璃”；蠕变性小，尺寸稳定性好，优于尼龙和聚甲醛，在低温下仍能保持较高的机械强度；耐热性较好，可在-60～120℃下长期使用，具有优良的耐寒性；玻璃化温度高，着色性好，吸水率低，电绝缘性好，机械加工性能优良。其缺点是耐疲劳强度较低，容易产生应力开裂，耐磨性较差；对酸性及油类介质稳定，但不耐碱，溶于氯代烃，长期浸入沸水中易引起水解和开裂，长期置于空气中会逐渐老化表面产生黄变。

图4-32 GRP污水处理灌

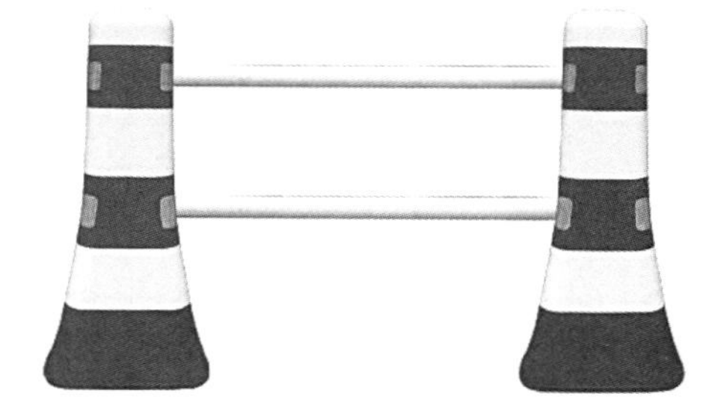

图4-33 GRP隔离墩

图4-34 GRP机头雷达罩

图4-35 GRP幼儿游乐设施

（2）**聚碳酸酯的应用。**聚碳酸酯工程塑料的主要应用领域是玻璃装配业、汽车工业和电子、电器工业，其次还有工业机械零件、光盘、包装、计算机等办公室设备、医疗及保健、薄膜、太阳能采集系统、高清晰大型电视屏幕、纺织品中的识别芯片、休闲和防护器材等。

①**汽车制造业：**聚碳酸酯具有良好的抗冲击、抗热畸变性能，而且耐候性好、硬度高，因此适用于生产轿车和轻型卡车的各种零部件。主要集中在照明系统和仪表盘系统，用作灯罩、加热板、除雾器、反光镜框、门框套、操作杆护套、阻流板、除霜器及聚碳酸酯合金制的保险杠等（图4-36）。

根据发达国家数据，聚碳酸酯在电子电气、汽车制造业中使用比例在40%～50%，中国在该领域的使用比例只占10%左右，电子电气和汽车制造业是中国迅速发展的支柱产业，未来这些领域对聚碳酸酯的需求量将是巨大的。中国汽车总量多，需求量大，因此聚碳酸酯在这一领域的应用是极具拓展潜力。

②**电子电器及医疗器械：**聚碳酸酯及聚碳酸酯合金可用作计算机架、外壳及辅机、打印机零件、强或弱电接线盒、插座、插头及套管、垫片、电视转换装置、电闸盒、电话机壳、配电盘元件、继电器外壳等。改性聚碳酸酯耐高能辐射杀菌，耐蒸煮和烘烤消毒，可用于采血标本器具，血液充氧器，外科手术器械，高压注射器、外科手术面罩、一次性牙科用具、血液分离器、肾透析器、医药包装，膜式换向器等（图4-37）。

③**机械及家用电器：**聚碳酸酯可用于制造机械设备的各种齿轮、齿条、蜗轮、蜗杆、轴承、螺栓、杠杆、曲轴、棘轮，也可用作一些机械设备壳体、罩盖和框架等零件。还多用于家用电器中的马达、真空吸尘器，豆浆机、洗头器、咖啡机、烤面包机、动力工具的手柄，各种齿轮、蜗轮、轴套、导轨、冰箱内搁架等（图4-38）。

④**食品包装与餐具：**聚碳酸酯除用于普通的餐具、杯具等外，在食品包装应用领域消费量最大的是饮用水包装桶、太空杯等非一次性饮用水桶、水瓶（图4-39）。由于聚碳酸酯制品具有质量轻，抗冲击和透明性好，用热水和腐蚀性溶液洗涤处理时不变形且保持透明的优点，在一些领域中，聚碳酸酯瓶已完全取代玻璃瓶。据预测，随着人们对饮用水质量重视程度的不断提高，聚碳酸酯在这方面的用量将保持一定量的增长速度。

⑤**其他方面：**聚碳酸酯除用于飞机及宇航员的防护用品，建筑采光材料、暖房玻璃、交通信号灯罩等外；其光学透镜还用于照相机、显微镜、望远镜及光学测试仪器，用于制作投影机透镜、复印机透镜、红外自动调焦投影仪透镜、激光束打印机透镜以及各种棱镜。在日用品方面用于制作奶瓶、餐具、玩具、模型、LED灯外壳、手机外壳、CD和DVD等。聚碳酸酯还可用于生产头盔和安全帽，防护面罩，墨镜和运动护眼罩等。

4.4.8　聚氨酯（PU）

（1）**聚氨酯的特性。**聚氨酯是一种介于橡胶与塑料之间的高聚化合物，耐磨性卓越的聚氨酯被称为"耐磨之王"（为天然橡胶5～10倍）；力学性能优异，机械强度较高；其抗张强度、断裂伸长率、抗撕裂强度等性能均优于普通橡胶材料；可在较宽的硬度范围内保持较高的弹性，而且在高硬度下仍具有高弹性；表面光洁度高，机械加工性能优越，与金属间的黏结性也比普通橡胶好很多，比较适合于一定线速和高压力下使用；其次是具有优越的耐油

图4-36　PC汽车仪表盘

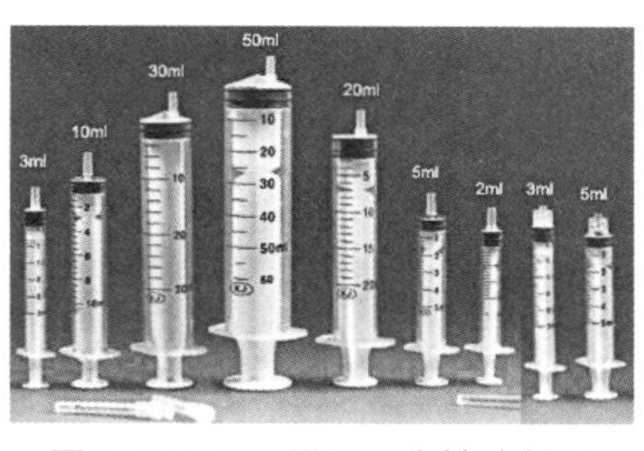

图4-37　PC医用一次性注射器

图4-38　PC九阳豆浆机

图4-39　PC矿泉水瓶

脂性能、耐化学品性能，耐老化性能优于天然橡胶和其他合成橡胶，耐水解，耐酸、碱溶液。聚氨酯胶辊化学性能良好，适合各种类型的油墨及印刷方法，对各类油墨、润版液、清洗剂中的溶剂成分有特殊的耐抗性；特别是对柴油、汽油、润滑油、煤油、醇及盐水溶液有良好的耐溶性。聚氨酯制品抗辐射性能、耐臭氧性能优良；耐低温性能较好。该制品长时间连续工作的温度范围一般为80～90℃，而短时间使用的温度可达120℃。

（2）**聚氨酯的应用。**聚氨酯材料性能优异，用途广泛，制品种类多，其制品可分为泡沫制品和非泡沫制品两类；按产品软硬程序不同分为聚氨酯硬质泡、聚氨酯半硬质泡和聚氨酯软质泡三类。在聚氨酯应用中，主要利用其优良的隔热性能、回弹性能、耐磨性能、耐油性能等。聚氨酯材料已在各个领域逐步替代了传统材料，其应用主要有以下几个方面：

①**聚氨酯软泡：**聚氨酯软泡也称为“海绵”，软泡沫塑料主要用于家具及交通工具中的各种垫材、隔声材料等。在汽车中用于汽车坐垫，头枕等垫材，既能保证驾驶人的舒适性，又可以减小甚至是避免冲撞对驾驶者带来的伤害；在日常生活用品中，用于座椅、沙发、床垫、垫肩、文胸、化妆棉、玩具等（图4-40）；利用聚氨酯软泡所具有的良好的吸声、消震功能，可用作吸声、隔声材料。

②**聚氨酯硬泡：**聚氨酯硬泡主要用于家用电器隔热层、房屋墙面保温防水喷涂泡沫、管道保温材料、建筑板材、隔热材等。如冰箱、冰柜、储罐、管道、冷库、冷藏车等冷冻冷藏设备的绝热材料；汽车顶篷、方向盘等内衬材料等（图4-41）。

③**聚氨酯半硬泡：**聚氨酯半硬泡分为吸能性泡沫体、自结皮泡沫体、微孔弹性体三类。吸能性泡沫体具有优异的减震、缓冲性能，良好的抗压缩负荷性能及变形复原性能，其最典型的应用就是用于汽车保险杠；自结皮泡沫体用于汽车方向盘、扶手、头枕等软化性内功能件和内部饰件（图4-42）；微孔弹性体最典型的应用是用于制鞋工业的内底和面料。

④**聚氨酯弹性体：**聚氨酯弹性体因突出的耐磨、防腐蚀等特性受到很多工业工程领域的青睐，有着十分广泛的应用。如矿山行业所用的筛板和摇床，机械工业方面的胶辊，密封件，汽车的轮胎，密封圈，减震垫，传动带等（图4-43）。

⑤**聚氨酯鞋底料：**聚氨酯鞋底料属于制鞋业的专用材料，其密度低、质地柔软、穿着舒适轻便；尺寸稳定性好，储存寿命长；以其优异的耐磨性能、耐挠曲性能，优异的减震、防滑性能，较好的耐温性能，良好的耐化学品性能广泛用于高档皮鞋、运动鞋、旅游鞋等外底（图4-44）。

另外，聚氨酯还广泛用于体育行业的篮球、排

图4-40　PU软泡家具

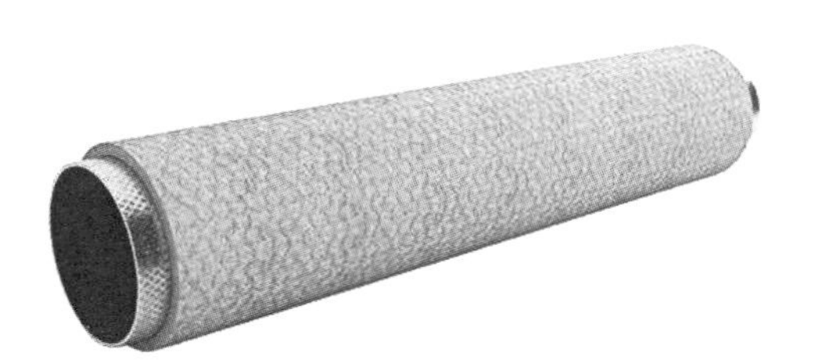

图4-41　PU硬泡管道保温层

图4-42　PU硬泡汽车座位头枕

图4-43　PU弹性体密封圈

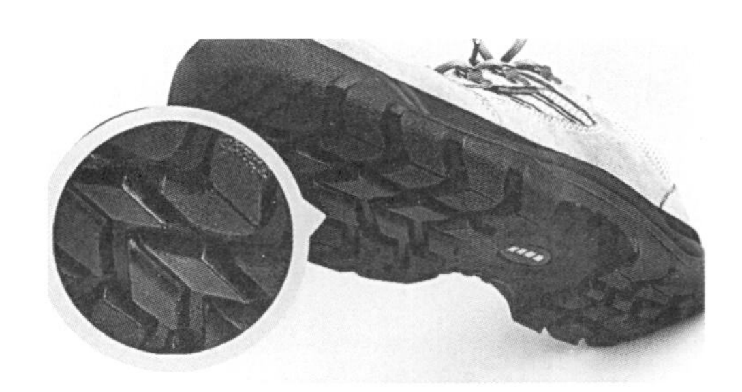

图4-44　PU鞋底

球场、羽毛球场、网球场、跑道等塑胶运动场地的铺设，及舞蹈服、泳衣、运动鞋、滑板车等服装与器材中。并且用于人造血管、人造心脏瓣膜等高端领域。

4.4.9　ABS塑料

（1）**ABS塑料的特性。**ABS塑料是丙烯腈—丁二烯—苯乙烯三种单体的三元共聚物的简称，其三种单体相对含量可任意变化，制成各种树脂。密度为1.05g/cm^3，无毒、无味，外观呈象牙色半透明，或透明颗粒。ABS塑料韧性好、抗冲击、耐磨性优良、尺寸稳定性好，在-40℃时仍能表现出一定的韧性；但其弯曲强度和压缩强度是各类塑料中较差的，且力学性能受温度的影响较大。电绝缘性较好，并且几乎不受温度、湿度、频率的影响，可以在大多数环境下使用。同其他材料的结合性好，易于表面印刷、涂层、镀层处理。化学稳定性较好，不受水、无机盐、碱和多种酸的影响，但可溶于酮类、醛类和氯代烃中，受乙酸、植物油等侵蚀会产生应力开裂；耐候性差，在紫外线的作用下容易产生降解，放在户外半年后，冲击强度会降低一半；易燃，火焰呈黄色，有黑烟，烧焦但不滴落。

（2）**ABS塑料的应用。**ABS塑料是一种用途极广的热塑性工程塑料，可用注塑、挤出、压延、吹塑等成型加工方法，形成各类壳形体和机械配件。

①**汽车领域：**ABS塑料在汽车领域主要有两方面的应用：一是用于内饰件；二是用于外饰件。

内饰件：用ABS塑料制造的汽车内饰件有仪表板、仪表罩壳、前立柱、空气排气口、控制器箱体、车门内衬、工具箱体、调节器手柄、开关、旋钮、转向柱套、转向盘、喇叭盖和导管等。用ABS塑料制造的汽车内饰件，主要利用ABS塑料的耐冲击性、耐热性和易成型性等特点（图4-45）。

外饰件：用ABS塑料制造的汽车外装件有挡泥板、扶手、格栅、灯罩、上通风盖板、车轮罩、支架、百叶窗、标牌、后阻流板、保险杠、镜框等（图4-46）。

②**家用电器：**家用电器是ABS塑料广泛的应用领域，包括电视机、收录机、洗衣机、电冰箱、加湿器、厨房用品、电话机、吸尘器、空调器、灯具、电风扇等的外壳及内装部件等。ABS塑料制造的电冰箱内装零件，主要利用ABS塑料的薄壁成型性、耐冲击性和耐氟利昂等特点（图4-47）。用ABS制造的电话机键盘，主要利用ABS的自润滑性、经济性和易成型性等特点。

③**电子仪器：**在电子仪器领域，ABS塑料可用于制造天线插座、路由器壳体、线圈骨架、接线板、转换器、扬声器和插接件等零部件（图4-48）。

④**机械制造：**在机械制造领域，ABS塑料可用于制造机械设备的壳体和一般的零部件，如电机外壳、仪表箱、水箱外壳、蓄电池槽、齿轮、泵叶轮、轴承、螺栓、把手、盖板、衬套、紧固件、管材、管件等（图4-49）。

⑤**办公设备：**利用ABS塑料优良的耐冲击性能、良好的刚性、尺寸稳定性和成形性，广泛用于制造各种办公设备的壳体，如传真机、复印机、打印机、计算机及电脑显示器等壳体（图4-50）。由于办公设备对阻燃性能要求较高，所以通常选用阻燃ABS塑料来制造。

⑥**其他：**在轻工、纺织和家具行业中，ABS塑料用于制造缝纫机、自行车、摩托车、织布机、纺纱机、纱锭、时钟、乐器等零部件及各种家具等；

图4-45　ABS大众汽车内饰

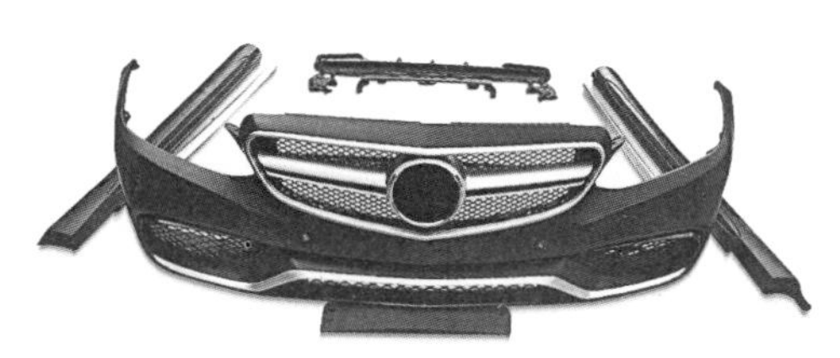

图4-46　ABS汽车外饰件

图4-47　ABS塑料电冰箱内装

图4-48　ABS塑料路由器壳

图4-49　ABS塑料便携式仪表箱

图4-50　ABS塑料HP打印机

在建筑领域，ABS塑料用于制造板材、管材等；在航空工业中，ABS塑料用于制造飞机仪表板及客机窗框等；在农业上，ABS塑料用于制造农具及喷灌器材。另外，ABS塑料还可用于制造集装箱、车辆装载用装运箱、包装容器、手提箱、游艇、文具、玩具、仿木制品、体育用具及娱乐设施等。

4.5　塑料的成型工艺

塑料成型工艺是指以合成树脂和各种添加剂的混合物作为原料，制成具有一定形状的制品的工艺过程。塑料的成型加工方法，通常称为塑料的一次加工，包括注塑（注射）成型、挤塑（挤出）成型、压塑（模压）成型、吹塑（中空）成型、发泡成型、滚塑成型、压延成型等。

4.5.1　注塑成型

注塑成型也称注射成型，是将塑料原料先在注塑机料筒内加热至熔融状态，然后以较大压力（700～1000kg/cm^2）和较高速度（3～4.5m/min），将其注入较低温度的模具模腔中，并固化而得到各种塑料制品的方法。注塑成型原理如图4-51所示。注塑成型是产品设计师应当了解的重要成型方法之一，塑料制品中的20%～30%是应用此法生产。

注塑成型几乎适用于所有的热塑性和部分流动性好的热固性塑料制品的成型加工。注塑成型的成型加工周期短（几秒到几分钟），制品重量可由几克到几十千克不等，能一次成型外形复杂、尺寸精确、带有金属或非金属嵌件的模塑制品。因此，该方法适应性强，生产效率高。但注塑成型的设备价格及模具制造费用较高，不适合单件及批量较小的塑件制品生产。

注塑成型由专用的注塑机完成，主要由料斗、料间、加热器、喷嘴、螺杆和动力系统组成。其注塑成型工艺过程如下：

加料→熔融塑化→合模→注塑→保压→冷却→开模→制品取出

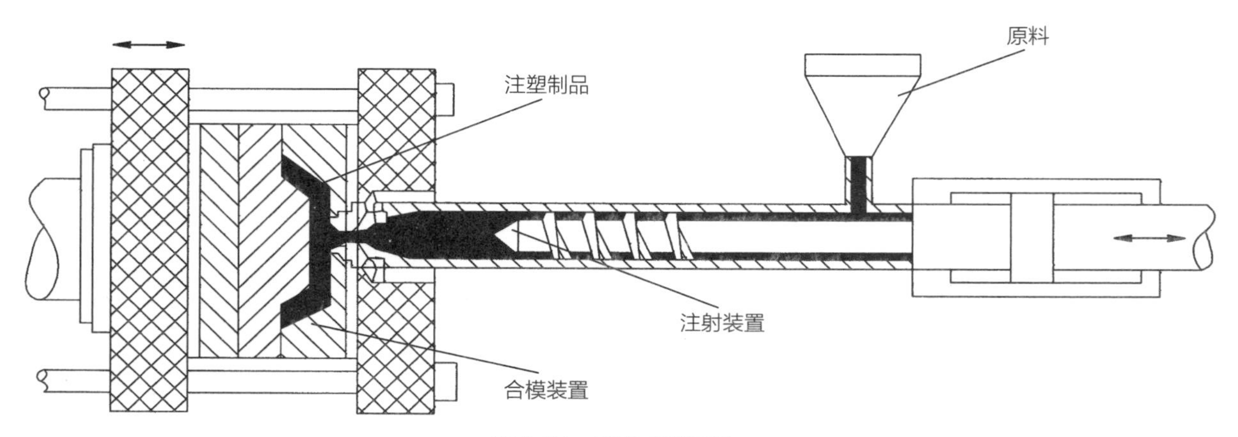

图4-51　注塑成型原理

上述工艺反复进行，就可批量周期性生产出塑料制品。

如果注塑制品是由两种不同材质或两种不同颜色的材质组成时，则需要使用双色注塑机成型，这样既可制得形式多样的混色花纹制品，也可制得明显分色的制品，以提高塑件制品的实用性和美观性。

在工业产品中，注射成型的制品有：厨房用品（垃圾筒、碗、水桶、壶、餐具以及各种容器），电器设备的外壳（吹风机、吸尘器、食品搅拌器等），玩具与游戏，汽车工业的各种产品及其他许多产品的零件等。

4.5.2　挤出成型

挤出成型在塑料加工中又称为挤塑。物料由加料斗进入料筒被熔融，由螺杆在一定压力作用下将物料挤出，利用端部的塑模使之形成一定的形状，再经冷却、固化，制成同一截面的连续型材，如管材、板材、棒材、薄膜、丝、异型材、涂层制品等的工艺过程。挤出成型原理如图4-52所示。

挤出成型塑料制品由专用的挤塑成型机加工完成，其成型工艺过程可分为以下几个阶段：

加料→熔融塑化→口模挤出→定型→冷却→牵引→切割

挤塑成型的成型工艺适用于绝大部分热塑性塑料及部分热固性塑料，如PVC、PS、ABS、PC、PE、PP、PA、丙烯酸树脂、环氧树脂、酚醛树脂等都适用于挤出成型加工；生产塑料薄膜、网材、带包覆层（电线、电缆）的产品、截面一定、长度连续的管材、板材、片材、棒材、打包带、单丝和异型材等，还可用于粉末造粒、染色、树脂掺和等（图4-53）。

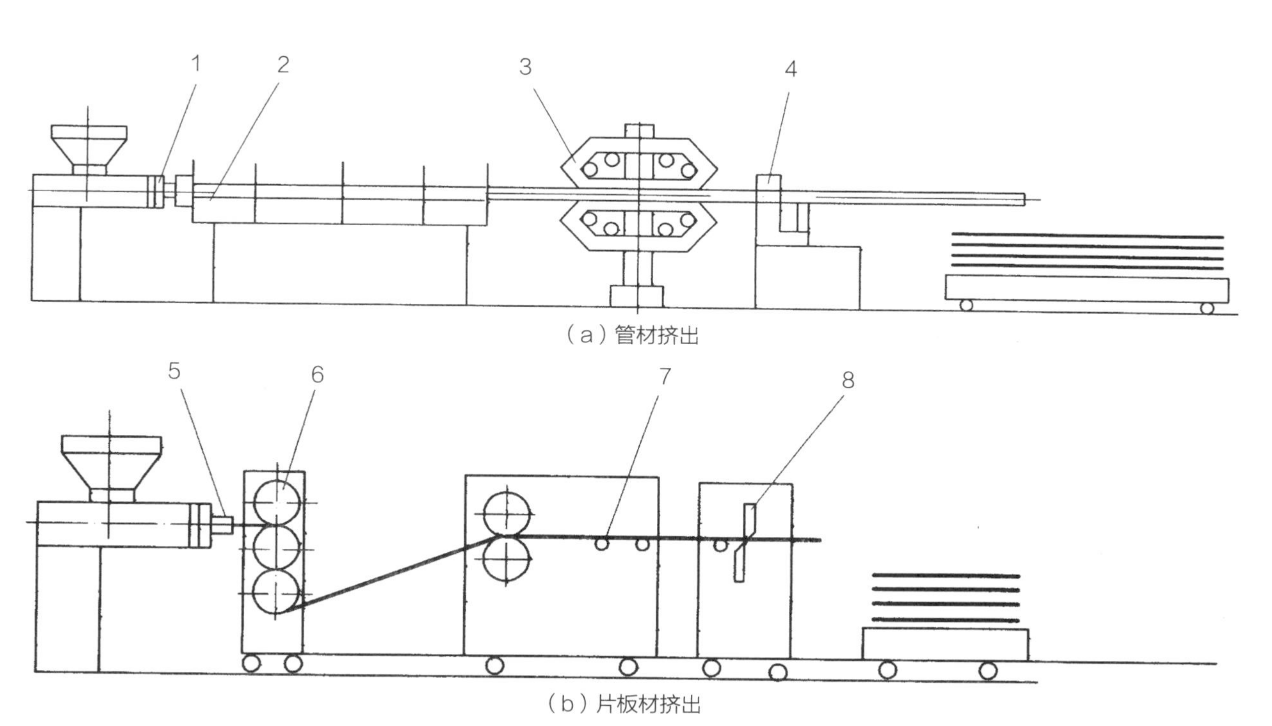

1. 挤管口模　2. 定型与冷却装置　3. 牵引装置　4. 切断装置　5. 片（板）坯挤出口模　6. 碾平与冷却装置　7. 切边与牵引装置　8. 切断装置

图4-52　挤出成型原理

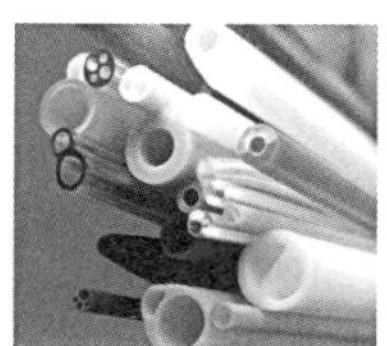
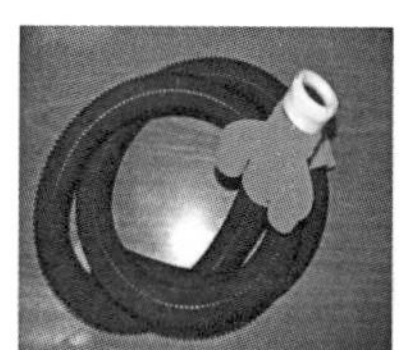
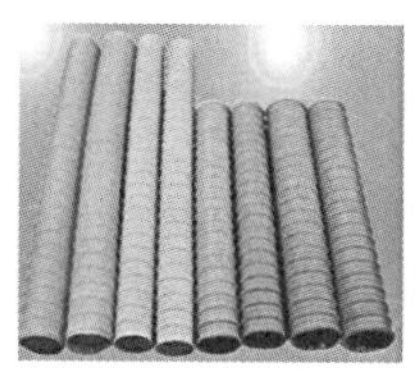

图4-53　挤塑成型的产品

4.5.3 压制成型

压制成型又称压塑成型，是塑料成型工艺中较古老的成型方法，主要用于热固性塑料，也可用于热塑性塑料。用于热固性塑料时，将一定量的粉状、粒状或纤维状等塑料原料置于模具型腔中，然后闭模施于高温高压，塑料由固态变为黏流状态，并在此状态下充满型腔，同时高聚物产生交联反应，随着交联反应的深化，熔料逐步变为固体，最后脱模获得塑件制品（图4-54）。

塑料压制成型的主要工艺过程分为以下几个阶段：

计量→预压→预热→嵌件安装→加料→闭模→排气→保压固化→脱模冷却→后期处理

压制成型用于热塑性塑料时，同样存在固态变为粘流态而充满型腔的过程，但与成型热固性塑料的区别在于，它不存在交联反应，因此，在充满型腔后，只需将模具冷却使其凝固，脱模即可获得塑件制品。由于热塑性塑料压制成型时需要交替地加热和冷却，故生产周期长，效率低，所以在注射成型技术不断发展的情况下，使用压制法生产热塑性塑件的情况已经不多，只是对于一些流动性很差的热塑性塑料（如聚四氟乙烯等），无法进行注射成型时，才考虑使用压制成型。

在工业产品生产中，压制成型的制品有电器设备、插头与插座、电视与显示器壳、锅柄、餐具的把手、瓶盖、坐便品、不碎餐盘、安全帽、玩具等（图4-55）。

4.5.4 吹塑成型

吹塑成型又称中空成型，主要指是借助于气体压力，将闭合在模具中的热熔性塑料坯料吹胀形成中空制品的方法，是最常用的塑料制品加工方法之一，同时也是发展较快的一种塑料成型方法。吹塑成型用的模具只有阴模（凹模），与注塑成型相比，设备造价较低，适应性较强，可成型性能好、可成型具有复杂起伏曲线（形状）的制品。但也具有模具和设备成本高、启动时间长、小批量生产不经济等缺点。

吹塑成型工艺过程如下：

挤出→管坯→合模→预吹气→切断→吹气→冷却→开模

吹塑成型又分为注射吹塑、挤出吹塑和拉伸吹塑三类。

（1）注射吹塑。注射吹塑成型是先用注射机将塑料在注射模中注射成型坯，然后再将热的塑料型坯移入中空吹塑模具中进行中空吹塑成型，其工艺

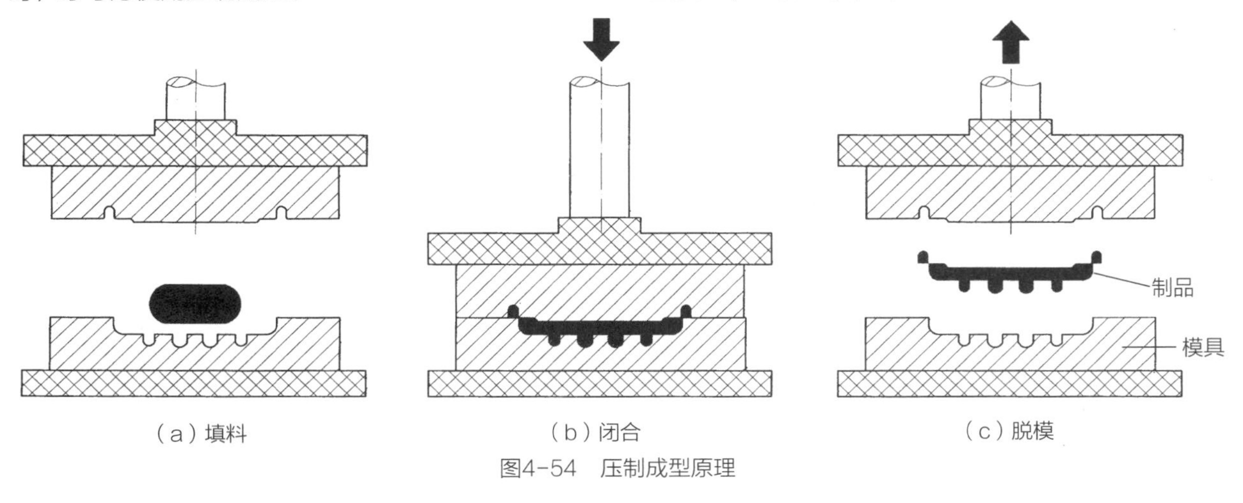

图4-54 压制成型原理

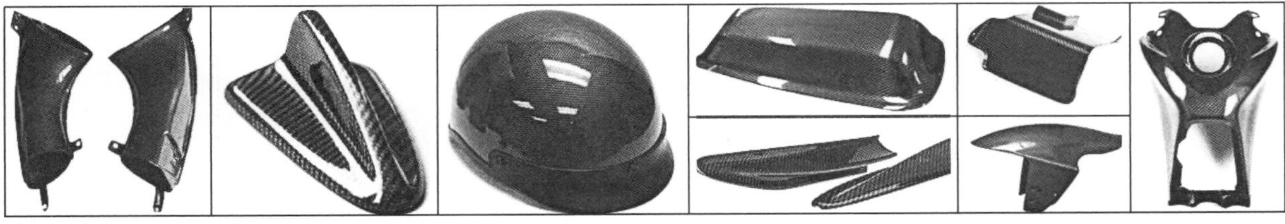
图4-55 压制成型塑料制品

过程如图4-56所示。成型时，首先用注射机将熔融塑料注入注射模中制成型坯，型坯成型在周壁带有微孔的空心凸模上，如图4-56（a）所示；接着趁热将空心凸模与型坯一起移入吹塑模内，如图4-56（b）所示；然后合模并从空心凸模的管道内通入压缩空气，使型坯吹胀并贴于吹塑模的型壁上，如图4-56（c）所示；最后经保压、冷却定型后放出压缩空气并开模取出塑件制品，如图4-56（d）所示。注射吹塑成型生产方法简单、产量高、精度低、应用广泛。

（2）**挤出吹塑**。挤出吹塑成型的工艺过程如图4-57所示。成型时，先由挤出机挤出管状型坯，如图4-57（a）所示；然后截取一段管坯趁热将其放入模具中，在闭合模具的同时夹紧型坯上下两端，如图4-57（b）所示；再用吹管通入压缩空气，使型坯吹胀并贴于型腔表壁成型，如图4-57（c）所示；最后经保压和冷却定型，便可排除压缩空气并开模取出塑件制品，如图4-57（d）所示。挤出吹塑精度高，质量好，适于批量大产品。

（3）**拉伸吹塑**。拉伸吹塑包括挤出—拉伸—吹塑、注射—拉伸—吹塑两种方法，可加工双轴取向的制品，极大地降低生产成本和改进制品性能；因产品经过拉伸，强度高、气密性好。

图4-58所示为注射—拉伸—吹塑成型的工艺过程，首先在注射工位注射一个空心有底的型坯，如图4-58（a）所示；接着将型坯迅速移到拉伸和吹塑工位，进行拉伸和吹塑成型，如图4-58（b）、图4-58（c）所示；最后经保压、冷却后开模取出塑件制品，如图4-58（d）所示。

吹塑成型加工工艺主要用于制作中空塑料制品，如瓶子、塑料薄膜及各类塑料袋、包装桶、喷壶、油箱、灌类、玩具等。图4-59为吹塑成型的塑料瓶。

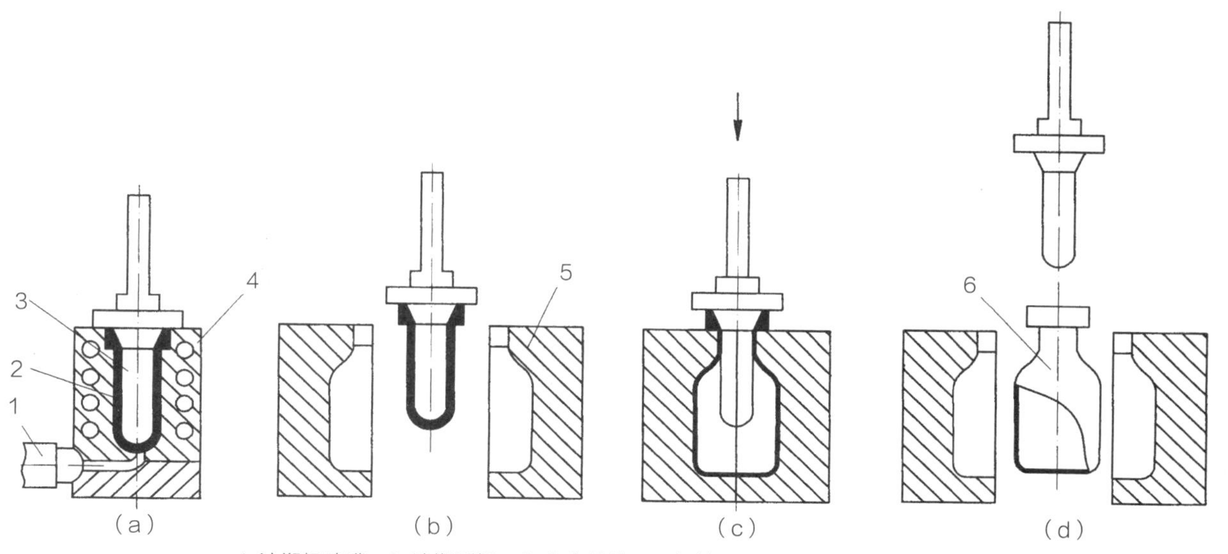

1. 注塑机喷嘴　2. 注塑型坯　3. 空心凸模　4. 加热器　5. 吹塑模　6. 塑件制品

图4-56　注射吹塑成型原理

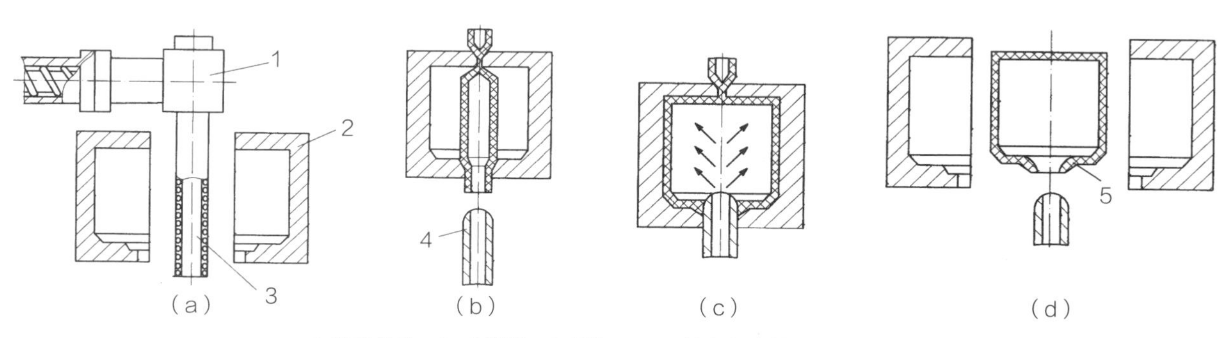

1. 挤出机头　2. 吹塑模　3. 型坯　4. 压缩空气吹管　5. 塑件制品

图4-57　挤出吹塑成型原理

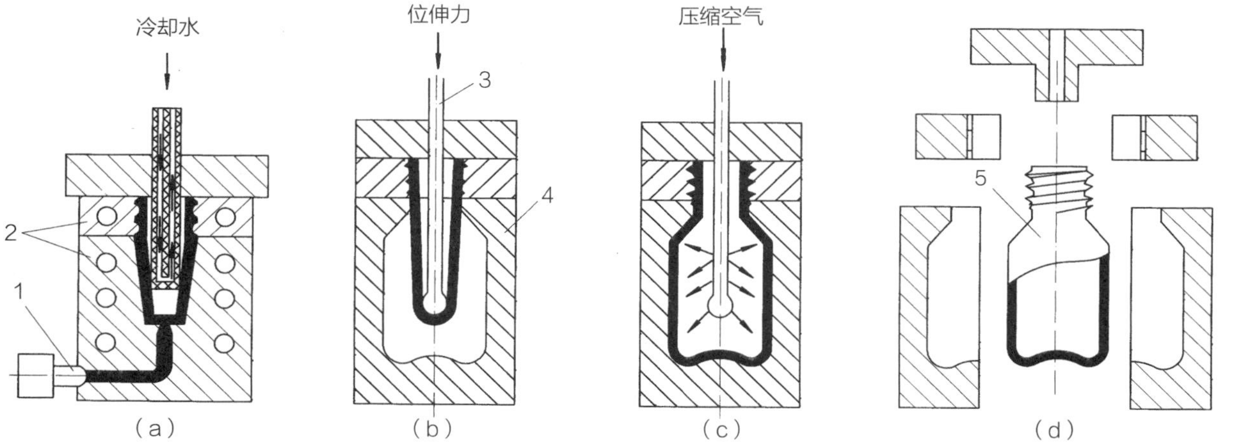

1. 注射机喷嘴　2. 注射模　3. 拉伸心棒（吹管）　4. 吹塑模　5. 塑件制品

图4-58　注射—拉伸—吹塑成型原理

图4-59　吹塑成型塑料瓶

4.5.5　滚塑成型

塑料及其复合材料的加工成型工艺，除了人们常见的挤出、注射、吹塑成型等工艺外，滚塑成型也是塑料制品的一种加工方法。滚塑成型又称旋塑、旋转成型、旋转模塑、旋转铸塑、回转成型等。滚塑成型工艺是先将塑料原料加入模具中，然后模具沿其中心轴不断旋转并使之加热，使模内的塑料原料在重力和热能的作用下，逐渐均匀地涂布、熔融黏附于模腔的整个表面上，成型为所需要的形状，再经冷却定型、脱模，最后获得制品。滚塑成型的加工原理如图4-60所示。滚塑成型的主要加工工序可分为：

加料工序→加热成型工序→冷却工序→脱模工序

滚塑成型工艺在用于生产各种形状的中空塑料制品，特别是注塑工艺和吹塑工艺难以胜任的超大型、大中型制品时，有特别的优势：一是模具简单、成本低，同等规格大小的产品，滚塑模具的成本约是吹塑、注塑模具成本的1/4～1/3，适合成型大型塑料制品；二是滚塑产品边缘强度好，可以实现产品边缘的厚度超过5mm，彻底解决中空产品边缘较薄的问题；三是滚塑产品可以安置各种镶嵌件，也可以填充发泡材料，满足保温需求；四是滚塑产品的形状可以非常复杂，可以生产全封闭产品，且

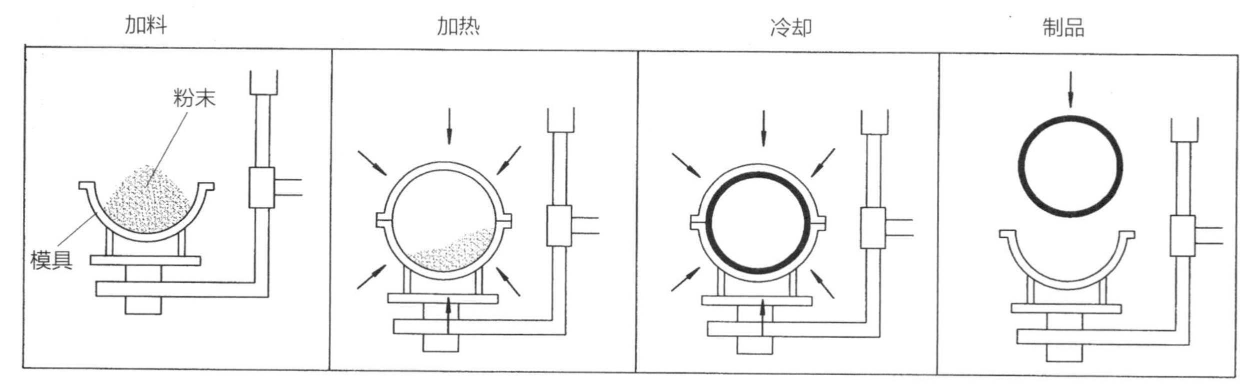

图4-60　滚塑成型的加工原理

厚度可超过5mm以上；五是滚塑无须调整模具，极易变换制品的颜色，产品的壁厚可以自由调整。但滚塑成型工艺也有其缺点，因材料须经过研磨粉碎，成本提高，加工周期较长，因而不适于大批量生产，适用的塑料品种也较少。

滚塑成型工艺可应用于交通工具、交通安全设施、娱乐业、江河航道疏浚、建筑业、水处理、医药食品、电子、化工、水产养殖、纺织印染等行业塑料制品的加工。具体可归纳为以下几个方面：

（1）**容器类滚塑制品。**这类塑料制品广泛用于储存和供料箱、贮水槽，各种工业用化学品储存和运输容器，如酸、碱、盐、化学肥料、农药贮槽；化工企业、工业涂装、稀土制取中的洗槽、反应罐；生活中用的周转箱、垃圾箱、化粪池、生活水箱等（图4-61）。

（2）**交通工具用滚塑制品。**主要是应用聚乙烯和聚氯乙烯树脂，滚塑各种汽车用件，如空调弯管、旋涡管、靠背、扶手、油箱、挡泥板、门框和变速杆盖、蓄电池壳体，飞机油箱、游艇及其水箱、小船以及船和船坞之间的缓冲吸震器等（图4-62）。

（3）**体育器材、玩具、工艺品类滚塑制品。**主要有应用聚氯乙烯滚塑的各种制件，如水球、浮球、小游泳池、娱乐艇箱、收纳箱、保湿箱、自行车坐垫、冲浪板、小马、洋娃娃、玩具沙箱、时装模特模型，工艺品等（图4-63）。

（4）**各类大型或非标类滚塑制品。**主要有搁物架、机器外壳、防护罩、灯罩、农用喷雾器、家具、独木舟、车辆顶篷、运动场装置、种植机、整体浴室、整体厕所、整体电话间、广告展示牌、椅子、公路隔离墩、交通锥、河海浮标、交通防撞桶以及建筑施工屏障等（图4-64）。

4.5.6　压延成型

压延成型是生产高分子材料薄膜、片材和板材的主要方法，将熔融状态的热塑性塑料通过两个以上的平行相向旋转辊筒间隙，使熔体受到辊筒挤压延展、拉伸而成为具有一定规格尺寸和符合质量要求的连续片状制品，最后经自然冷却成型的方法。它是除挤出、注塑、模压、吹塑之外，另一种常见的高分子制品的成型方法。图4-65为压延成型加工原理。压延成型的主要工艺过程如下：

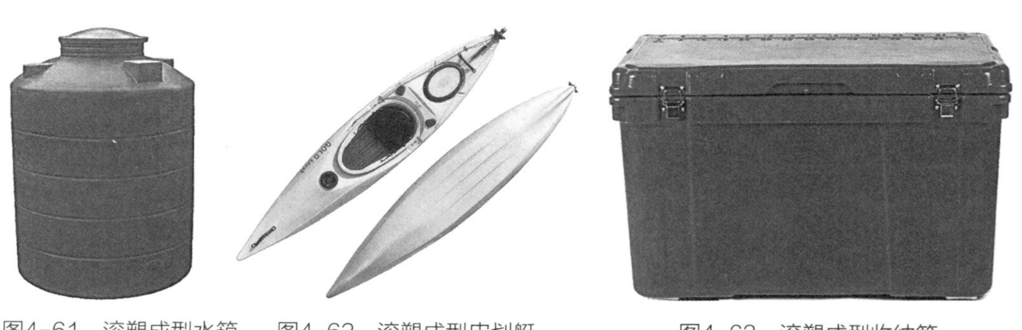

图4-61　滚塑成型水箱　　图4-62　滚塑成型皮划艇　　图4-63　滚塑成型收纳箱

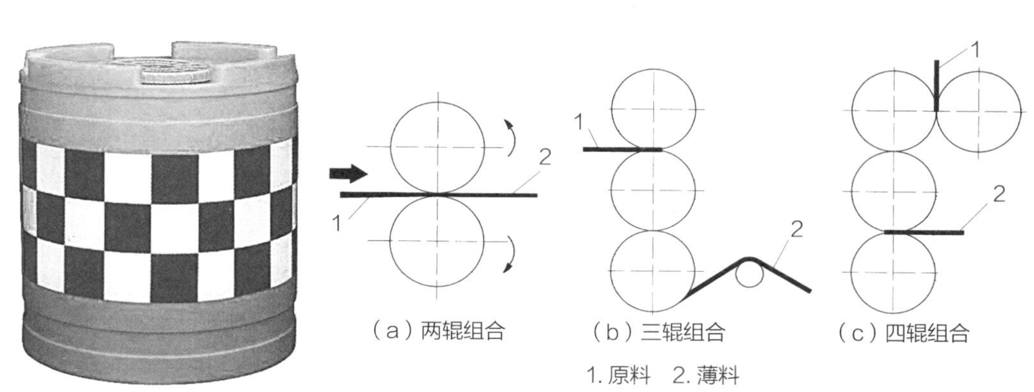

（a）两辊组合　（b）三辊组合　（c）四辊组合

1. 原料　2. 薄料

图4-64　滚塑成型防撞桶　　图4-65　压延成型加工原理

原料计量与混合→预塑化→辊压塑化→脱辊剥离→压花→冷却定型

适用于压延成型的材料主要是塑料和橡胶，其中，塑料大多数是热塑性塑料，最常用的有聚氯乙烯（PVC）、ABS、改性聚苯乙烯（PS）、聚乙烯（PE）、聚丙烯（PP）等。由于压延成型工艺的特殊性，所以压延成型制品的长度可以根据用户的需要灵活控制，可生产一片片的板材，也可生产卷绕成捆的薄膜；生产速度快、产率高、加工产能大；制品质量好、厚薄均匀、误差小、花色品种多。但压延成型也存在需要较大的生产空间，设备一次性投资较高，专用性强，产品调整困难等方面的缺陷。

压延成型工艺生产的薄膜制品（图4-66），再经进一步深加工可以生产很多延伸制品，如雨衣、浴帘、台布等，还可以制成灯箱布、帆布、人造革、墙壁纸等。通过压延方法，还可根据需要提高塑料片材表面的光滑度，或者是粗糙度，或做成图案。另外，压延成型工艺还常用于橡胶、塑料的改性。

图4-66　压延成型的薄膜

4.6　塑料二次成型加工

二次成型是塑料深加工成型的方法之一，是指在原有已经成型的塑料管、棒、板等型材或其型坯的基础上，使用机械加工、热成型、连接等工艺将一次成型的塑料制件进行二次成型，制成所需形状与规格塑料制品的一种方法。塑料的二次成型仅适用于热塑性塑料的成型，塑料通常处于熔点或流动温度以下的“半熔融”类橡胶状态。

有些塑料制品由于技术上或经济上的原因，不能或不适于用挤出、注射、压延和浇铸等一次成型方法直接取得制品的最终形状，而是需要利用一次成型技术制得的型材或坯件经过再次成型取得制品的最终形状，这种在一次成型基础上进行的再成型称为二次成型。另外，由于塑料制品生产的特殊要求，比如生产数量少、尺寸精度要求高，或外观有特殊结构等，采用模塑及其他成型方法已不能满足要求时，需要进行机械加工、修饰和连接。这些工作大多是在塑料已经过一次和二次成型的基础上，并保持其冷固状态下进行的辅助性作业，所以也称为塑料二次加工。

二次成型与一次成型相比，除成型的对象不同外，二者所依据的成型原理也不相同，其主要不同之处在于：一次成型主要是通过塑料的流动或塑性变形成型，成型过程中总伴随有聚合物的状态或相态转变，而二次成型过程始终是在低于聚合物流动温度或熔融温度的固体状态下进行，一般是通过黏弹性形变来实现塑料型材或坯件的再成型。

4.6.1　塑料的机械加工

塑料的机械加工是借用切削金属和木材等的机械加工方法对塑料进行的加工称为塑料的机械加工。当要求制品的尺寸精度高、数量少时，采用机械加工的方法最为适宜。另外，塑料的机械加工还常作为多种成型的辅助方法，如锯切层压成型板及挤出成型的管、棒、异型材等。

塑料的机械加工与金属材料的切削加工大致相同，可沿用金属材料加工的一套切削工具和设备。但不同的是由于塑料的导热性差，热膨胀系数大，当夹具或刀具加压太大时，易引起变形，且易受到切削时产生的热量而熔化，熔化后易黏附在刀具上；

塑料制件的回弹性大，易变形，机械加工表面较粗糙，尺寸误差较大；在加工有方向性的层状塑料制品时易开裂、分层、起毛或崩落。因此，对塑料材料进行机械加工时，要充分考虑其特性，正确地选择加工方法、所用的刀具及相应的切削速度等。

塑料的机械加工的方法有裁切、车削、铣削、钻孔、铰孔、攻丝、车螺牙、剪切、冲切、冲孔、激光加工等。另外，除前述的车削和铣削等精加工外，还常用锉削、磨削、抛光和滚光等机械整饰方法，进行机械加工后的整饰加工，以便优化塑料制品的表面状态。

（1）**裁切。**裁切是指对塑料板、棒、管等型材和模塑制品上的多余部分进行切断和割开的机械加工操作。塑料常用的裁切方法是冲切、锯切和剪切，生产中有时也使用电热丝、激光、超声和高压液流裁切塑料。

（2）**冲切。**冲切可以对塑料制品进行冲裁、冲孔、切断、切口、剖切、修边、修整等加工。

（3）**铣削。**铣削可用于塑料的切断、开槽、平面、曲面等的加工，铣削金属材料的刀具也可用于塑料的铣削。图4-67是聚氯乙烯（PVC）铣齿加工制件。

（4）**孔加工。**塑料的孔加工方法大体与金属的孔加工类似，包括钻、铰、镗等机械加工方法和激光、电子束等特种加工方法。但与金属不同的是，塑料孔的加工过程中已形成的孔壁常发生向内的膨胀，若控制不当会出现胶着、聚合物降解以至烧焦等现象，钻屑可能因熔融而粘在孔壁或钻头上，易造成孔边开裂。图4-68是聚碳酸酯（PC）板件孔。

（5）**螺纹加工。**塑料的螺纹加工包括内螺纹和外螺纹加工两类，内外螺纹的加工可在车床和铣床上进行，也可使用丝锥和螺纹圆板牙进行手工操作。由于塑料的特点，无论是加工内螺纹还是外螺纹，都要选择粗牙螺纹，螺纹的尖锐面在加工后必须磨钝。

（6）**锉削。**用于塑料制品和片材修平，去除毛边、废边、修改尺寸等。

（7）**转鼓滚光。**将制品与附加的菱形木块与磨料等放入六角转鼓内，靠转动转鼓，去除废边和铸口残根，减少制品尺寸，并磋光表面。

（8）**磨削。**用砂轮或砂带去除模塑制品废边或铸口残根，也常用于磨平表面、磨出斜角或圆角、修改尺寸和糙化表面等。

（9）**抛光。**用表面附有磨蚀料或抛光膏的旋转布轮对塑料制品表面进行处理的工艺。

4.6.2 塑料的连接

在产品的设计中，由于制品的规格过大、或形状过于复杂，或因某些特殊的需要，常会将不同的塑料件之间、或塑件与其他材料制件之间需要固定其相对位置的作业称为塑料连接加工。常用的塑料连接方法有机械连接、粘接和焊接三类。

（1）**机械连接。**借助机械力的紧固作用，使被连接塑料件之间相对位置固定的连接方式称为塑料的机械连接。塑料的机械连接与粘接和焊接比较，其优点是具有可拆卸性、无污染；缺点是需要在连接的塑料件上进行钻孔和切螺纹等加工，由此产生的应力集中，会降低塑料制品的机械性能。

①**压配连接：**压配连接是用压力将一被连接件压入另一被连接件内，借助过盈配合产生的摩擦力阻止被连接件间的相对运动，可用于各种塑料件之间和塑料件与金属件之间的可拆卸机械连接（图4-69）。

②**卡扣连接：**卡扣连接是指通过集成在零件上或分离的定位功能件和锁紧功能件共同作用对零件形成特定的约束连接方式，其中锁紧功能件在装配过

图4-67 PVC铣齿加工制件

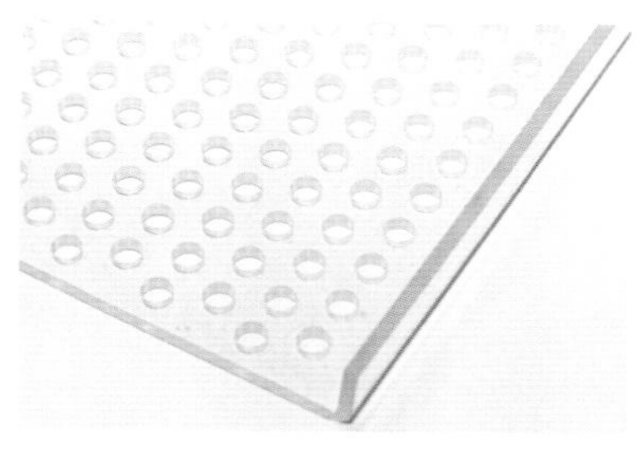
图4-68 PC板件孔

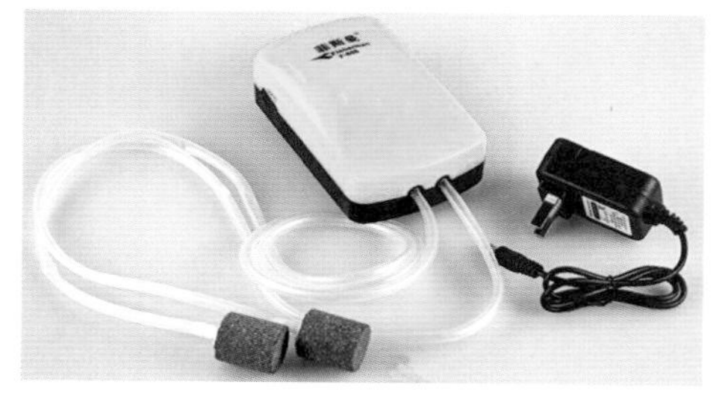
图4-69 增氧泵管件间的压配连接

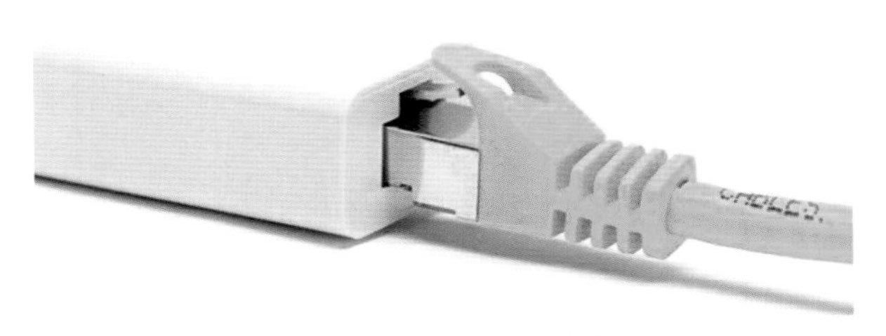

图4-70 网线卡扣连接

程中发生变形，随后又恢复到它原始位置从而提供锁紧并提供保障力。在卡扣连接中，定位功能件是相对柔性的约束功能件，保证装配件和基本件之间的精确定位，提供锁紧力以外的分离抵抗力，承受约束行为中的主要载荷；锁紧功能是在装配过程中产生弹性变形，并在装配到位后恢复到原始位置从而形成锁紧并提供保持力的约束功能件。卡扣连接适用于需要进行频繁组装与拆卸的结构（图4-70）。

③螺纹连接：塑料螺纹连接分为螺栓和螺钉连接两类，螺栓连接是在被连接件上先准备好通孔，再将作为连接件的螺栓穿过通孔并用螺母加以紧固；而螺钉连接要求一个被连接件上带有螺纹孔，与另一个被连接件间的紧固依靠螺钉旋入螺纹孔中实现。

塑料螺栓和螺钉上的螺纹，可用模塑成型或机械加工的方法在塑料件上形成，也可将带有螺纹孔的金属嵌件嵌入塑料制品之中，还可用自攻螺钉在旋入光孔的同时形成螺纹。在需要定期拆卸的螺纹连接中，宜采用螺栓连接或带有螺纹孔金属嵌件的螺钉连接。塑料螺栓有质轻、耐蚀、电绝缘、容易染成各种颜色兼作识别标志等多方面的优点；特别是尼龙类塑料螺栓可使螺纹连接具有自锁性，而纤维增强塑料螺栓则有很高的抗拉强度。

④铆接：用铆钉铆合塑料制品的方法叫铆钉连接，与压配、扣锁和螺纹连接不同、铆接是一种不可拆卸的机械连接方法。在用铆接法进行连接时，要先在被连接件上加工出相同直径的光孔，将二孔对正后插入铆钉，然后将无帽端的钉杆变形加粗形成所需形状的锁紧头部，即可使被连接件紧固。连接塑料件所用的铆钉，可用有良好塑性的金属制造，也可以用各种热塑性塑料制造。

塑料铆接具有加工效率高、费用低、连接结构抗振性好和不需要另加螺母之类锁紧元件等优点。

（2）**粘接。**粘接是指在溶剂或胶合剂的作用下，使塑料与塑料或其他材料彼此间连接的方法。常用的粘接方式有溶剂粘接与胶粘剂粘接。

①溶剂连接：是指溶剂溶解塑料表面使塑料表面间材料混合，当溶剂挥发后，就形成了接头。

②胶粘剂连接：胶粘剂连接是指同质或异质物体表面用胶粘剂连接在一起的技术，其中胶粘剂是指通过界面的黏附和内聚等作用，能使两种或两种以上的制件或材料连接在一起的天然的或合成的、有机的或无机的一类物质，统称为胶粘剂，又叫黏合剂，习惯上简称为胶。

与铆接、螺纹等连接方法相比，塑料胶粘剂连接有以下几个特点：一是工艺简便、易于掌握、劳动强度小、成本低、效率高；二是不钻孔、不加热、应力分布均，连接区表面平整、外观整洁、无裂隙渗漏相变等；三是可连接薄型和微型塑料件以及厚度相差悬殊的制品；四是接缝除具有良好密封性外，还可根据需要具有电绝缘、导电和耐腐蚀等性能；五是接缝容易剥离而导致整个胶层开裂、工作温度范围窄、不易拆装检查与维修。

（3）**焊接。**利用热塑性塑料受热熔化而使塑料部件进行接合。热塑性聚合物受热后可转变到黏流态，黏流态下的聚合物大分子通过链段运动，可从一个塑料件的连接部位越过界面层扩散到另一塑料件的连接部位之中，冷却固化后即焊接在一起。

常用焊接方法有：热风焊接、外加热工具焊接、感应焊接、超声波焊接等。

4.7 塑料产品的结构设计

塑料产品设计与其他产品一样是一个复杂的过程，特别是其形态特征与结构组成必须充分考虑到塑料的特性、成型工艺特点、使用功能、内在质量要求等方面的因素。这就要求产品设计师对塑料产品结构要素有一些必要的了解，便于进行更加合理的塑料产品形态构成，形成更加经济实用、安全合理、经久耐用的塑料产品。在塑料产品设计过程中，其结构要素包括产品壁厚、脱模斜度、加强筋、孔、圆角、支撑面、金属嵌件、分模线、螺纹、凹凸纹等。

4.7.1 壁厚与圆角

在设计塑料产品时，最理想的壁厚分布无疑是切面在任何一个地方都是均一的厚度，但有时为满足功能、结构上的需求以致必须改变壁厚时，应从壁厚到壁薄交界处应尽可能顺滑、缓和过渡，避免有锐角，厚度应沿着塑料成型时流动的方向，在不超过壁厚3：1的比例下逐渐减少（图4-71），以免太突然的壁厚过渡转变导致因冷却速度不同和产生乱流而造成尺寸不稳定和表面质量问题。另外，还可以从结构形式的改变进行壁厚优化处理（图4-72）。塑料产品相邻壁厚差的关系（薄壁：厚壁）为：热固性塑料压制成型1：3，挤塑成型1：5；热塑性塑料注射成型1：1.5。

采用注射成型的生产方法时，流道、浇口和产品或部件的设计应使塑料由厚料的地方流向薄料的地方。这样使模腔内有适当的压力以减少在厚料的地方出现缩水及避免模腔不能完全填充的现象。

4.7.2 脱模斜度

塑胶产品在设计上为了能够轻易地使制品从模具中脱离出来，需要在边缘的内侧和外侧各设计一个倾斜角，即为脱模斜度。若产品附有垂直外壁，并与开模方向相同，则模具在塑料成型后需要很大的开模力才能打开，而且在模具开启后，制品脱离模具的过程也十分困难。如果在产品设计的时候，已预留出脱模角，脱模就变得轻而易举。因此，脱模斜度是塑料产品设计过程中不可或缺的。

塑件产品脱模斜度的大小，与制品的性质、收缩率、摩擦因数、制品壁厚和几何形状有关。硬质塑料比软质塑料脱模斜度大；形状较复杂或成型孔较多的制品取较大的脱模斜度；制品高度较大、孔较深，则取较小的脱模斜度；壁厚增加、内孔包紧型芯的力大，脱模斜度也应取大些。有时，为了在开模时让制品留在凹模内或型芯上，而有意将该边斜度减小或将斜边放大。

另外不管是凸、凹模与嵌块甚至滑块都要有斜度，通常脱模斜度最少为0.5°，一般来说，以1°以上为好，而其方向则以机台的顶杆顶出或油缸动作的方向为准；尤其是当凹模面有蚀纹的时候，更应该注意脱模的斜度问题。

为了保留制品有修理的余量，当制品为轴时，主要保证制品的大端尺寸，脱模斜度从制品尺寸大的一端向尺寸小的方向取；制品为孔时，则保证小端尺寸，尺寸由孔小端向孔大的一端方向取。

4.7.3 加强筋

加强筋在塑料产品上是不可或缺的功能部位。加强筋可以有效地增加塑料产品的刚性和强度而无

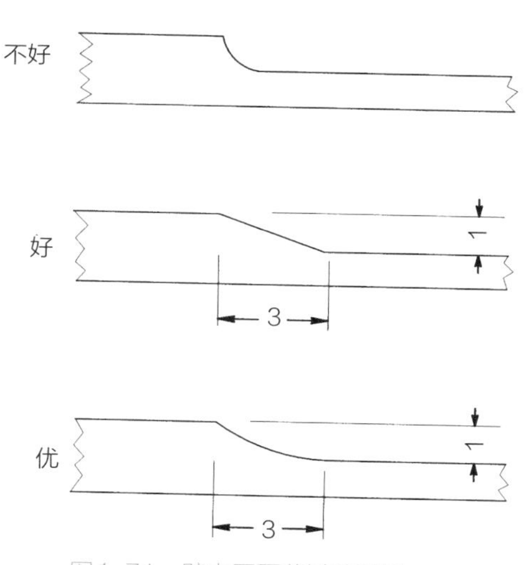

图4-71 壁由厚至薄过渡原则

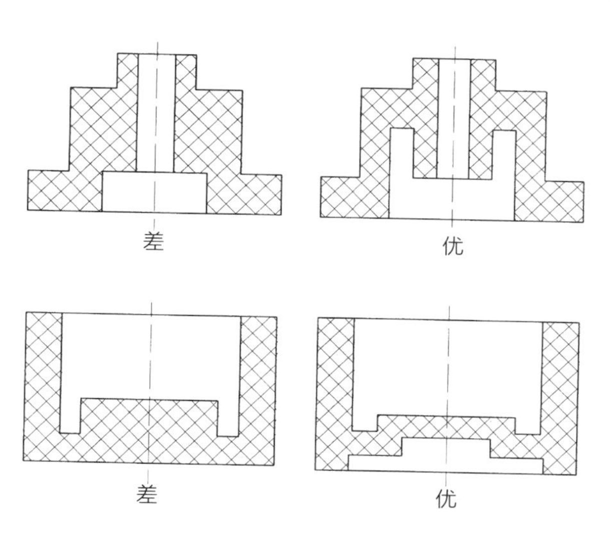

图4-72 壁厚优化处理

须大幅增加产品切面面积，对一些经常受到压力、扭力、弯曲的塑胶产品尤其适用。此外，加强筋还可以充当内部流道，有助模腔填充，对帮助塑料流入部件的支节部位起很大的作用。加强筋一般被放在塑胶产品的非接触面，其伸展方向应与产品最大应力和最大偏移量的方向一致。加强筋的长度可与产品的长度一致，两端相接于产品的外壁，或只占据产品的部分长度，用以局部增加产品某部分的刚性。若加强筋没有相接于产品的外壁，则末端部分也不应突然终止，应该逐渐地将高度减低，直至完结，从而减少出现困气、填充不满及烧焦痕等问题（表4-3）。

表 4-3　加强筋设计的典型案例

序号	不合理	合理	说明
1	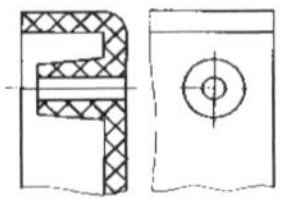	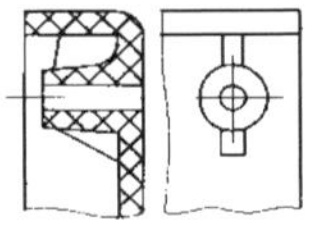	增设加强筋后，可提高塑件强度，改善料流状况
2	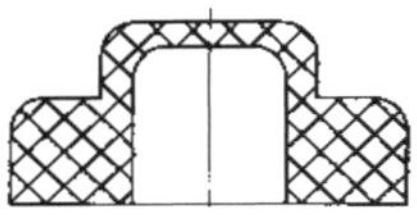	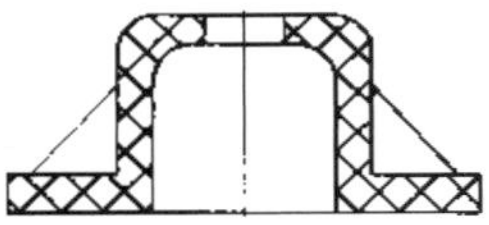	采用加强筋，既不影响塑件强度，又可避免因壁厚不匀而产生气孔
3	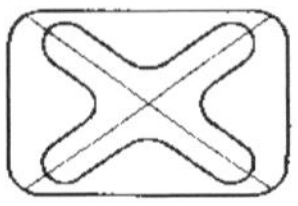		平板状塑件，加强筋应与料流方向平行，以免造成充模阻力过大和降低塑件韧性
4	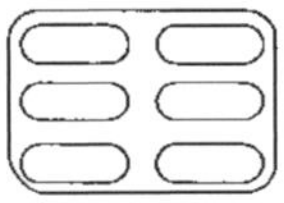	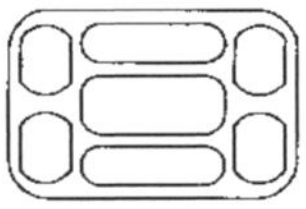	非平板状塑件，加强筋应交错排列，以免塑件产生翘曲变形
5	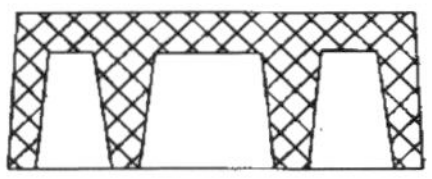	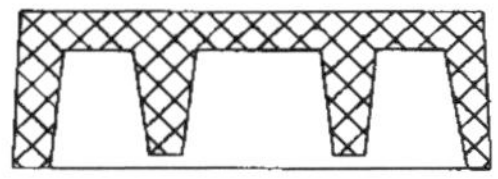	加强筋应设计的矮一些，与支撑面应有大于 0.5mm 的间隙

加强筋应按比例正确布置，注意避免应力集中，同时加强肋的厚度应小于制品壁厚，并与模壁间采用圆弧过渡。

4.7.4　洞孔

在塑料产品上开孔使其和其他部件相接合或增加产品功能上的组合是塑料产品常用的设计手法，洞孔的大小及位置应尽量避免对产品的强度构成影响或增加生产的复杂性。塑料产品常见孔的类型有通孔、盲孔、异形孔（形状复杂孔）。原则上而言，这些孔均能用一定的型芯成型，但孔与孔之间、孔与壁之间应留有足够的距离。

（1）**盲孔设计要点。**塑料产品上的盲孔是靠模具上的镶针形凸出形成，而镶针的设计只能单边支撑在模具上，因此很容易弯曲或变形，造成盲孔出现椭圆的形状或其他缺陷，所以镶针的长度不能过长。盲孔深度最大是直径的3倍，考虑到模具镶针强度，要求盲孔直径最小为0.8mm。

（2）**通孔设计要点。**从塑料产品装配的角度来看，通孔的应用远较盲孔多，而且较盲孔容易生产。通孔的设计在结构上亦较方便，因为用来通孔成型的镶针两端均可受到支撑。通孔的做法可以是靠单一镶针两端同时固定在模具上、或两枝镶针相接而各有一端固定在模具上。一般来说，第一种方法被认为是较好的；应用第二种方法时，两条镶针的直径应稍有不同以避免因为两条镶针轴心稍有偏差而导致产品出现倒扣的情况，而且相接的两个端面必须磨平。

对于塑料产品，接合线处强度较弱，受力时容易破裂。当通孔处于产品边部，同时有配合受力要求时，要求孔壁距离外侧壁应大于1.5mm。

（3）孔洞边缘要求。为便于尺寸管理及模具加工，孔洞的边缘应预留最少0.2mm的直边；另外，相连孔洞的距离或孔洞与相邻产品直边之间的距离不可少于孔洞的直径；孔洞的壁厚应尽量大，否则通孔位置容易产生断裂。若孔洞内附有螺纹，设计上的要求则变得更加复杂，因为螺纹的位置处是容易形成应力集中的地方，要使螺纹孔边缘的应力集中减低至安全水平，螺纹孔边缘与产品边缘的距离必须大于螺纹孔直径的3倍。

4.8　塑料的表面处理

塑料的表面处理即是通过物理或化学的方法在塑料表面形成一层与基体的机械、物理、化学性能不同的表层的工艺方法。通过表面处理可以提升产品外观、质感，改善功能，提高耐蚀性、耐磨性、抗辐射性、耐酸碱性、防火性、增加强度和其他的特殊性能要求。塑胶产品表面处理工艺有印刷、喷涂、电镀、镭雕、膜内装饰、咬花等。

4.8.1　印刷

塑胶产品表面印刷即是将文字、图案和防伪等原稿经制版、施墨、加压等工序，使油墨转移到塑料产品表面上，批量复制原稿内容的工艺技术。常用于塑料产品表面的印刷方法有丝印、移印、烫印和转印。

（1）丝印。丝印即丝网印刷，其基本原理是通过刮板的挤压，使油墨通过图文部分的网孔转移到承印物上，形成与原稿一样图文的一种印刷方式。网版的非图案部分的网孔被感光浆堵塞，油墨透不过来，这部分便在承印物上形成空白。丝网印刷是一种古老而又应用很广的印刷方法。根据印刷对象材料的不同可以分为：织物印刷、塑料印刷、金属印刷、陶瓷印刷、玻璃印刷、彩票丝印、广告板丝印、不锈钢制品丝印、丝印版画以及漆器丝印等。

丝网印刷也是塑料制品再加工中的一种，应用非常广泛，并且随着塑料加工技术的进步，丝网印刷已经能够在不同表面纹理、不同硬度、不同形状的塑料上印刷。塑料丝网印刷工艺的产品广泛出现在我们的工作和生活中，如对于外观要求很高的电子产品塑料部件的外观面、仪器面板的丝网印刷，为电子产品的装饰带来了方便；日常使用的手机壳、电脑壳、打印机壳、塑料水杯、塑料包装袋、各种塑料工艺品、化纤衣服、健身器材等，都会有丝印工艺的贡献（图4-73）。丝网印刷具有成本低、见效快，能适应不规则承印物表面，附着力强、着墨性好，墨层厚实、立体感强，耐旋光性强、成色性好，印刷对象材料广泛，印刷幅面大等

图4-73　塑料丝印产品

特征。

（2）移印。移印也叫曲面印刷，先将油墨放入雕刻有文字或图案的凹版内，随后将文字或图案复印到橡胶上，再利用橡胶将文字或图案转印到塑料制品表面，最后通过热处理或紫外线光照射等方法使油墨固化。移印首先是制版，它采用钢或铜凹版，抛光雕出图案槽；然后是填油墨，接着利用移印头将油墨通过压力印在产品表面。

移印工艺由于是通过移印头中间作用，它适用于凹凸不平滑或不同形状的平面或曲面塑料制品表面。主要适用于各种电子产品，例如：电脑配件、继电器、电话、手机壳、收音机、电视机壳、电子仪器、家用电器、光碟、键盘、仪表等印刷图案（图4-74）。

丝印和移印各具特色：丝印的墨层厚，印刷出来的图案立体感强，用手都可触摸到凹凸感，适合高档产品的表面印刷，色彩表现力非常好，但多色套印较麻烦，对产品的表面要求是规则的平面或曲面，有一定的印刷范围局限性。移印的墨层较薄，可以在任何表面印刷套色，对外形没有限制，平面、曲面、波浪面，只要是胶头形变可到达的地方均可印刷；表现出非常好的色彩表现力及印刷适应性，俗称万能印刷。在承印物适性方面，丝印具有极大的优越性，特别是在非定型的塑料五金电子和直接消费品行业，丝印获得了广泛的应用。

（3）烫印。烫印，俗称“烫金”。塑料产品烫印是利用专用箔，在一定的温度下将文字及图案转印到塑料产品的表面。烫印是塑料件表面装饰的一个重要手段，也是家用电器、消费类电子产品常用的一种装饰工艺。它是利用被加热了的烫印头，将烫印箔上的金属或涂料层压烫到被加工的工件表面，以达到装饰或标识的目的；烫印箔是决定色彩、图文等装饰效果的关键。烫印方式有平烫和滚烫两种，平烫包含小弧度的曲面、折面和斜面烫；滚烫包含平面烫、圆周烫和非圆面周边烫（图4-75）。

烫印不需要对产品表面进行处理，装置简单，具有金、银等金属光泽的优点；但也具有不耐磨损，不同树脂的相溶性会影响其印刷适应性等方面的不足。

4.8.2 喷涂

塑料喷涂就是利用喷枪等喷射工具把涂料雾化后，喷射在被涂制品上的涂装方法。喷涂工艺成熟，可以对塑料进行着色，获得不同的肌理，防止塑料老化，耐腐蚀，并形成表面透明度独特、光泽度高的塑料产品；但喷涂加工工艺相对成本较高，工艺相对较复杂、废品率高，不耐摩擦、易掉漆。塑料喷涂工艺流程如下：

成型→退火→除油→消除静电及除尘→喷涂→烘干

塑料喷涂主要用于各种机床、船舶、车辆的壳体、防撞保险杆、手柄、门柄和其他操纵部位，电子产品外壳，建筑用铝塑门窗、铝塑板，储油、酸、碱、盐及化工容器的大小缸体等塑料制品（图4-76）。

4.8.3 电镀

塑料电镀是利用金属电沉积技术，即借助外界

图4-74　塑料移印产品

图4-75　塑料烫印产品

图4-76　塑料喷涂产品

直流电的作用，在溶液中进行电解反应，使塑料制品表面沉积一层均匀、致密、结合力良好的金属层或合金层的加工过程。电镀可以改变塑料制品的外观与表面特性，提升塑料的耐腐蚀性、耐磨性、装饰性和电、磁、光学性能（图4-77）。

塑料电镀与金属不同，因塑料具有不导电性，所以电镀过程中必须进行金属化处理；另外由于制品结构比较简单，塑料和金属镀层存在不同的膨胀系数，所以塑料制品在电镀过程中容易变形，增加了电镀工艺的难度。塑料电镀主要分为真空电镀和水电镀。

4.8.4　镭雕

塑料镭雕也叫激光雕刻或激光打标，是一种用光学原理进行表面处理的工艺，与网印、移印类似，通过镭雕可以在产品表面刻字或图案。其基本加工原理即是利用激光器发射的高强度聚焦激光束在焦点处，使材料氧化而对其进行加工。打标的效应是通过表层物质的受热蒸发而露出深层物质，或者是通过光能导致表层物质的化学、物理变化出痕迹或者是通过光能烧掉部分物质，而“刻”出痕迹，形成所需刻蚀的图形或文字。

镭雕可以实现在塑料制品上雕刻LOGO、文字、图案、二维码、标记、标签、字符、线条、数字，序列号、编码等，雕刻时无须油墨，只需要通电即可，雕刻的图案或文字耐久不掉色、不脱落，雕刻效率高、速度快捷，操作简单全程电脑控制（图4-78）。

4.8.5　模内装饰

模内装饰技术，英文名称：In-Mold Decoration，简称IMD。是将已印刷好图案的膜片放入金属模具内，将成形用的树脂注入金属模内与膜片接合，使印刷有图案的膜片与树脂形成一体而固化成制品的一种成形方法。模内装饰（IMD）是一种国际风行的表面装饰技术，由表面硬化透明薄膜、中间印刷图案层、背面注塑层的结构方式构成。由于油墨图案位于中间，可防止产品表面被刮花或磨花，并可长期保持颜色的鲜明不易褪色。

模内装饰（IMD）技术尽管导入时间不长，却广泛用于各行各业中，如通信业中的手机按键、镜片、外壳、其他通信设施的机壳等；家电行业中的洗衣机、微波炉、电饭煲、空调、电冰箱等的控制面板；电子行业中的MP3、MP4、电脑、VCD 、DVD、电子记事本等电子产品装饰面壳和标牌等；汽车产业中的仪表盘、空调面板、标志、尾灯等装饰零件（图4-79）。

4.8.6　咬花

咬花是用化学药品如浓硫酸等对塑料成型模具内部进行腐蚀，形成蛇纹、蚀纹、梨地纹等形式的纹路，塑料通过模具成型后，表面具有相应纹路的一种工艺方法。模具咬花，也有称之为模具蚀纹、模具晒纹，模具烂纹、模具蚀刻等。

咬花的目的是增进塑料产品的外观质感，使产品更加美观、高雅，克服印刷、喷涂易磨掉的缺点，由于光洁如镜的产品表面极易划伤，易沾上灰尘和指纹，而且在成型过程中产生的疵点、丝痕和波纹等都会在产品的光洁表面上暴露，如果在表面形成一些皮革纹、橘皮纹、木纹、雨花纹、亚光面等装饰花纹，既可以隐蔽产品表面在成形过程中产

图4-77　塑料电镀产品

图4-78　镭雕在塑料产品上的应用

图4-79　模内装饰在塑料产品上的应用

生的缺点，迎合视觉审美的需要；又可以增强手感和防滑性，防止光线反射、消除眼部疲劳。并且由于模具存在花纹，可以使产品表面与型腔表面之面能容纳少许的空气，不致形成真空吸附，使得脱模变得容易。

4.9 塑料产品设计实例赏析（扫码下载实例）

实例二维码

本章思政与思考要点

1. 结合塑料的应用现状与发展趋势，讨论塑料对社会发展和生态环境带来的影响。
2. 简述塑料的分类、特性、优缺点。
3. 简述产品设计中常用的各种塑料的性能与突出应用领域。
4. 就个人日常生活中的认识与体会，画出各种常用塑料产品草图各1～2例。
5. 简述塑料不同成型类别及各自的主要原理。
6. 简述塑料产品表面装饰的方法与相应内容。

第5章

玻璃与工艺

5

玻璃是人类较早发明的人造材料之一，具有悠久的历史，据记载考证，玻璃的出现已有5000多年的历史，世界公认最早的玻璃制造者是埃及人。早在4000多年前就已经有玻璃器皿了，古巴比伦发明了吹管制玻璃的方法，公元11世纪，德国人发明了制造平板玻璃技术，威尼斯是公元14世纪欧洲的玻璃制造中心，公元20世纪50年代，英国人阿拉斯泰尔·皮尔金顿发明了浮法工艺方法生产玻璃，直至今日仍是90%以上的平板玻璃生产方法。随着玻璃生产的工业化和规模化，各种用途和各种性能的玻璃相继问世。

随着现代科技的不断发展、人们要求的不断提高，玻璃的生产工艺不断改进、产品种类不断增多、功能不断完善、应用领域不断扩大；玻璃在现代生产、生活中的作用越来越大，应用的范围也是十分广泛，加上玻璃可以根据不同的需要做成不同的形态、颜色，甚至工艺品，深受人们的喜爱，已成为日常生活、生产和科学技术领域的重要材料。

5.1 玻璃的分类

由于玻璃的种类繁多，其分类方法也较复杂。常用的分类方法有三种，即按玻璃的化学成分、性能特性和用途分别进行分类。

5.1.1 按玻璃的化学成分分

按玻璃的化学成分不同，可分为氧化物玻璃和非氧化物玻璃两类。

氧化物玻璃包括硅酸盐玻璃、硼酸盐玻璃、磷酸盐玻璃等；其中硅酸盐玻璃指基本成分为二氧化硅（SiO_2）的玻璃，硼酸盐玻璃、磷酸盐玻璃也与此同理。另外，由于玻璃中二氧化硅及碱金属、碱土金属氧化物的不同含量，氧化物玻璃又有石英玻璃、钠钙玻璃、高硅氧玻璃、铝硅酸盐玻璃、铅硅酸盐玻璃、硼硅酸盐玻璃等之分。而非氧化物玻璃的品种和数量很少，主要有硫系玻璃和卤化物玻璃。

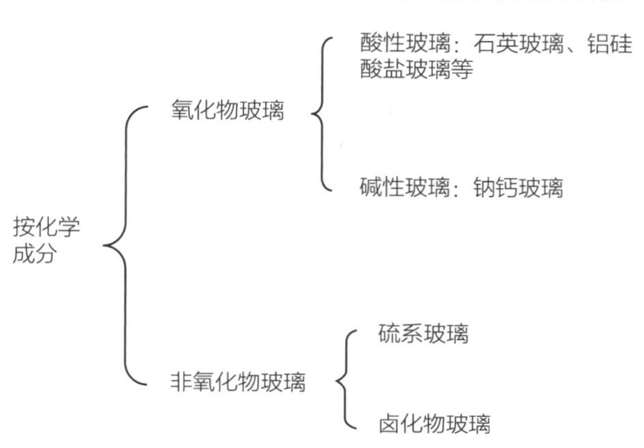

5.1.2 按玻璃的性能特征分

玻璃具有气密性、透光性、化学性能、光学性能、电学性能、热学性能、机械性能、加工工艺性及装饰性等特性。根据这些特性的不同，可以将玻璃分为普通玻璃、钢化玻璃、多孔玻璃、导电玻璃、中空玻璃、彩色玻璃、微晶玻璃、乳浊玻璃和磨砂玻璃等。

5.1.3 按玻璃用途分

根据玻璃的用途不同可分为日用玻璃、建筑玻璃、技术玻璃和玻璃纤维等类型。

日用玻璃——瓶罐玻璃、器皿玻璃、装饰玻璃等。

建筑玻璃——窗用平板玻璃、镜用平板玻璃、装饰用平板玻璃、安全玻璃、中空玻璃、隔热玻璃等。

技术玻璃——各种光学玻璃、实验仪器玻璃、医药用玻璃、电器用玻璃、特种玻璃等。

玻璃纤维——无碱玻璃纤维、低碱玻璃纤维、中碱玻璃纤维、高碱玻璃纤维等。

5.2 玻璃的基本性能

玻璃晶莹透明、无毒无害、无污染、无异味、有透光性，能有效地吸收和挡住大部分紫外线，而本身对人体无任何损伤，可回收再利用，是一种名副其实的绿色环保产品。玻璃的基本特性是指其物理性质，主要有密度、光学性能、导热性、导电性、硬度、力学性能及化学稳定性等。

（1）**密度。**普通玻璃的孔隙率为0，通常被认为是一种绝对密实的材料；普通玻璃的密度是2.5g/cm^{3}左右。

（2）**光学性能。**玻璃是一种高度透明材料，具有一定的光学常数、光谱特性，能吸收和透过紫外线、红外线，具有可感光、变色、防辐射、光存储等一系列光学性能；普通2mm厚窗用平板玻璃，其透光率达到90%，反射8%，吸收2%；普通玻璃折射率在1.48～1.53。

（3）**导热性。**玻璃的导热性差，一般不能经受温度的剧烈突变，其制品越厚，承受温度剧烈突变的能力越差。受剧热、剧冷时会因出现内应力而破裂。

（4）**导电性。**玻璃在常温下一般是电的不良导体，少数为半导体；但随着温度的升高，玻璃的导电性迅速提高，熔融状态时则变成良导体。

（5）**硬度。**玻璃的硬度大，比一般金属硬，仅次于金刚石、碳化硅等材料，不能用普通的刀具切割；一般用金刚砂和金刚石刀具进行雕刻、抛光、研磨和切割等加工。

（6）**力学性能。**玻璃是一种脆性材料，其强度一般用抗压、抗拉强度来表示。由于玻璃表面存在微裂纹，所以其抗拉强度较低；相对而言，其抗压强度较高；在外冲击力作用下易破碎，是典型的脆性材料。因此，玻璃或玻璃制品在运输、保管、使用过程中，要充分考虑其抗拉强度小、抗压强度大的特点，避免破碎而造成损失。

（7）**脆性。**玻璃在冲击和动负荷作用下，很容易破碎，是一种典型的脆性材料，并因此而限制了它的使用。脆性取决于玻璃制品的形状和厚度。玻璃退火不良和化学成分均匀性差都会增加玻璃的脆性，而经过淬火后则可以显著提高玻璃的韧性。可以通过夹层、夹丝、微晶化和淬火钢化等方法来改善玻璃的脆性。

（8）**化学稳定性。**玻璃的化学稳定性较好，大多数工业用玻璃都能抵抗除氢氟酸以外酸的腐蚀，但耐碱性腐蚀能力较差，长期置于大气环境中或被雨水侵蚀，会使得玻璃表面变晦暗而失去光泽。尤其是一些光学玻璃仪器易受周围介质（如潮湿空气）等作用，表面形成白色斑点或雾膜，有损玻璃的透光性，所以在使用和保存中应加以注意。

5.3 产品设计中常用的玻璃

5.3.1 平板玻璃

平板玻璃也称白片玻璃或净片玻璃。其化学成分一般属于钠钙硅酸盐玻璃，具有透光、透明、保温、隔声、耐磨、耐气候变化等性能。平板玻璃按厚度不同可分为薄玻璃、厚玻璃、特厚玻璃；按表面状态不同可分为普通平板玻璃、浮法玻璃、压花玻璃、磨光玻璃等。

（1）**普通平板玻璃。**普通平板玻璃也称单光玻璃、净片玻璃，简称为玻璃。是平板玻璃中产量最大、使用最多的一种，是未经二次加工的平板玻璃。普通平板玻璃属于钠玻璃类，其平整度与厚薄差均较差，表面光洁度不够，一般不进行深加工处理。普通平板玻璃主要用于装配中低档的工业与民用建筑的门窗，起透光、挡风雨、保温、隔声等作用，具有一定的机械强度。

（2）**浮法玻璃。**浮法玻璃是目前世界上最先进的玻璃成型生产方法，是将玻璃原料熔融后浮在一个有液态锡的池子上面，再摊成一定的厚度而形成的玻璃。浮法玻璃表面平整光洁，厚度均匀，没有波纹，极小光学畸变，具有机械磨光玻璃的质量，各项性能均优于普通平板玻璃。在深加工玻璃中，除磨砂品种和少量的钢化玻璃可使用普通平板玻璃外，其他深加工玻璃均宜采用浮法玻璃作为原片。

5.3.2 深加工玻璃

深加工玻璃即玻璃的二次加工制品，它是利用一次成型的平板玻璃为原片，根据使用要求，采用不同的加工工艺制成的具有特定功能的玻璃产品。

（1）**钢化玻璃。**钢化玻璃又称强化玻璃，属于安全玻璃；其实是一种预应力玻璃。为了提高玻璃的强度，通常使用化学或物理的方法，在玻璃表层形成压应力，当玻璃承受外力时首先抵消表层压应力，从而提高了承载能力，增强玻璃自身的抗风压性、抗寒暑性、耐冲击性等。钢化玻璃按形状的不同可分为平面钢化玻璃和曲面钢化玻璃；按钢化工艺的不同又分为物理钢化玻璃（也称淬火钢化玻璃）和化学钢化玻璃；按钢化程度的不同又分为钢化玻璃、半钢化玻璃和超强钢化玻璃。

钢化玻璃具有良好的机械性能，耐热冲击强度比普通平板玻璃高4～5倍；抗弯强度比普通玻璃高5倍；热稳定性好，可承受150℃的温差变化；光洁、透明。钢化玻璃在遇到冲击破碎时，出现网状裂纹，或产生细小的颗粒（图5-1），这些颗粒质量轻，不含尖锐的锐角，极大地减少了玻璃碎片对人体产生伤害的可能性，故钢化玻璃属于安全玻璃。

需要特别注意的是，钢化玻璃必须在进行钢化处理前进行相应的机械加工，达到设计要求的形状和尺寸，钢化处理后不能再切割、钻孔与磨片。另外，钢化玻璃强度虽然高于普通玻璃，但钢化玻璃有自己破裂的可能性。

由于钢化玻璃的安全性好、强度高，应用也十分广泛。通常钢化玻璃可以应用在以下几个行业：一是建筑、室内装饰行业中的门窗、幕墙、商店橱窗、室内隔断、采光顶棚、玻璃护栏等，以便获得更好的采光、装饰、透视、防护效果（图5-2）。二是家居行业中的家具、室内用品（图5-3）。三是家用电器、厨房电器产品中的电视机、烤箱、抽油烟

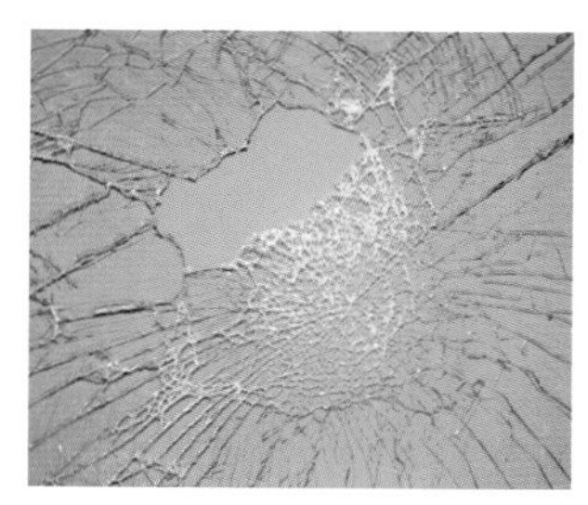

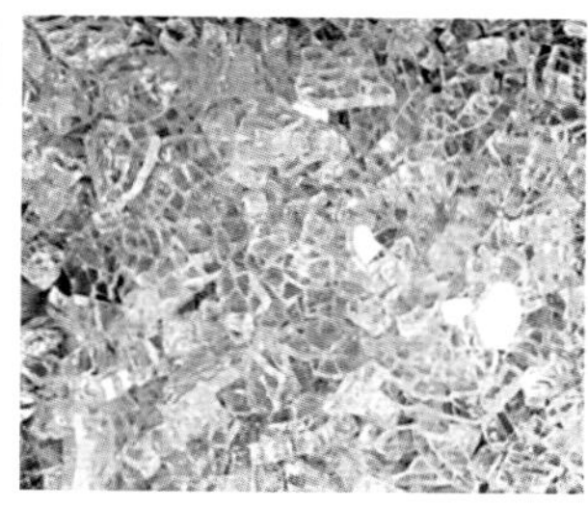

图5-1 钢化玻璃与普通玻璃碎片

机、锅盖、冰箱等（图5-4）。四是电子、仪表、数码产品中的手机、Pad、钟表、照相机等（图5-5）。五是汽车制造业中的汽车挡风玻璃。六是各类日用品，如水杯、水壶、化妆品瓶、茶杯等。

（2）**压花玻璃。**压花玻璃又称花纹玻璃或滚花玻璃，是采用压延方法制造的一种平板玻璃，在玻璃硬化前用刻有花纹的辊筒在玻璃的单面或双面压上花纹，从而制成单面或双面有图案的压花玻璃。压花玻璃的表面压有深浅不同的各种花纹图案，由于表面凹凸不平，所以光线透过时即产生漫射，因此从玻璃的一面看另一面的物体时，物像就会模糊不清，形成透光不透视的特点。另外，由于压花玻璃表面具有各种方格、圆点、菱形、条状等花纹图案，形式非常丰富、漂亮，所以也具有良好的装饰效果。

压花玻璃的透视性，因花纹、距离的不同而各异。按其透视性不同可分为近乎透明可见的、半透明可见的、全遮挡不可见的三大类。按其构成类型不同可分为压花玻璃、压花真空镀铝玻璃、立体感压花玻璃和彩色膜压花玻璃等。压花玻璃与普通透明平板玻璃的理化性能基本相同，仅在光学上具有透光不透明的特点，可柔和光线，并具有保护私密的屏护作用和一定的装饰效果。

压花玻璃广泛用作产品的台面与搁板、百叶窗玻璃及灯具材料，也适用于既需采光又有一定的隐秘性需求的场所，如办公室、会议室、商业空间、宾馆、医院、运动场、健身房、浴室、盥洗室等场所中的隔墙、门、屏风、地板、栏杆、柜台、照明产品、饰品、用品等（图5-6）。

（3）**夹层玻璃。**夹层玻璃是由两片或多片玻璃，之间夹一层或多层有机聚合物中间薄膜，经过特殊的高温预压或抽真空以及高温高压工艺处理后，使玻璃和中间膜永久黏合为一体的复合玻璃产品。夹层玻璃即使碎裂，碎片也会被粘在中间薄膜上，破碎的玻璃表面仍保持平整。这就有效防止了碎片扎伤和穿透事件的发生，确保了人身安全。另外，夹层玻璃还具有极好的抗震与抗入侵能力，中间膜能抵御锤子、刀具等凶器的连续攻击，还能在相当长的时间内抵御子弹穿透，其安全防范程度极高。

常用的夹层玻璃中间薄膜有：聚乙烯醇缩丁醛（PVB）、乙烯-甲基丙烯酸酯共聚物（SGP）、乙烯-醋酸乙烯共聚物（EVA）、聚氨酯（PU）等，其中以乙烯-甲基丙烯酸酯共聚物（SGP）品质最佳。此外，还有一些比较特殊的如彩色中间薄膜夹

图5-2　钢化玻璃窗

图5-3　全钢化玻璃淋浴房

图5-4　钢化玻璃在抽油烟机中的应用

图5-5　智能手机屏幕盖板玻璃

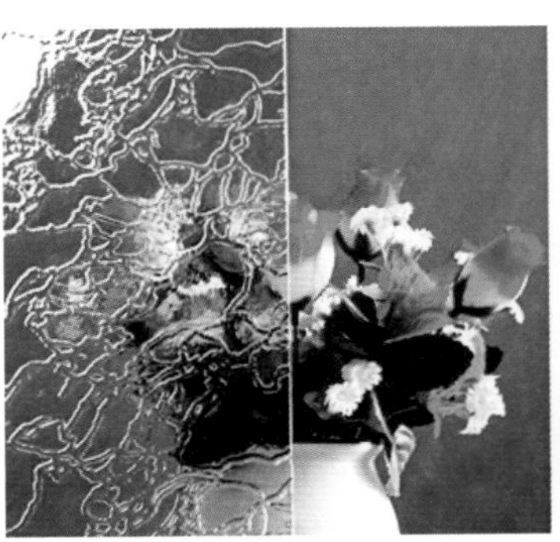

图5-6　压花玻璃及其应用

层玻璃、内嵌装饰件（金属网、金属板等）夹层玻璃、内嵌聚对苯二甲酸乙二醇酯（PET）材料夹层玻璃等装饰及功能性夹层玻璃（图5-7）。

夹层玻璃有以下几种分类方式：一是根据中间薄膜的熔点不同可分为：低温夹层玻璃、高温夹层玻璃；二是根据中间所夹材料不同可分为：夹纸、夹布、夹植物、夹丝、夹绢、夹金属网丝等众多种类；三是根据夹层间的粘接方法不同可分为：混法夹层玻璃、干法夹层玻璃、中空夹层玻璃；四是根据夹层的层类不同可分为：普通夹层玻璃和防弹玻璃。

夹层玻璃是一种用途广泛、功能齐全的安全玻璃，随着人们生活质量的提高，对活动场所的美观与安全性也越来越重视，夹层玻璃可以减少或避免玻璃碎片对人体的伤害，并且在各种安全玻璃中，夹层玻璃的美观性和安全性也是最适中的。夹层玻璃主要适用于以下场所：

第一，容易发生危险的地方，如临街或有人行道的建筑物的玻璃窗，公共建筑物的玻璃屏障、阳台门窗、室内隔断楼间玻璃或护板等（图5-8）。

第二，需要防弹、防爆、防盗、防冰雹的建筑物上及要求安全隔离顾客观察的场所。如银行、博物馆、展览厅、珠宝店等需要透明，但有可能发生枪击、偷盗、抢劫的场所（图5-9）。

第三，既要安全，又要满足观察者透明观察的需要，如汽车挡风玻璃、飞机视窗、潜艇视窗、深水窥视镜、观赏水族馆等（图5-10）。

第四，具有防紫外线与降噪功能，夹层玻璃中间薄膜对太阳光中的紫外线有极大的阻隔作用，避免紫外线辐射；并对声波有阻碍作用，从而降低噪声。

（4）**磨砂玻璃。**磨砂玻璃又称毛玻璃、暗玻璃。一般是在普通平板玻璃上面进行研磨加工，或用化学方法（如氢氟酸溶蚀）将表面处理成粗糙不平整的半透明玻璃。磨砂玻璃的厚度多小于9mm，以5mm、6mm居多。由于磨砂玻璃表面粗糙，使光线产生漫反射，形成透光而不透像的效果；即当光线通过磨砂玻璃被反射后向四面八方折射，反映到视网膜上形成模糊的视觉影像，可以使室内光线柔和而不刺目。

磨砂玻璃常用于需要隐蔽的浴室、办公室等透光而不透像的门窗及隔断。使用时应将毛面向室内，但用于卫生间时毛面应该向外。另外，磨砂玻璃还广泛用于日常用品中，如家具台面、灯罩、高档化妆品瓶、水杯、钟表、饰品等（图5-11）。

如果要在玻璃上作局部遮挡，可以在磨砂处理后形成有图案的磨砂玻璃，即磨花玻璃。磨花玻璃可以根据用户设计的图案进行加工，图案清

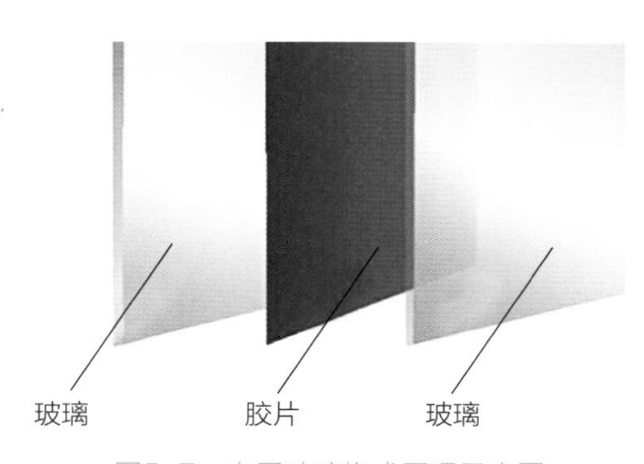

图5-7　夹层玻璃构成原理示意图

图5-8　钢化夹层玻璃屋顶

图5-9　夹层玻璃博物馆展柜

图5-10　汽车挡风玻璃

图5-11　磨砂玻璃的应用示例

晰，美观整洁，具有很好的装饰性，通常用来制作日用产品、装饰工艺品、屏风、隔断和灯具等（图5-12）。

（5）**喷砂玻璃。**喷砂玻璃在性能上基本与磨砂玻璃相似，它是以水混合金刚砂，高压喷射在玻璃表面，以此对其打磨加工成水平或凹雕图案的玻璃产品。玻璃表面被处理成均匀毛面，表面粗糙，使光线产生漫反射，具有透光而不透视的特点，并能使光线柔和而不刺目。

喷砂玻璃可分为全喷砂玻璃、条纹喷砂玻璃、电脑图案喷砂玻璃三类。

①**全喷砂玻璃：**是喷砂玻璃的一种，使玻璃层全部进行喷金刚砂打磨加工，常被用于浴室及其他室内的隔断处，能起到很好的保护隐私作用（图5-13）。

②**条纹喷砂玻璃：**顾名思义就是在玻璃面上通过喷砂打磨加工形成条纹图案，具有表面平整光滑、有光泽和装饰性等特点（图5-14）。

③**电脑图案喷砂玻璃：**就是利用电脑技术而制作的喷砂玻璃图案，不仅简单方便，还非常的美观。

喷砂玻璃与磨砂玻璃相比较，只是加工方式不同，其加工后达到的效果基本是一样的，都能达到透光而不透视的效果，使用范围也相近；只是磨砂玻璃的表面触感比喷砂玻璃更加光滑、细腻。

（6）**雕刻玻璃。**雕刻玻璃就是在玻璃表面上雕刻有各种图案或文字的玻璃，分为人工雕刻和电脑雕刻两种方法。其中人工雕刻又包括物理法和化学法。

物理法是将设计好的图案复制在玻璃板上，或者在玻璃板上直接雕刻。加工时，使玻璃表面绘有图案的部位与转动的砂轮不断接触，当图案的所有部位都被砂轮打毛时，整个图案就被雕刻在玻璃上了。而化学法是应用氢氟酸蚀刻剂，进行人工蚀刻，其工艺过程是将待雕刻的玻璃，洗净晾干平置，并在其上涂布用汽油溶化的石蜡液作为保护层，待石蜡固化后，再在石蜡层上雕刻出所需要的文字或图案。雕刻时，必须雕透石蜡层，使玻璃露出。然后，将氢氟酸滴于露出玻璃的文字或图案上。根据所需花纹的深浅，控制腐蚀时间，经过一定时间之后，用温水洗去石蜡和氢氟酸即可。该法虽然沿用已久，但是由于汽油、氢氟酸的挥发，不符合环保要求。

电脑雕刻玻璃是用电脑雕刻机对较厚的平板玻璃进行雕刻加工，首先把需要雕刻的图案在电脑设计软件里完成设计，或借助电脑完成对设计图案的扫描、输入等，再通过数控机床的电脑进行选择刀具、雕刻、抛光等一系列工序完成。

图5-12　磨花玻璃门窗隔断

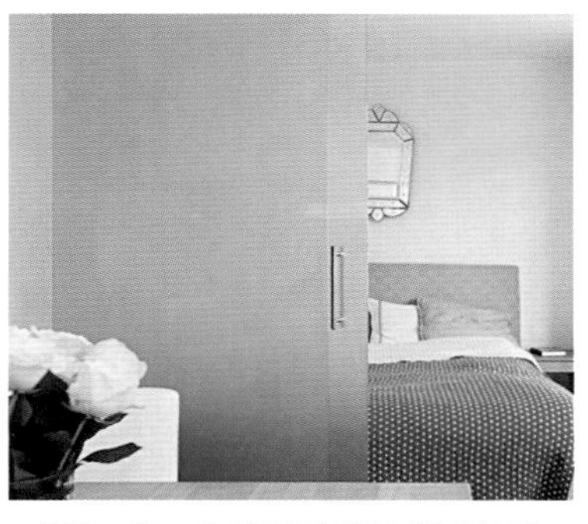

图5-13　全喷砂玻璃的隔断效果

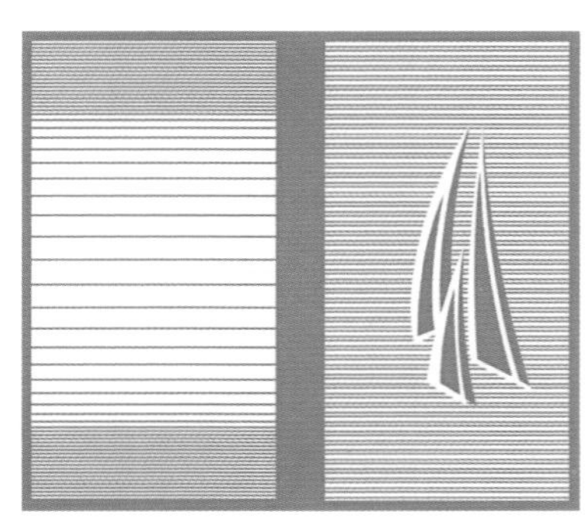

图5-14　条纹喷砂玻璃局部

雕刻玻璃除具有透光（或透明透光）的性能外，还具有独特的装饰性。雕刻玻璃的图案多种多样，高雅别致、光洁明亮。与喷砂玻璃相比，雕刻玻璃图案随意性大，图案比较活泼，富有立体感，而喷砂玻璃图案线条清晰、方正规矩。

雕刻玻璃所绘图案一般都具个性“创意”，制作成本较高，常用于制作产品的柜门、桌面、几面和装饰镜系列产品以及大型屏风、豪华型玻璃大门等。精美的雕刻玻璃产品，犹如人们的首饰，能起到艺术点缀作用，衬托出产品的华贵气质，提升产品的艺术品位和档次（图5-15）。

（7）**彩绘玻璃。**彩绘玻璃又称为绘画玻璃。主要有两种，一种是用现代数码科技经过工业胶粘剂贴合而成的；另一种是纯手工绘画的传统手法。彩绘玻璃既可以是有色透光玻璃，也可以是无色透光玻璃或玻璃镜，即把玻璃当作画布，运用特殊的颜料进行绘画，再经过低温烧制完成。彩绘玻璃的画膜附着力强，花色不会掉落，耐久性长，耐酸碱腐蚀，可进行擦洗，便于清洁，还可逼真地对原画进行复制；或者在玻璃上先雕刻成各种图案再加上色彩，制成雕刻彩绘玻璃。

彩绘玻璃是一种可为产品和门窗提供色彩艺术的透光材料，图案形象宜人、逼真、艳丽、立体感强，具有良好的装饰效果。可用于日用产品、屏风、隔断以及饭店、酒吧、教堂等建筑物的窗、门的制作。图5-16是彩绘玻璃的应用示例。

（8）**热弯玻璃。**热弯玻璃是将平板玻璃加热软化后，在专用模具中按设计要求弯曲成型，再经退火制成的一种曲面玻璃。可根据使用需要制成弯曲中空玻璃、弯曲夹层玻璃，或采用可热弯的镀膜玻璃制成产品。

热弯玻璃按弯曲程度不同又分为浅弯和深弯，如果在热弯的同时进行钢化处理就是热弯钢化玻璃；浅弯多用于玻璃产品装饰系列、建筑装潢、汽车、船舶挡风玻璃等；深弯可广泛用于卧式冷柜、陈列柜、电梯走廊、玻璃顶棚、观赏水族箱、玻璃锅盖、玻璃家具等（图5-17）。

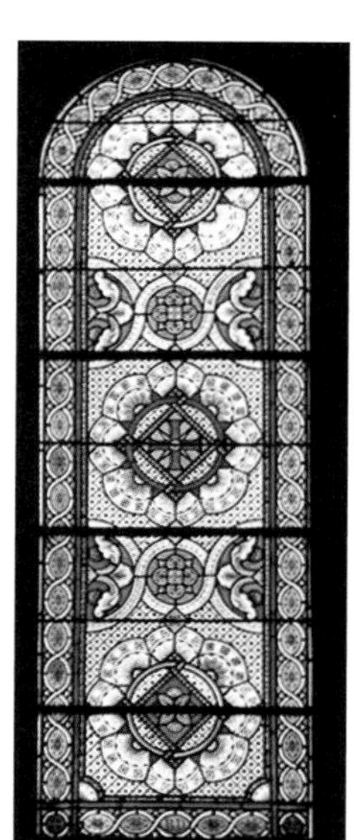

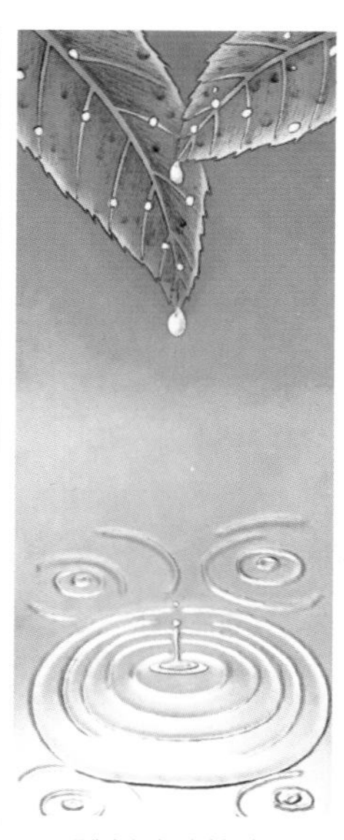

图5-15　雕刻玻璃的应用示例

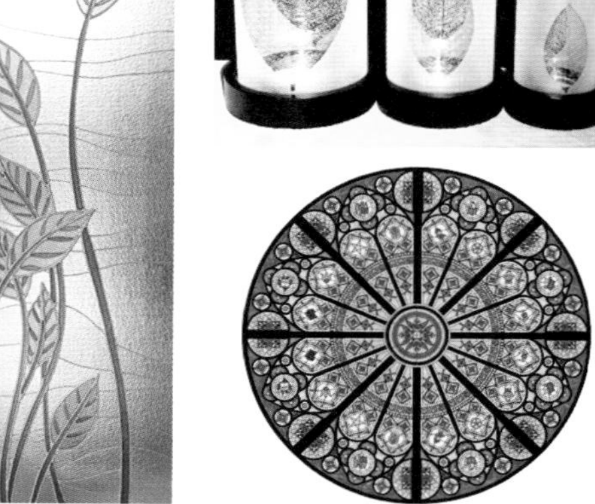

图5-16　彩绘玻璃的应用示例

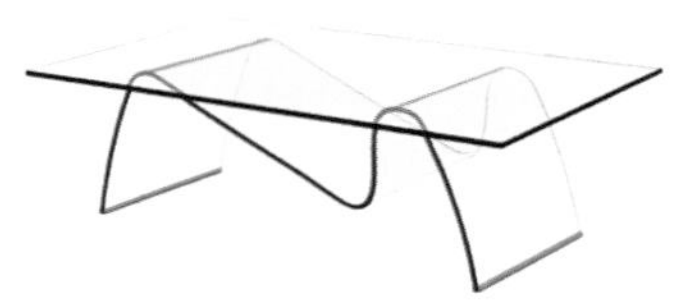

图5-17　热弯玻璃的应用示例

5.4 玻璃成型工艺

玻璃的成型加工工艺根据制品的种类而异，但其过程基本上可分为配料、熔化和成型三个阶段，一般采用连续性的工艺过程（图5-18）。

5.4.1 玻璃原料

用于制备玻璃配合料的各种物料统称为玻璃原料。根据用量和作用的不同，玻璃原料分为主要原料和辅助原料两类。主要原料系指为向玻璃中引入各种主要成分而配入的原料，它们决定了玻璃制品的物理化学性质。辅助原料是为了赋予玻璃制品具有某些特殊性能和加速熔制过程所加的原料。

（1）主要原料。

①**石英砂：**石英砂又称硅砂，是一种非金属矿物质，主要成分是二氧化硅（SiO_2）。石英砂来源于河砂、海砂、风化砂等，是一种坚硬、耐磨、化学性能稳定的乳白色或无色半透明状的硅酸盐矿物质，是重要的玻璃形成氧化物，以硅氧四面体[SiO_4]的结构组元形成不规则的连续网络，成为玻璃的骨架。

②**硼酸、硼砂及含硼矿物：**向玻璃中引入氧化硼，又称三氧化二硼（B_2O_3）的原料。氧化硼在玻璃中的作用是降低玻璃的膨胀系数，提高其热稳定性、化学稳定性和机械强度，增加玻璃的折射率，改善玻璃的光泽。

③**长石、瓷土、蜡石：**向玻璃中引入氧化铝，又称三氧化二铝（Al_2O_3）的原料。氧化铝能提高玻璃的化学稳定性、热稳定性、机械强度、硬度和折射率，减轻玻璃液对耐火材料的侵蚀，并有助于氟化物的乳浊。

④**纯碱、芒硝：**向玻璃中引入的碱金属氧化物主要是氧化钠（Na_2O）。氧化钠是玻璃的良好助熔剂，可以降低玻璃黏度，使其易于熔融和成型。

⑤**方解石、石灰石、白垩：**向玻璃中引入的主要是氧化钙（CaO）。氧化钙在玻璃中主要作用为稳定剂。

⑥**硫酸钡、碳酸钡：**向玻璃中引入的主要是氧化钡（BaO）。含氧化钡的玻璃吸收辐射线能力较强，常用于制作高级器皿玻璃、光学玻璃、防辐射玻璃等。

⑦**铅化合物：**向玻璃中引入的主要是氧化铅（PbO）。氧化铅能增加玻璃的密度，提高玻璃折射率，使玻璃制品具有特殊的光泽和良好的电性能。

（2）辅助原料。

①**澄清剂：**向玻璃配合料或玻璃溶液中加入一种高温时本身能气化或分解释放出气体，以促进排除玻璃中气泡的添加物称为澄清剂。

②**着色剂：**使玻璃制品着色的添加剂称为着色剂，通常使用锰、钴、镍、铜、金、硫、硒等金属和非金属化合物，其作用是使玻璃对光线产生选择性吸收，从而显出一定的颜色。如氧化铁使玻璃呈黄色或绿色；氧化钴使玻璃呈蓝色；氧化锰使玻璃呈紫色。

③**脱色剂：**为了提高无色玻璃的透明度，常在玻璃熔制时，向配合料中加入脱色剂，以去除玻璃原料中含有的铁、铬、钛、钒等化合物和有机物的有害杂质，提高无色玻璃的透明度。

④**乳浊剂：**使玻璃制品对光线产生不透明的乳浊状态的添加物称为乳浊剂。

⑤**助熔剂：**能促使玻璃熔制过程加速的添加物称为助熔剂或加速剂。

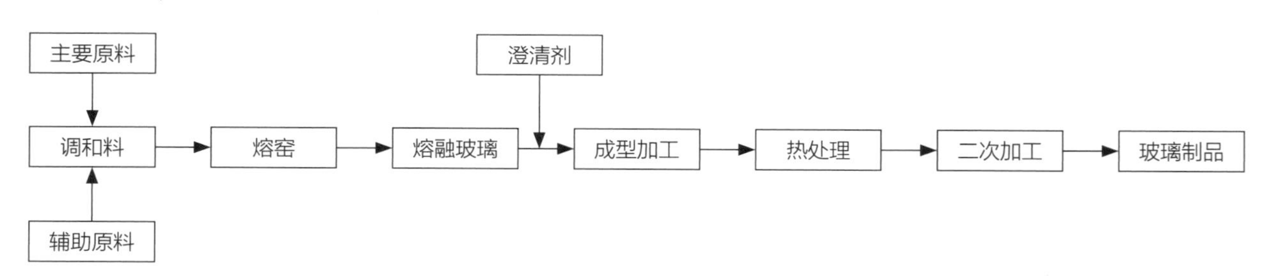

图5-18 玻璃的通用成型加工工艺

5.4.2 玻璃熔制

玻璃熔制是指将配合料经过高温熔融，形成均匀无气泡并符合成型要求的玻璃液的过程，它是玻璃生产中很重要的环节，是获得优质玻璃制品的重要保证。

玻璃的熔制是一个非常复杂的工艺过程．它包括一系列物理与化学的现象和反应，其结果是使各种原料混合物变成复杂的熔融物。各种配合料在加热至高温并形成玻璃的过程中所发生的变化，从工艺角度而论，大致可以分为硅酸盐的形成、玻璃的形成、澄清、均化和冷却五个阶段。

（1）**硅酸盐的形成。**各原料通过计量形成调和料后，各组分在加热至800～900℃的过程中，经过了一系列的物理和化学变化，完成了主要反应过程，大部分气态产物逸散。到这一阶段结束时，调和料变成了由硅酸盐和二氧化硫组成的烧结物。

（2）**玻璃的形成。**对烧结物继续加热至1200℃，将硅酸盐形成阶段的硅酸钙、硅酸钠、硅酸铝及反应剩余的大量二氧化硫继续在高温的过程中相互溶解和扩散，由不透明的烧结物转变为带有大量气泡和不均匀条缕的透明玻璃液，这一过程就是玻璃形成阶段。

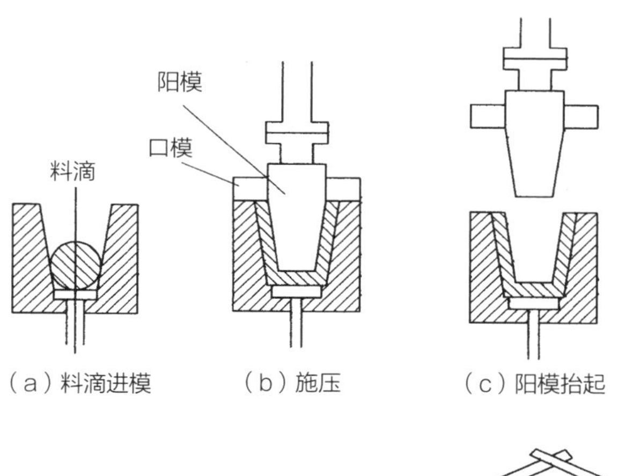

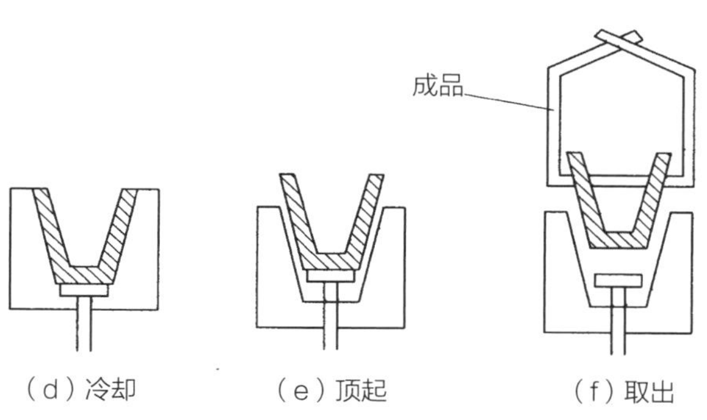

图5-19 玻璃压制成型原理示意图

（3）**澄清。**加入澄清剂后，继续升温至1400～1500℃，这时玻璃液黏度降低，并开始放出气态混杂物，形成没有气泡的玻璃液。这一看似简单的流体力学过程，实际上是一个非常复杂的物理、化学过程。

（4）**均化。**将玻璃液较长时间保持高温，使其化学成分趋向均一，玻璃液中的条缕由于扩散、溶解而消除。

（5）**冷却。**将已澄清和均化的玻璃液降温至200～300℃，使玻璃液达到可成型的黏度。

5.4.3 玻璃成型

玻璃成型是将熔融的玻璃液加工成具有一定形状和尺寸的玻璃制品的工艺过程。常见的玻璃成型方法有机械成型和人工成型两类。其中机械成型包括压制成型、吹制成型、拉制成型和压延成型；人工成型包括人工吹制、自由成型、人工拉制和人工压制。人工成型劳动强度大、条件差、生产效率低。

（1）**压制成型。**压制成型是将熔制好的玻璃液注入模型，放上模环，将冲头压入，在冲头与模环和模型之间形成制品的方法（图5-19）。压制成型多用于实心和空心的玻璃制品、玻璃砖、水杯、花瓶、餐具等（图5-20）。

压制成型具有形状精确，制品外表面花纹清晰，工艺简便，生产能力高等优点；但也具有制品内腔不能向下扩大，否则冲头无法取出，内腔侧壁不能有凸凹；不能生产薄壁或内腔在垂直方向较长的制品；制品表面不光滑，常有斑点和模具缝等缺点。

（2）**吹制成型。**吹制成型即采用吹管或者吹气头将熔制好的玻璃液在模型腔中吹胀，使之成为中空制品的方法。吹制成型包括人工吹制法和机械吹制法。

图5-20 玻璃压制成型果盘

人工吹制的工艺流程为：

挑料→滚料→吹小泡→吹料泡→吹制及击脱管→割口→烘口→修整→成品

人工吹制具有制品表面光滑，尺寸较精确，效率低等工艺特点。图5-21为人工吹制玻璃制品成型原理示意图，主要应用于批量小，制作高级器皿、艺术玻璃等。人工吹制因产量低，劳动强度大，目前除吹制少量工艺美术品和少量大件产品外已很少用（图5-22）。

机械吹制有“压—吹法”“吹—吹法”等。其中常用的“压—吹法”工艺原理见图5-23。

而“吹—吹法”则是先将料滴放入初模中吹成雏坯，再转入成型模腔中吹成制品。这类成型方法适合于生产小口器皿和薄壁瓶罐。

机械吹制的生产效率高，设备成本低，模具和机械的选择范围广，但废品率较高，废料的回收、利用差，制品的厚度控制、原料的分散性受限制，成型后必须进行修边操作。

（3）拉制成型。拉制成型又称拉引成型，是指通过人工或机械施加拉引力将玻璃熔融体制成制品，分为垂直拉制和水平拉制（图5-24）。拉制成型的基本原理是对黏流状态的玻璃施加拉力，使其变薄，并在不断的变形中得到冷却而定形。拉制成型适用于加工成型尺寸长的玻璃制品，如平板玻璃、玻璃管、玻璃棒、玻璃纤维等（图5-25）。

（4）压延成型。压延成型是利用金属辊的滚动将玻璃熔融体压制成板状制品。常用于制造厚板玻璃、压花平板玻璃、夹丝平板玻璃等，可分为平面压延成型和辊间压延成型，压延成型原理见图5-26。平面压延成型是将玻璃液倾倒在金属平台上，用压辊延展成板；辊间压延成型是将玻璃液连续进入两辊筒间隙中滚压成平板。若辊筒上刻有花纹即形成压花平板玻璃，若夹入金属丝即成夹丝平板玻璃（图5-27）。

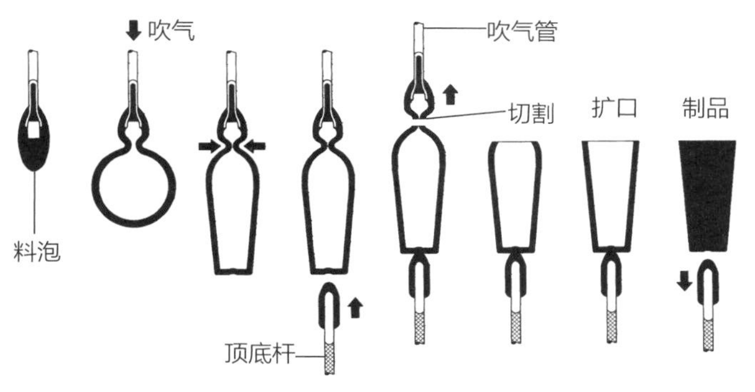

图5-21 人工吹制玻璃制品原理示意图

图5-22 人工吹制玻璃酒具

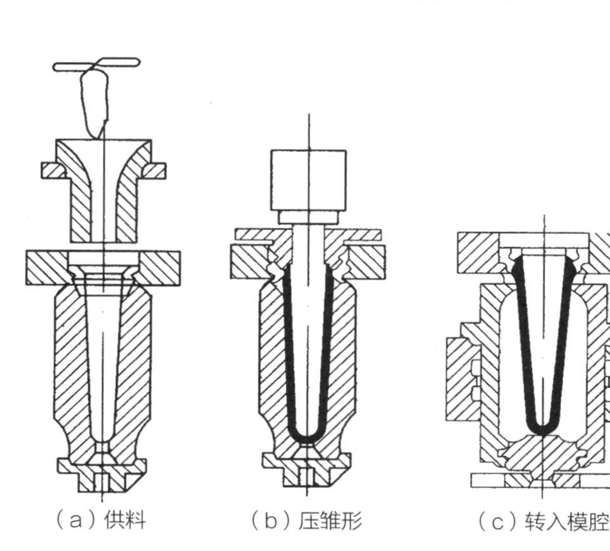
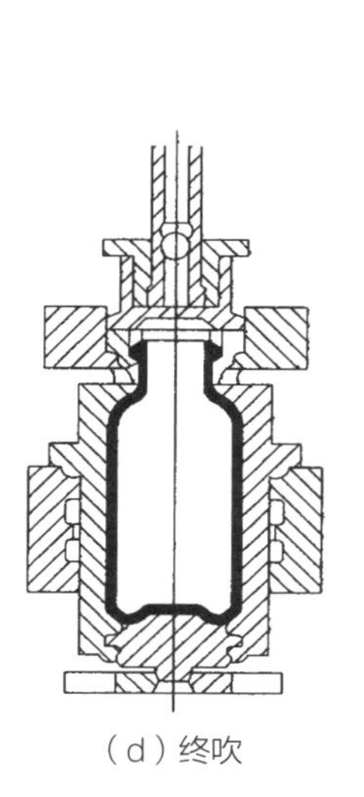

图5-23 “压—吹法”工艺原理

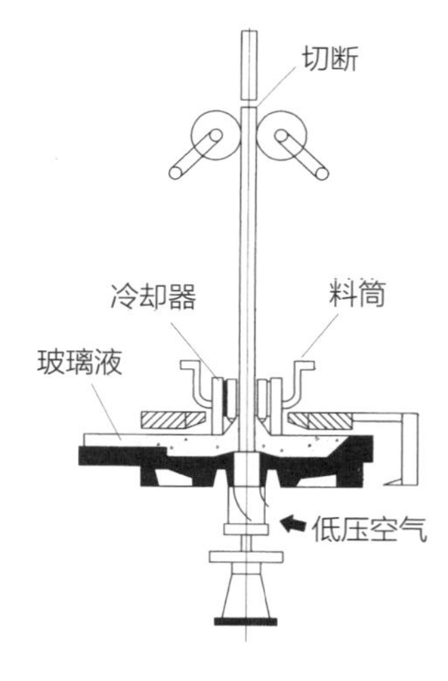

图5-24 垂直上引拉制成型示意图

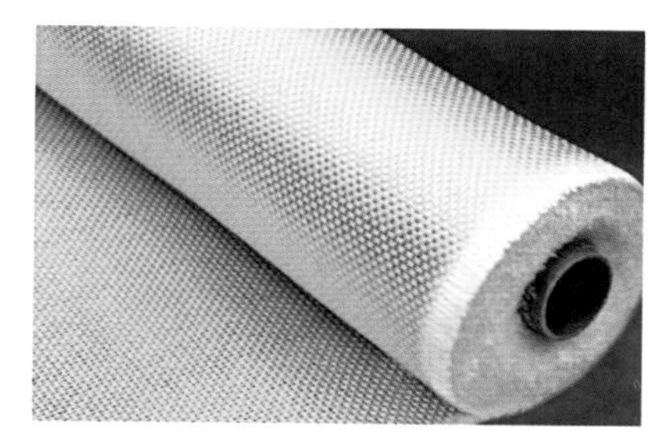

图5-25　拉制成型玻璃制品

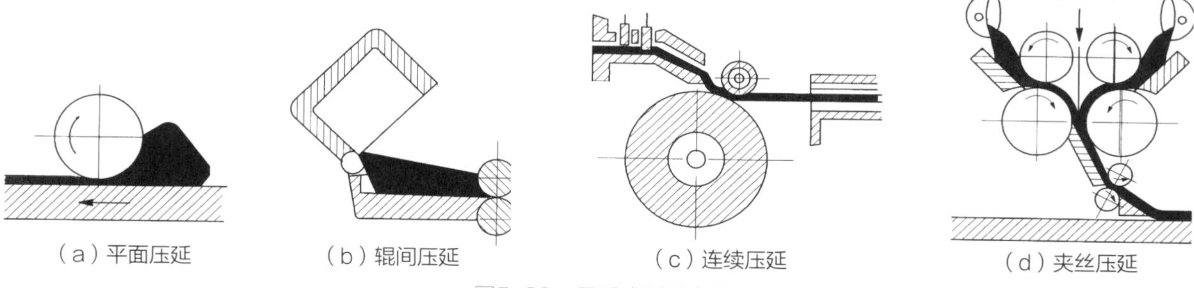

图5-26　压延成型示意图

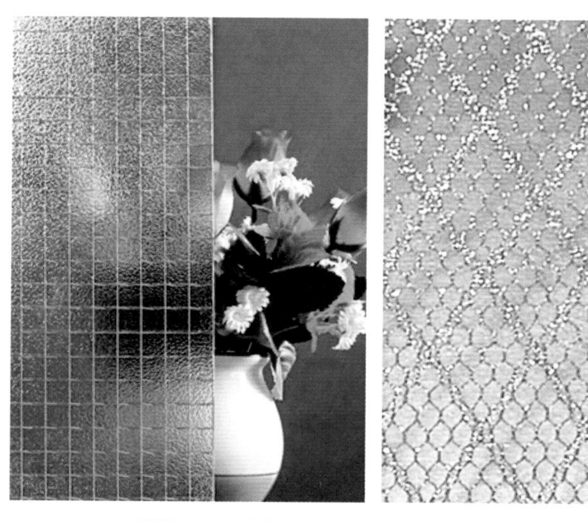

图5-27　夹丝压延平板玻璃制品

5.4.4　玻璃热处理

玻璃制品在由熔融状态的玻璃液变为脆性固体玻璃制品的成型过程中，经受激烈的、不均匀的温度变化，使内外层产生温度梯度，形成热应力。这种热应力会降低玻璃制品的机械强度和热稳定性，若应力超过玻璃制品的极限强度，在后期的存放或机械加工过程中会自行破裂；另外，玻璃制品自高温自然冷却时，其内部的结构变化是不均匀的，会影响到玻璃的光学均一性。在玻璃制品中，除了热应力之外，还存在因组成不一致而产生的结构应力和因外力作用而产生的机械应力。所以为了保证玻璃制品的质量与使用安全，往往需要对玻璃制品进行热处理，以便消除或减弱这些应力。

玻璃的热处理一般包括退火和淬火两种工艺。

（1）玻璃的退火。玻璃的退火是为了减少或消除玻璃在成形或加热过程中产生的永久应力，是提高玻璃使用性能的一种热处理过程。玻璃的退火由两个过程组成，即应力的减弱和消失，防止产生新的应力。

玻璃制品的退火工艺过程包括加热、保温、慢冷、快冷四个阶段，根据各阶段的升温、降温速度及保温温度、时间，可做出温度与时间关系的曲线（图5-28）。

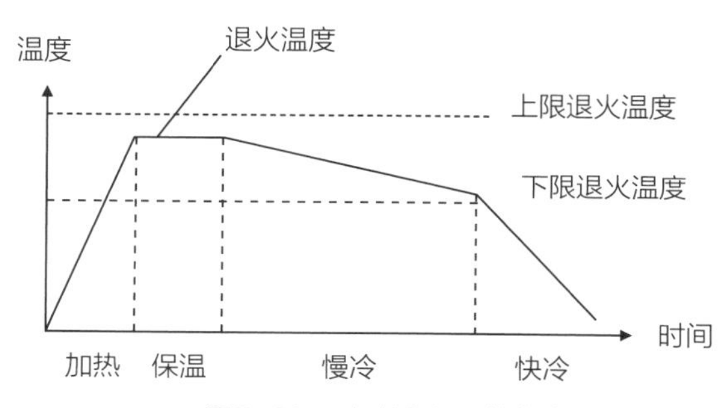

图5-28　玻璃退火工艺曲线

①加热阶段：按照不同的生产工艺，玻璃制品的退火分为一次退火和二次退火。玻璃制品在成型后立即进行退火的，称为一次退火；待制品冷却后再进行退火的，称为二次退火。无论是一次退火还是二次退火，玻璃制品进入退火炉时，都必须把制品加热到退火温度。大部分玻璃制品的最高退火温度为550℃±20℃，低于最高退火温度50～150℃的温度为最低退火温度。

②保温阶段：将制品在退火温度下进行保温，使制品各部分温度分布均匀，并消除玻璃中固有的内应力。在此阶段首先应保证退火温度，其次是退火时间。

③慢冷阶段：经过保温，制品中原有的应力消除后，为防止在冷却过程中产生新的应力，必须严格控制玻璃制品在退火温度范围内的冷却速度。在此阶段要缓慢冷却，防止在高温阶段产生过大温差，再次形成永久应力。

④快冷阶段：快冷的开始温度应低于玻璃的应变点，因为在应变点以下玻璃的结构完全固定，这时虽然会产生温度梯度，但不会产生永久应力。在快冷阶段内，只产生暂时应力，在保证玻璃制品不因暂时应力而破裂的前提下，可以尽快冷却，以提高生产效率。

（2）玻璃的淬火。将玻璃制品加热到软化温度以下后，再进行快速、均匀的冷却过程即为玻璃的淬火，又称物理钢化。在淬火过程中，由于玻璃的内层和表面层将产生很大的温度梯度，由此引起的应力由于玻璃的黏滞流动而被松弛，形成了有温度梯度而无应力的状态。冷却到最后，松弛的应力转化为永久应力，形成均匀分布于玻璃表面的压应力层。

薄壁玻璃制品和膨胀系数低的玻璃较难淬火。淬火（钢化）玻璃与一般的玻璃相比，其抗弯强度、抗冲击强度以及热稳定性等方面的性能都有很大的提高。

5.5 玻璃的二次加工

成型后的玻璃制品，除瓶罐等极少数制品能直接符合要求外，大多制品数还须作进一步加工，以得到符合要求的制品。经过二次加工可以改善玻璃制品的表面性质、外观质量和外观效果。玻璃制品的二次加工可分为冷加工、热加工和表面处理三大类。

5.5.1 玻璃制品的冷加工

冷加工是指在常温下通过机械方法来改变玻璃制品的外形和表面状态所进行的工艺过程。冷加工的基本方法包括研磨、抛光、切割、喷砂、钻孔和车刻等。

（1）研磨。研磨是为了消除玻璃制品的表面缺陷或成形后残存的凸出部分，使制品获得所要求的形状、尺寸、表面平整度或一定的装饰图案。研磨除了修复玻璃制品表面局部形态外，还用于磨除边缘棱角和粗糙截面及角部棱角，即“倒圆角”，也称之为磨边（图5-29）。

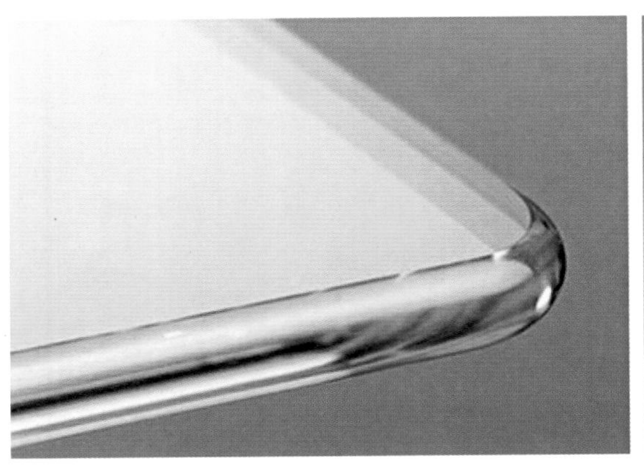

图5-29 玻璃边缘磨边倒圆角

玻璃的研磨过程，首先是磨盘与玻璃做相对运动，自由磨料在磨盘负载下对玻璃表面进行划痕与玻璃的机械作用，同时在玻璃表面上产生微裂纹，磨料中的水既起着冷却的作用，也与玻璃的新生表面产生水解作用形成硅胶，有利于剥离，具有一定的化学作用。如此重复进行，玻璃表面就形成了一层凹陷的毛面，并带有一定深度的裂纹层。

（2）**抛光。**玻璃抛光是指利用化学或物理的方法，祛除玻璃表面在研磨后仍残存的凹凸层、裂纹、纹路、划痕以及一些其他的瑕疵，以获得光滑、平整的表面，提高玻璃的透明度和折射率。玻璃抛光处理的方法有：火抛光、抛光粉抛光、化学抛光、机械抛光。

（3）**切割。**玻璃的切割是利用玻璃的脆性和残余应力，在切割点划一刻痕造成应力集中，在外力作用下断裂线沿应力走向而展开，从而达到切割玻璃的目的。对不太厚的玻璃板、玻璃管等均可直接用金刚石、硬质合金刀或其他坚韧工具进行切割、折断。对切割难度较大的玻璃，也可在刻痕后再用扁平火焰加热，以增加切割处的局部应力和应力集中，使之易于切割。

对厚玻璃可用电热丝在切割的部位加热，再用热容量大、导热性能好的金属块或冷却介质（如水、冷空气等）使受热部位急冷，产生很大的局部应力，形成裂口进行切割。同理，对刚拉出来的热玻璃（如玻璃管）只需用硬质合金刀在管壁处划一刻痕，即可割断。

（4）**钻孔。**常见的玻璃钻孔原理是利用钻头与玻璃表面的磨削，使玻璃产生圆形孔位，完成玻璃钻孔。要求孔的边沿距玻璃边沿的距离、两孔孔边之间的距离应大于玻璃厚度的2倍。

玻璃钻孔的方法有研磨钻孔、钻床钻孔、冲击钻孔、超声波钻孔、火焰钻孔等。研磨钻孔是用金属棒压在敷有碳化硅等磨料和水的玻璃上转动，使玻璃形成所需要的孔。钻床钻孔是用合金钻头在水、轻油的冷却下进行缓慢钻孔。冲击钻孔是利用电磁振荡器使钻孔凿子连续冲击玻璃表面而形成孔。超声波钻孔是利用超声波发生器使加工工具发生振动，在振动工具和玻璃液之间注入含有磨料的加工液，使玻璃穿孔。火焰钻孔是用高速火焰对制品进行局部集中加热，达熔融状态时，喷高速气流形成孔洞；也可用激光使制品局部剧热形成孔洞。

（5）**车刻。**车刻又称刻花，即利用车刻工具，对玻璃制品表面进行刻磨、抛光，从而使玻璃表面形成晶莹剔透的立体线条，构成简洁明快的图案的加工方法（图5-30）。

5.5.2 玻璃制品的热加工

有很多形状复杂和要求特殊的玻璃制品，需要通过热加工进行最后成型。此外，热加工还用来改善制品的性能和外观质量。热加工的方法主要有：火焰切割、火抛光、锋利边缘的烘口等。玻璃制品的热加工原理与玻璃制品的成形原理相似，主要是利用玻璃黏度随温度改变的特性以及表面张力、导热系数来进行的。

（1）**火焰切割。**在切割处喷射高温尖锐火焰，随后用传热很快的金属刀锋轻触受热的玻璃，制品就会在切割处分离。因为割口时伴有玻璃的爆裂声，也有称这一工艺为爆口。也可先利用高硬度的玻璃割刀，先在玻璃的切割处划痕，留下裂纹，然后再用火焰喷烧，此时制品也会自行分开，其本质是火焰在裂纹上下产生热应力，使裂纹迅速扩大而断裂。

（2）**烘口。**玻璃制品在成型的过程中，一是因为玻璃制品切割后，其切割部位由于应力的不均匀性，存在一定的不平度及边缘爆裂。二是在模具成型的制品中，或多或少总会留下过渡的痕迹，需用进一步提高质量。可以采用火焰加热的方法来处理类似的加工缺陷，即烘口。烘口的基本原理是玻璃在熔融状态下产生表面张力，利用这种表面张力使

图5-30 车刻玻璃制品

切割处的尖端状态变圆滑。

（3）**火抛光。**其原理与烘口相同，利用火焰来处理因成型过程中所使用一定的工装模具在玻璃制品表面留下的模具接触印记或缺陷，就是玻璃制品的表面火焰抛光。

5.5.3 玻璃制品的表面处理

在玻璃制品生产过程中，表面处理十分重要。按使用材料、方法的不同，表面处理基本上可归纳为三种类型。一是玻璃的光滑面或散光面的形成，是通过表面处理以控制玻璃表面的凹凸。例如器皿玻璃的化学蚀刻，灯泡的毛蚀，以及玻璃的化学抛光。二是改变玻璃表面的薄层组成，改善表面的性质，以得到新的性能。如表面着色以及用二氧化硫处理玻璃表面，增加玻璃的化学稳定性。三是在玻璃表面上用其他物质形成薄层而得到新的性质，即表面涂层。如镜子的镀银、表面导电玻璃、憎水玻璃、光学玻璃表面的涂膜等。玻璃表面处理的方法如下：

（1）**玻璃表面的清洁处理。**在进行玻璃制品表面处理前，应对制品表面进行清洁处理，把制品表面的清洁程度对表面处理的质量影响减小到最小。清洁处理方法主要有溶剂清洗、加热处理、有机溶剂蒸气脱脂、超声波清洗、紫外线辐照处理、离子轰击处理、干冰清洗等方法。在实际应用中，需根据玻璃表面原有的污染程度、满足后续的玻璃表面处理工艺以及最终产品使用的目的要求来选用，也可以把几种方法结合起来使用。

（2）**玻璃表面的化学抛光。**玻璃表面的化学抛光是应用化学试剂的化学侵蚀，对玻璃制品表面凹凸不平区域的选择性溶解作用消除磨痕、侵蚀整平的一种方法。化学抛光的基本原理是利用氢氟酸破坏玻璃表面原有的硅氧膜生成一层新的硅氧膜，使玻璃得到很高的光洁度与透光度。化学抛光比机械抛光效率高，而且设备简单，能够处理细管、带有深孔及形状复杂的零件，生产效率高，节约动力；但化学抛光液对环境污染较大（图5-31）。

（3）**玻璃表面镀膜。**玻璃表面镀膜是表面处理常用的方法，通过镀不同的膜，以改善玻璃的光学、热学、电学、力学、化学等性能，有些膜也能起装饰作用。因此，镀膜层既具功能性，也具装饰性。玻璃表面镀膜的方法，有化学法和物理法。化学法常用的镀膜方法有还原法、气相沉积法、水解法（又称液相沉积法）、溶胶-凝胶法等；物理法有真空蒸发法、阴极溅射法、电子束沉积法、离子镀膜法等方法。

通过不同形式的镀膜方法，可以获得色彩艳丽、品种繁多，具有吸热、遮阳、热反射等功能的镀膜玻璃制品；主要颜色有：蓝色、绿色、金茶色、银灰色、棕色、青铜色、翡翠绿等。它们均具有一定的反射红外线，阻挡紫外线等有害射线的功能，是建筑物、汽车的良好装饰材料（图5-32）。

（4）**表面导电膜。**在玻璃表面涂上过渡金属氧化物或金属的薄膜，使玻璃具有很好的导电性，形成玻璃的表面导电性能。根据其透光性分为透明和半透明导电玻璃两种。表面导电玻璃用在飞机、车辆、船舶、冷冻设施的观察窗、通电加热以防雪、防冰、防霜；还可以用在加热板、电热杯、烹饪用具、干燥器、暖房器、电子显示装置上的透明电极、集成电路制造的工业谱线图板、绝缘子的防电晕层、静电遮蔽板以及热射线遮断窗、液晶显示器

图5-31 化学抛光香水瓶

图5-32 镀膜玻璃样板

件、场致发光电极、太阳能电池等方面。

目前应用较成熟的一种表面导电膜玻璃是氧化铟锡导电膜玻璃（也称 ITO导电膜玻璃），ITO 导电膜玻璃广泛地应用于显示及触控器件、太阳能电池、特殊功能窗口涂层及其他光电器件领域，是目前液晶显示器（LCD）、等离子显示板（PDP）、有机发光二极管（OLED）、触摸屏等各类显示及触控器件最主要的透明导电电极材料（图5-33）。

（5）防指纹涂层。防指纹涂层也称AF涂层（Anti-fingerprint）处理，其原理是在玻璃外表面涂制一层纳米化学材料，将玻璃表面张力降至最低，灰尘与玻璃表面接触面积减少90%，使其具有较强的疏水、抗油污、抗指纹能力，使玻璃面板长期保持着光洁亮丽的效果。防指纹涂层具有指纹及油污不容易黏附、容易擦除；表面滑顺，手感舒服，不容易刮花、优异光学性能、耐磨性好等特征。主要用于手机、平板显示器触摸屏玻璃面板、高档玻璃制品中（图5-34）。

（6）玻璃蚀刻。玻璃蚀刻利用氢氟酸的腐蚀作用，使玻璃获得不透明毛面的方法。多用于玻璃仪器的刻度和标字，玻璃器皿或平板玻璃的装饰。

图5-33　ITO触摸屏玻璃平板显示器

图5-34　防指纹涂层玻璃平版电脑屏幕

5.6　玻璃产品设计实例赏析（扫码下载实例）

实例二维码

本章思政与思考要点

1. 结合玻璃的发展与应用现状，思考如何形成中国现代玻璃器物的形态与内涵。
2. 简述玻璃的基本性能与分类方法。
3. 简述平板玻璃与浮法玻璃的异同，以及玻璃成型工艺的主要阶段。
4. 常见的深加工玻璃有哪些？
5. 简述玻璃成型的主要方法与相关内容。
6. 简述玻璃冷加工、热加工的主要内容及其异同。
7. 简述玻璃表面处理工艺的主要方法与内容。

第6章

陶瓷与工艺

中国是“陶瓷的故乡”，中国的制陶技艺可追溯到公元前4500年至公元前2500年，比西方国家早1000多年。陶瓷的产生和发展，可以说是中华灿烂古代文明的一个重要组成部分，在中国历史上，各朝各代有着不同的艺术风格和不同的技术特点。

陶瓷作为人类最早利用的材料之一，就其传统含义而言，是陶器、炻器和瓷器的总称；是指以黏土、长石、石灰石、石英等天然矿物为原料，经过拣选、粉碎、混炼、成型、煅烧等工序而成的一类制品。随着近代科学技术的发展，陶瓷材料的广泛应用，与陶瓷材料工艺相近的无机材料也不断出现，使近代陶瓷的概念不断扩大；所以，近代陶瓷不再使用或很少使用黏土、长石、石英等传统原料，而以非硅酸盐类高纯度化工原料和合成矿物质为原料制造而成，与金属材料、有机材料并列为当代三大固体材料。

6.1　陶瓷的分类

陶瓷的种类有很多种，也有多种分类方法，一般人们习惯按以下几个方面进行分类。

6.1.1　按制品特性分

按陶瓷的制品特性、原料土和烧制温度不同可分为：陶器、炻器和瓷器。

陶器的原料土是普通的陶土、河砂等，烧制温度为800～1000℃，形成不透明的上釉或不上釉制品；制品气孔率较大，强度较低，断面粗糙，吸水率较大，如盆、罐、砖、瓦等。

瓷器的原料土则是瓷土，即高岭土，烧制温度为1300～1400℃，形成半透明的上釉制品；制品结构致密，气孔率较小，强度较大，断面细致，吸水率小，比陶器坚硬，但质地较脆，如高级日用器皿、餐具等。

炻器的烧制温度则介于陶器和瓷器之间，也称为半瓷，质地致密坚硬，仅次于瓷器的制品；多为棕色、黄褐色或灰蓝色，不透光，无釉制品也不透水；如水缸、建筑外墙砖、地砖等（图6-1）。

图6-1　陶罐、炻器茶壶与瓷罐

6.1.2　按陶瓷材料分

按陶瓷原料土的不同可分为普通陶瓷和特种陶瓷两类，具体分类如下。

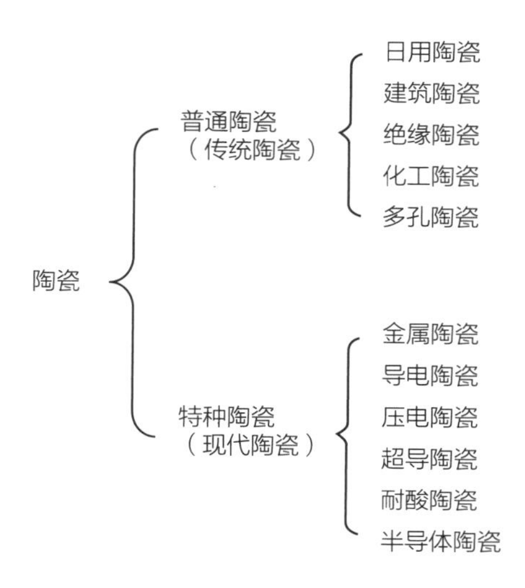

普通陶瓷，又称传统陶瓷，是以天然的黏土、长石、石英等天然矿物为原料，经过“粉碎—成型—烧结”而制得，又称硅酸盐陶瓷。

特种陶瓷，又称近代陶瓷，是指采用纯度较高的氧化物、氮化物、碳化物、硼化物等人工合成原料，沿用普通陶瓷的制作工艺而成的新型陶瓷。

6.1.3　按陶瓷用途分

根据陶瓷的用途不同，可分为日用陶瓷、艺术（陈列）陶瓷、卫生陶瓷、建筑陶瓷、电器陶瓷、电子陶瓷、化工陶瓷、纺织陶瓷等。

无釉陶瓷　　有釉陶瓷

图6-2　无釉陶瓷与有釉陶瓷示例

6.1.4　按是否施釉分

按是否施釉来分，可分为有釉陶瓷和无釉陶瓷两类。釉是附着于陶瓷坯体表面的一种连续的玻璃质层，或者是一种玻璃体与晶体的混合层。尽管施釉能增加陶瓷制品的机械强度、热稳定性和电介强度，还有美化器物、便于拭洗、不被尘土或腥秽侵蚀等特点。但并不是所有的陶瓷制品都必须要求施釉的，施釉与否可根据制品的使用功能和审美特征综合评定，从而形成有釉和无釉两类陶瓷制品（图6-2）。

6.2　陶瓷的基本性能

陶瓷制品的种类繁多，随着用途不同，其性能要求也不一样。日用陶瓷强调白度与强度，电磁陶瓷要求提高绝缘性。化工陶瓷除了应有极高的耐腐蚀性、机械强度、抗冲击强度外，还要能够经受急冷急热的温度变化。另外，由于陶瓷的组织结构非常复杂，一般由晶相、玻璃相和气相组成，各种相的组成、结构、数量、几何形状及分布情况等都影响陶瓷的性能。

6.2.1　光学性质

陶瓷的光学性能是指其在红外线、可见光、紫外线及各种射线作用下的一些性质，一般可以从陶瓷的白度、透光度和光泽度等方面进行分析、评判。

（1）**白度。**白度是指陶瓷制品对白色光的漫反射能力，包括坯体白度与釉面白度。白度是以45°角度投射到陶瓷试件表面上的白光反射强度与化学纯硫酸钡样片（白度作100%）的比较而得。绝大部分陶瓷在外观色泽上均采用色度不低于70%的白色。影响陶瓷制品白度的因素，主要是三氧化二铁与二氧化钛等着色氧化物含量的多少。这些着色氧化物的增减与陶瓷白度成反比，增加0.1%的此类着色氧化物，白度就相应降低二至三度。

（2）**透光度。**透光度是指陶瓷允许可见光透过的程度，常用透过陶瓷片的光强度与入射在瓷片上的光强度之比来表示。不同陶瓷的透光度也不相同，透光度与瓷片厚度、原料纯度、配料组成、坯料细度、烧制温度等因素有关。

（3）**光泽度。**光泽度决定于陶瓷釉层表面的平坦与光滑程度，是陶瓷表面对可见光的反射能力。受到光线照射时，由于釉表面平滑程度等因素的影响，不同陶瓷的釉表面朝一定方向的反光能力有所不同，因此感觉到的光泽程度也不同。釉面光泽还与其折射率有关，折射率越高，光泽度也越高。不同用途陶瓷对表面光泽要求不同，日用陶瓷、艺术陶瓷、卫生陶瓷等通常要求表面有比较好的光泽，以提高陶瓷外观质量并有利于清洗；而室内外装饰陶瓷就不宜表面光泽太强，甚至要求无光泽。

6.2.2 力学性质

陶瓷的力学性质是指陶瓷制品抵抗外界机械应力作用的能力。包括弹性变形、塑性变形、蠕变强度和断裂硬度等。

与金属和塑料不同，陶瓷具有弹性模量高、抗压强度、硬度和高温强度高、高温蠕变小等优良的力学性能；而其抗拉强度低，抗剪强度则很低，脆性大，几乎没有塑性，在静态负荷下，稍受外力冲击便会发生脆裂。另外，陶瓷基本不具有抗断裂性能，抗冲击强度远低于抗压强度。

6.2.3 热稳定性

热稳定性是指陶瓷材料承受外界温度急剧变化而不破损的能力，又称抗热震性或耐温度急变性。主要包括热容、热膨胀系数、热导率、热稳定性、抗热震性、抗热冲击性等。热稳定性是陶瓷制品使用时的一个重要质量指标。陶瓷熔点高，大多在2000℃以上。有很高的抗氧化性，高温强度好，抗蠕变能力强，适宜作高温材料。陶瓷的热膨胀系数较小，一般热导率也较低。但陶瓷的抗热震能力较差，也就是在温度急剧变化时抵抗破坏的能力较差，容易造成陶瓷制品产生裂纹或开裂。

6.2.4 电绝缘性

陶瓷的电性能在工作电路中起着重要的作用。一般情况下，大多数陶瓷是电的绝缘体，少数特种陶瓷可以是半导体。温度对陶瓷的导电率有明显的影响，当温度升高时，陶瓷的导电率会升高。另外，当作用于陶瓷材料的电场强度超过某一临界值时，它会丧失绝缘性能，由介电状态转变为导电状态，这种现象称为介电强度的破坏或介质的击穿。

6.2.5 化学性能

陶瓷的化学稳定性主要取决于坯料的化学组成和结构特征。陶瓷的组织结构非常稳定，不但在室温下不会氧化，即使在1000℃以上的高温下也不会氧化。一般情况下，陶瓷是良好的耐酸材料，能耐无机酸和有机酸及盐的侵蚀，但抵抗碱的侵蚀能力较弱。餐具瓷釉的使用要注意在弱酸碱的侵蚀下，铅的溶出量超过一定量时会影响人体健康。

6.2.6 气孔率与吸水率

气孔率是指陶瓷制品所含气孔的体积与制品总体积的百分比，它的高低和密度的大小是鉴别和区分各类陶瓷的重要标志。吸水率则反映陶瓷制品烧结后的致密程度，日用陶瓷质地致密，吸水率不超过0.5%，炻器吸水率在2%以下，陶器吸水率则在3%以上。

6.3　产品设计中常用的陶瓷

6.3.1　日用陶瓷

日用陶瓷指人们日常生活中必不可少的生活用陶瓷。陶瓷是应人们日常生活的需求而产生，是人们日常生活中接触最多，也是最熟悉的瓷器，如餐具、茶具、咖啡具、酒具等。由于胎坯、釉料不同，以及制作工艺方面的差异，日用陶瓷也呈现出不同的质感效果。目前市场上流通的主要日用陶瓷有细瓷器、普瓷器、炻瓷器、骨质瓷器、釉下彩瓷器、精陶器等（图6-3）。

因日用陶瓷一般与食品、餐饮器具与设备和人体接触，所以必须满足以下四个方面的重要指标：

一是铅、镉的溶出量。在日用陶瓷产品中，涉及人体健康的指标主要是铅、镉等重金属元素的溶出量；白瓷中的铅、镉溶出量极少或几乎没有，绝大多数釉上彩产品的铅、镉溶出量也很低，在国家标准的控制范围内。

二是微波炉适应性、冰箱到微波炉适应性、冰箱到烤箱适应性。由于日用陶瓷产品具有一定的吸水性，在使用后的清洗过程中产品坯体会吸入一些水分，在微波炉或烤箱中使用时，水分的气化可能会造成产品的开裂或破损；极个别产品可能因水分气化的速度过快，水蒸气无法快速通过产品的无釉处逸出，导致产品在微波炉、烤箱内炸裂。

三是吸水率。吸水率是表明陶瓷产品烧成后致密程度的特征性指标，吸水率指标是划分陶瓷瓷种的依据，吸水率0.5%、1.0%、5.0%的陶瓷，分别为细瓷、普瓷、炻器，吸水率10%为陶器。一般而言，吸水率越小的产品其使用寿命越长。

四是抗热震性。抗热震性是表明陶瓷产品抵抗外界温度急剧变化时而不出现裂纹或无破损能力的特征性指标，是重要的使用性能指标。日用陶瓷产品使用过程中接触的多为加热的食物，抗热震性差的产品在热冲击的作用下会导致产品的开裂或破损。如果产品的强度较低，盛装热食物时可能出现破碎，造成对人体的伤害。

6.3.2　建筑陶瓷

建筑陶瓷是指房屋、道路、给排水和庭园等各种土木建筑工程用的陶瓷制品。有陶瓷面砖、彩色瓷粒、陶管等。按制品材质分为粗陶、精陶、半瓷和瓷质四类；按坯体烧结程度分为多孔性、致密性以及带釉、不带釉制品等。其共同特点是强度高、

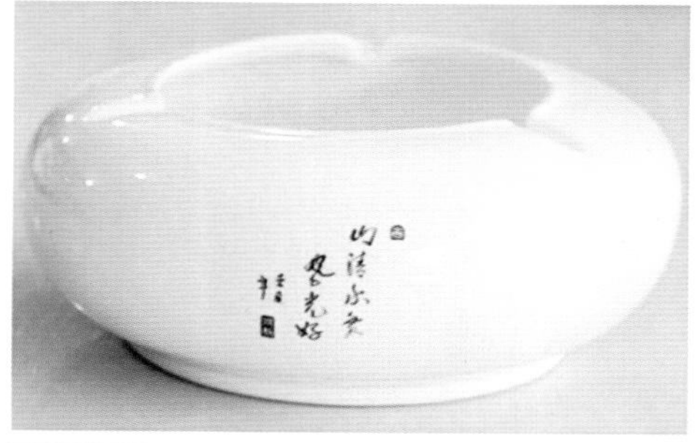

图6-3　日常用陶瓷示例

防潮、防火、耐酸、耐碱、抗冻、不老化、不变质、不褪色、易清洁等，并具有丰富的艺术装饰效果。

（1）**陶瓷面砖。**陶瓷面砖是用作墙面、地面等贴面的薄片或薄板状陶瓷质室内装修材料，也可用作炉灶、浴池、洗濯槽等贴面材料。有内墙面砖、外墙面砖、地面砖、陶瓷锦砖和陶瓷壁画等。

①**内墙面砖：**内墙面砖也称釉面砖，用精陶原料制成，制品较薄，坯体气孔率较高，正表面上釉，以白釉砖和单色釉砖为主要品种，并在此基础上应用色料制成各种花色品种。

②**外墙面砖：**外墙面砖由半瓷质或瓷质材料制成，分有釉和无釉两类，均饰以各种颜色或图案。釉面一般为单色、无光或弱光泽。具有经久耐用、不褪色、抗冻、抗蚀和依靠雨水自洗清洁的特点。

③**陶瓷锦砖：**陶瓷锦砖也称马赛克，是用于地面或墙面的小块瓷质装修材料。可制成不同颜色、尺寸和形状，并可拼成某种图案单元，粘贴于纸或尼龙网上，以便于施工，并分有釉和无釉两种（图6-4）。

④**陶瓷壁画：**陶瓷壁画为贴于内外墙壁上的艺术陶瓷。用于外墙的由半瓷质或瓷质材料制成，用于内墙的可由精陶材料制成。特点是经久耐用，永不褪色。一般以数十甚至数千块白釉内墙砖拼成，用无机陶瓷颜料手工绘画烧制成画面（图6-5）。

（2）**彩色瓷粒。**彩色瓷粒为散粒状彩色瓷质颗粒，是采用高岭土、长石、石英和黏土为主的原料，外加无机高温色剂，经高温烧制而成；用合成树脂乳液作黏合剂，形成彩砂涂料，涂敷于外墙面或路面上。彩色陶瓷颗粒是近年来世界各国普遍采用的一种新型路面或外墙材料，其具有防滑耐磨、环保耐腐、吸水率低、色泽鲜艳、高档美观、永不褪色、坚硬牢固、使用寿命长等特点。广泛应用于高速公路、飞机场、飞机场跑道、火车站、地铁、公交车站台、停车场、公园、广场、学校和宾馆饭店、办公楼写字楼等的路面铺设及标识。是构造景观区域、景观小区、美化城市环境等方面的首选新型材料（图6-6）。

（3）**陶管。**陶管用于民房、工业和农田建筑给水、排水系统的陶质管道，有施釉和不施釉两种，采用插接方式接长。陶管具有较高的耐酸碱性，管内表面有光滑釉层，不会附生藻类而阻碍液体流通。

陶管一般以难熔黏土或耐火黏土为主要原料，其内表面或内外表面用泥釉或食盐釉。可用挤管机挤出成型，坯体含水率低，便于机械化操作。也可用煤烧明焰隧道窑烧制而成，烧制温度为1260℃左右（图6-7）。

图6-5　陶瓷壁画

图6-4　陶瓷锦砖使用效果

图6-6　为彩色瓷粒应用示例

图6-7 陶管

图6-9 成化斗彩鸡缸杯（明成化）

图6-8 各类陶瓷卫生器具

6.3.3 卫生陶瓷

卫生陶瓷是指卫生和清洁盥洗用的陶瓷用具，也称卫生洁具。按制品材质不同有熟料陶（吸水率小于18%）、精陶（吸水率小于12%）、半瓷（吸水率小于5%）和瓷（吸水率小于0.5%）四种，其中以瓷质材料的性能为最好。熟料陶用于制造立式小便器、浴盆等大型器具，其余三种用于制造中小型器具。各国的卫生陶瓷根据其使用环境条件，可选用不同的材质制造。

中国生产的卫生陶瓷产品多属半瓷质和瓷质，有洗面池、大便器、小便器、妇洗器、水箱、洗涤槽、浴盆、返水管、肥皂盒、卫生纸盒、火车专用卫生器、化验槽等品类。每一品类又有许多种形式，例如洗面池，有台式、墙挂式和立柱式等；大便器有坐式和蹲式，坐便器又按其排污方式有冲落式、虹吸式、喷射虹吸式、旋涡虹吸式等（图6-8）。

6.3.4 艺术陶瓷

艺术陶瓷也称陶瓷艺术品，是陶艺和瓷器艺术的总称，是目前唯一一种“既能观赏、还能把玩；既能使用，还能投资、收藏”的艺术品。艺术陶瓷可按材质划分为：炻瓷、青瓷、骨瓷、高白玉瓷、白瓷、黑陶瓷等；按表面装饰方式不同可分为：青花瓷、中国红瓷、釉下五彩瓷、毛瓷、刻花瓷等；按窑口来划分有：景德镇瓷、醴陵瓷、德化瓷、汝瓷、钧瓷、龙泉瓷等。图6-9所示是明成化年间斗彩鸡缸杯，高4cm、口径8.3cm、足径3.7cm。

陶瓷艺术品以其精巧的装饰美、梦幻的意境美、陶艺的个性美、独特的材质美，形成了特有的陶瓷文化，受到了人们的喜爱，并逐渐成为部分收藏爱好者的投资首选。

6.3.5 结构陶瓷

结构陶瓷是专用于各种结构部件，以发挥机械、热、化学和生物等功能的高性能陶瓷；因常在高温下使用，故也称高温结构陶瓷或工程陶瓷。结构陶瓷由单一或复合的氧化物或非氧化物组成，如单由三氧化二铝、二氧化锆、碳化硅、氮化硅，或相互复合，或与碳纤维结合而成。用于制造陶瓷发动机和耐磨、耐高温的特殊构件。结构陶瓷在高温下的强度和硬度高、蠕变小，能抵抗氧和其他化学物质的侵蚀，并具有较高的断裂韧性和耐磨性，其耐机械振动和温度激变的能力也较一般陶瓷优越。

结构陶瓷种类较多，按原料不同分为：氧化物陶瓷（氧化铝、氧化锆、莫来石等），氮化物陶瓷（氮化硅、氮化铝、氮化硼等），碳化物陶瓷（碳化硅、碳化钛、碳化硼等），硼化物陶瓷（硼化钛、硼化锆

图6-10　结构陶瓷应用示例

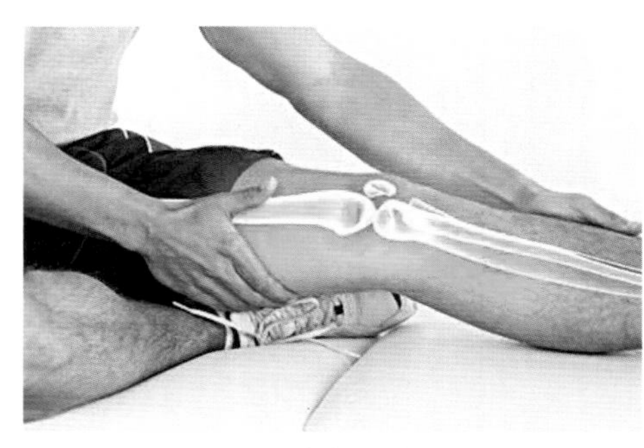

图6-11　生物陶瓷人工骨

等）。根据使用条件的不同，又可将结构陶瓷分为大热流高温结构陶瓷和中热流高温结构陶瓷；大热流高温结构陶瓷是指在1500℃以上的高温环境中短时间（几秒钟到几十分钟）使用的材料，主要用于空间和军事技术，如洲际导弹端头帽、火箭发动机尾喷管、航天飞机外蒙皮层等；中热流高温结构陶瓷是指在1200℃以上的高温环境中长时间使用的材料，主要用于新能源技术和现代化工业生产中，提高热效率、能源利用率和环境质量，如发动机的热交换室、热交换器、涡轮叶片、活塞帽、气缸套和阀门等（图6-10）。

6.3.6　功能陶瓷

功能陶瓷，是指在应用时主要利用其非力学性能的材料，这类材料通常具有一种或多种功能，如电、磁、光、热、化学、生物等；有的还有耦合功能，如压电、压磁、热电、电光、声光、磁光等。按功能陶瓷的功能和主要用途不同可分为：电功能陶瓷、磁功能陶瓷、光功能陶瓷、敏感功能陶瓷、生物及化学功能陶瓷等。常见的功能陶瓷有：半导体陶瓷、绝缘陶瓷、介电陶瓷、发光陶瓷、感光陶瓷、吸波陶瓷、激光用陶瓷、核燃料陶瓷、推进剂陶瓷、太阳能光转换陶瓷、贮能陶瓷、陶瓷固体电池、阻尼陶瓷、生物技术陶瓷、催化陶瓷、特种功能薄膜等。

功能陶瓷已经在能源开发、电子技术、传感技术、激光技术、光电子技术、红外技术、生物技术、环境科学、自动控制、交通、冶金、化工、精密机械、航空航天、国防等行业或领域发挥着重要作用。随着材料科学的迅速发展，功能陶瓷材料的各种新性能、新应用不断被人们所认识，并积极加以开发应用。图6-11为多孔磷酸钙生物陶瓷人工骨，不仅具有良好的生物相容性，在一定条件下还表现出骨诱导性，即不用外加生长因子或活体细胞就可以诱导骨组织生成，植入人体内过一段时间，陶瓷中会形成新骨头，陶瓷本身会慢慢消失，最终转变为人骨。

6.4　陶瓷成型工艺

陶瓷的成型工艺是指以黏土为主要原料，经原料配制、坯料成型、窑炉烧结等形成陶瓷制品的过程。

6.4.1　原料配制

陶瓷的原料配制对于制备陶瓷制品至关重要，在一定程度上决定了陶瓷制品的质量和工艺流程及工艺条件的选择。因此，了解和掌握原料的基本成分、性质和作用是十分必要的。陶瓷原料主要包括以下几类：

（1）**黏土。**黏土是陶瓷的主要原料之一，是由多种矿物质组成的混合物，由于黏土具有可塑性和烧结性，是陶瓷坯体成型的基本原料。常见的黏土类矿物质有高岭土、瓷石、叙永土、膨润土、叶蜡石、页岩等；主体成分是二氧化硅、氧化铝和水。

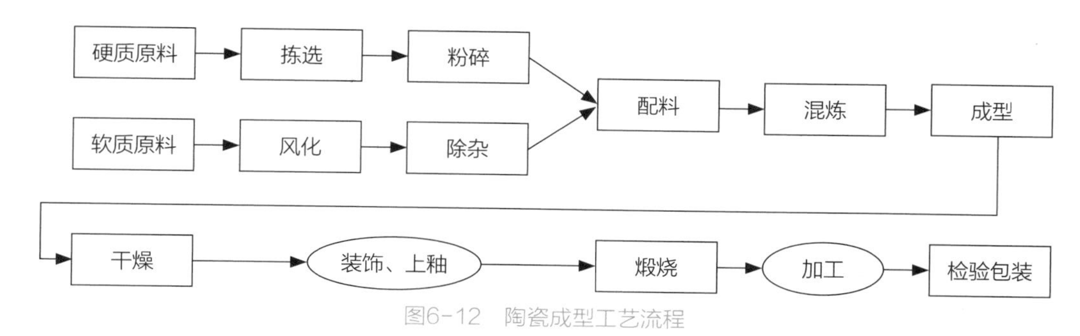

图6-12　陶瓷成型工艺流程

（2）**石英。**石英的主要成分为二氧化硅（SiO_2），在自然界中分布很广，质地较纯。石英存在的形式很多，在陶瓷生产中使用的一般为脉石英或石英岩，其二氧化硅的含量都在97%以上。由于石英岩粉碎后与水掺和时不具有可塑性，因此可利用它作为常温下坯料可塑性的调节剂。在烧成时，石英的加热膨胀可部分抵消部分坯体的收缩，减少变形，提高坯体的机械强度；并提高釉面的硬度、耐磨性、透明性、耐化学稳定性。

（3）**长石。**长石是陶瓷原料中最常用的熔剂性原料，在陶瓷生产中用作坯料、釉料熔剂等基本成分。长石在高温下熔融，形成黏稠的玻璃体，是坯料中碱金属氧化物的主要来源，能降低陶瓷坯体组分的熔化温度，利于成瓷和降低烧成温度；在釉料中做熔剂，形成玻璃相。

（4）**滑石。**滑石是一种常见的硅酸盐矿物质，非常软且具有滑腻的手感，富含镁。在陶瓷生产中，滑石可作为陶瓷釉的助熔剂，用于改善釉的弹性、热稳定性，加宽釉的熔融范围；也可以在坯体中形成含镁玻璃，这种玻璃湿膨胀小，能防止后期龟裂。

（5）**硅灰石。**在陶瓷原料中加入适量的硅灰石，能明显地改善坯体收缩，大幅度降低烧成温度，缩短烧成时间，实现低温快速一次烧成，大量节约燃料，明显降低产品成本；同时提高产品的机械性能、减少产品的裂缝和翘曲，增加釉面光泽，进而提高产品的合格率。

上述各类坯、釉原料准备好以后，经过精选、淘洗，根据陶瓷制品品种、性能和成型方法的要求，以及原料的配方和原料来源等因素进行称量配料；粉碎达到所需细度后，经过除铁、过筛、混合、搅拌、泥浆脱水、练泥、陈腐等工艺，即形成陶瓷坯料（图6-12）。

6.4.2　坯体成型

将陶瓷坯料制成具有一定形状和规格坯体的过程即为坯体成型。由于陶瓷制品的种类繁多，用途各异，制品的形状、尺寸、材质和烧制温度不一，对各种制品的性能和要求也不尽相同。因此采用的成型方法也多种多样，造成了成型工艺的复杂性。常用的陶瓷坯体成型方法有可塑成型法、注浆成型法、压制成型法、流延成型法等。

（1）**可塑成型。**可塑成型法是利用模具或刀具等工艺装备运动所造成的压力、剪力或挤压力等外力，对具有可塑性的坯料进行加工，迫使坯料在外力作用下发生可塑变形而制作坯体的成型方法。可塑成型法具有所用坯料制备比较方便，对泥料加工所需外力较小，对模具强度要求不高，操作比较容易掌握等特点，所以大多数陶瓷制品采用可塑成型法。但是，可塑成型法存在所用泥料含水量大，干燥热耗大、周期长、坯件易出现变形、开裂等缺陷。

根据加工方式的不同，可塑成型法可分为拉坯、旋压、滚压、挤压、车坯、塑压、注塑、印坯、雕镶等不同加工方式。

①**拉坯：**拉坯是陶瓷坯体塑性成型的工序之一，也叫作坯，是成型的最初阶段。它是将制备好的泥料放在人力或动力驱动下的轱辘机上，完全由人手工操作，拉制出具有一定形状和尺寸的坯件。拉坯是陶瓷器生产的传统方法，凡圆形器物都可用拉坯方法成型；拉坯时要求坯料柔软，延伸变形量大，含水率在23%～25%；拉坯完毕后，根据需要还可以进行修坯，修坯可以借助手工工具修，也可以在拉坯机上进行（图6-13）。

拉坯成型工艺过程由手工操作，不用模具，技艺水平要求高，劳动强度大；拉坯成型制品尺寸精

图6-13　拉坯与修坯示意图

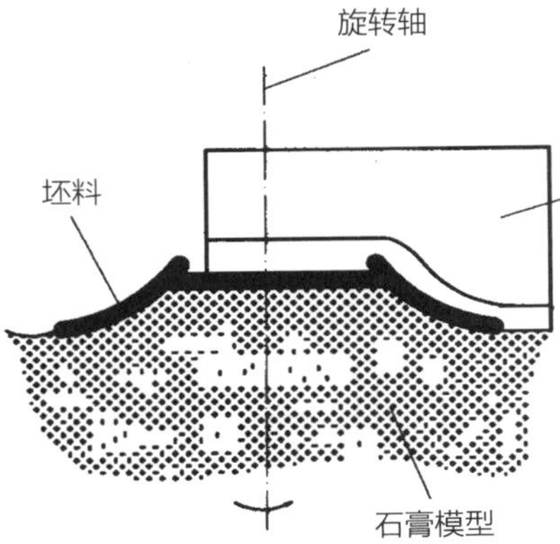

图6-14　旋压成型原理

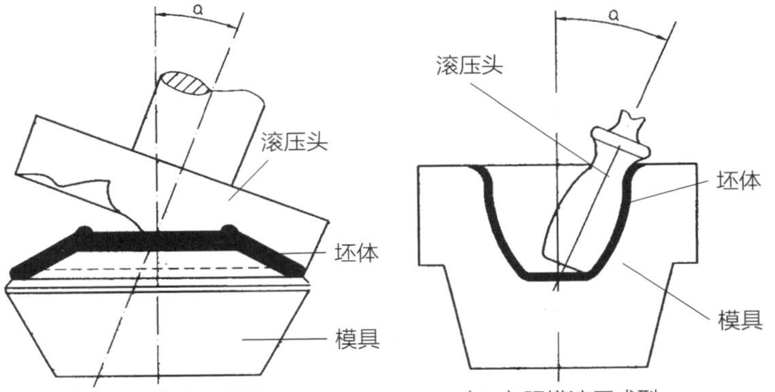

（a）阳模滚压成型　（b）阴模滚压成型

图6-15　滚压成型原理

度低，易产生变形；适用于生产批量小、器形简单的陶瓷器。

②旋压成型：旋压成型是陶瓷的常用成型方法之一。它主要利用作旋转运动的石膏模具与只能上下运动的样板刀来成型。成型时，先将泥料适量放在随轱辘车转动的石膏模具中，然后压下样板刀接触泥料，使泥料受到挤压、刮削和剪切的作用而均匀地分布于石膏模型表面，多余的泥料则由样板刀清除。这样石膏模具表面和样板刀之间所构成的空隙就被泥料填满而旋制成坯体（图6-14）。

旋压成型分阴模和阳模成型两种，阴模成型的石膏模内凹，模内放坯料，模型内壁决定坯体外形，样板刀决定坯体内表面形状，多用于杯、碗等器形较大、内孔较深、口径小的产品成型。阳模成型的石膏模凸起，模上放坯料，模型的凸起面决定坯体内表面，样板刀旋转决定其外表面，多用于盘、碟等器形较浅、口径较大的产品成型。

旋压成型的优点是设备简单、适应性强，可以旋制深凹制品，是日用陶瓷的主要成型方法之一；缺点是旋压质量差，手工操作劳动强度大，坯体密度小且分布不均，含水率高，制品易变形。

③滚压成型：滚压成型是由旋压成型演变而来的，滚压与旋压的不同之处是把扁平的样板刀改为回转型的滚压头。成型过程中，盛放泥料的模型和滚压头分别绕自己轴线以一定的速度同方向旋转，滚头一边旋转一边靠近盛放泥料的模型，并对坯泥进行滚和压而成型（图6-15）。滚压成型与旋压成型一样，可采用阳模与阴模滚压。阳模滚压是利用

滚头来决定坯体的阳面（外表）形状与大小，如图6-15（a）所示，它适用于成型扁平、宽口器皿和坯体内表面有花纹的制品。阴模滚压是利用滚头来形成坯的内表面，如图6-15（b）所示，它适合于成型口径小而深凹的制品。

滚压成型所用泥料的含水率为20%～22%，成型时既有滚压又有滑动，主要受压延作用，坯泥均匀展开，受力由小到大，比较缓和、均匀，坯体的组织结构均匀，不易变形，表面质量好，规则一致，克服了旋压成型的基本弱点，提高了日用陶瓷的质量。

④挤压成型：挤压成型是采用真空练泥机、螺旋或活塞挤坯机，将可塑性泥料挤压向前，经过机嘴定型，达到制品所要求的形状。挤压成型适用于各种管状产品，如高温炉管、热电偶套管、电容器瓷管等，各种瓷棒或轴或断面形状规则的圆形、椭圆形、方形、六角形柱体等。坯体的外形与内部构造由挤压机机头的内部形状决定，坯体长度根据需要进行切割（图6-16）。

⑤车坯成型：车坯成型适用于外形比较复杂的圆柱状产品，如圆柱形的套管、棒形支柱和棒形悬式绝缘子的成型。根据坯料加工时装置的方式不同，车坯成型分为立车和横车；根据所用泥料的含水率不同，又分为干车和湿车。图6-17为户外配电装置中的棒形悬式瓷绝缘子，中间的车坯成型瓷件与上、下端金属附件用水泥胶合剂胶装而成，瓷件表面上棕色釉。

干车时含水率为8%～11%，用横式车床车修。干车制成的坯件尺寸较准确，不易变形和产生内应力，不易碰伤、撞坏，上下坯易实现自动化；但成型时粉尘较多，效率低、刀具磨损大。湿车所用泥料含水率较高，为16%～18%，效率较高，无粉尘，刀具磨损小，但成型的坯件尺寸精度较差。

⑥雕镶成型：雕镶成型是通过手工捏制、雕削、镶嵌、粘接坯料而制成坯体的方法，多用于一些特殊器形，如人物、鸟兽、山水、花草、虫鱼等的成型方法。雕镶成型是先将练好的塑性泥料用印坯和拍打相结合的方法制成适当厚度的泥尺，然后切成所需形状与规格，再用刀、尺等工具进行修、削以制成符合要求的式样和厚度，最后用泥浆粘镶成坯体（图6-18）。

⑦印坯成型：印坯成型是用塑性泥料在模具中翻印制品的方法，将泥料贴覆在模具上，均匀拍打坯体外壁，然后脱模即可，适用于各种异形制品和精度要求不高的制品。印坯成型可分单面印坯和双

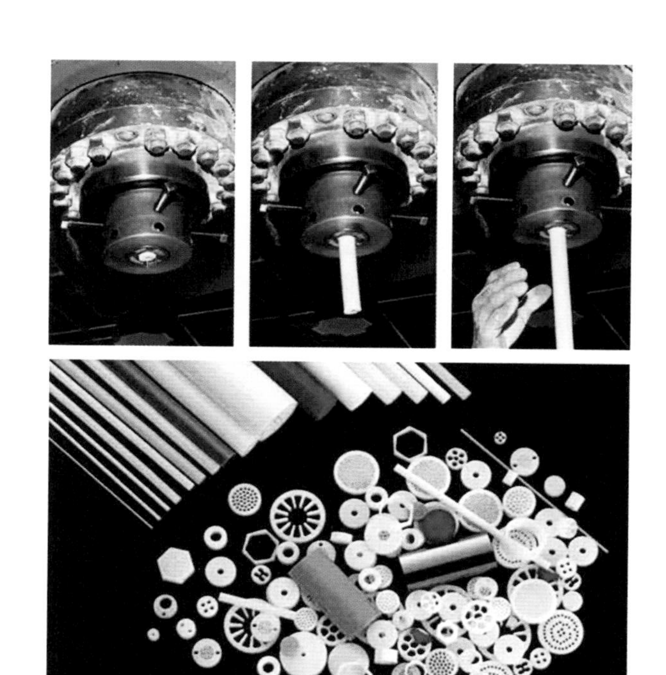

图6-16　陶瓷挤压成型坯体

图6-17　棒形悬式瓷绝缘子

图6-18　各类雕镶成型制品

图6-19　印坯成型部分工序与制品

面印坯，如六角形瓶、菱形花钵、人物或禽兽中的某些局部器形、琉璃瓦中的屋脊等都可以采用印坯成型，然后经过修整再和其他部分黏结成整个坯体（图6-19）。

印坯成型最大的优点就是不需要机械设备，手工操作即可成坯型；但生产效率低，而且常由于印坯时施压不均，干燥收缩不匀而易引起开裂变形。

（2）**注浆成型法。**注浆成型的原理是基于石膏模能吸收水分的特性，将泥浆注入石膏模后，其中的水分被石膏模吸收形成薄泥层，随着时间的延长，泥层逐渐增厚，当泥层增厚达到所要求的注件厚度时，把多余泥浆倒出，即形成雏坯；由于石膏模继续吸收雏坯中的水分和雏坯表面水分蒸发，雏坯开始干燥收缩，脱离模型形成生坯，具有一定的强度后即可脱模。

注浆成型具有适用性强，不需复杂的机械设备，成型技术容易掌握，生产成本低，坯体结构均匀，适合于复杂形状和大型薄壁注件等优点。但也存在劳动强度大，操作工序多，生产效率低，生产周期长，石膏模占用场地与损耗大，注件含水量高，密度小，收缩大，烧成时容易变形等缺点。

注浆成型按制品的构造不同，又分为单面注浆和双面注浆成型。

①单面注浆成型：单面注浆成型又称空心注浆成型，泥浆与石膏模型的接触只有一面，没有模具芯，即为单面注浆。泥浆注满石膏模具并经过一段时间而形成所需要的注件后，倒出多余的泥浆，待注件干燥收缩后脱模，取出注件（图6-20）。单面注浆成型适用于小型薄壁的制品，如花瓶、茶壶、

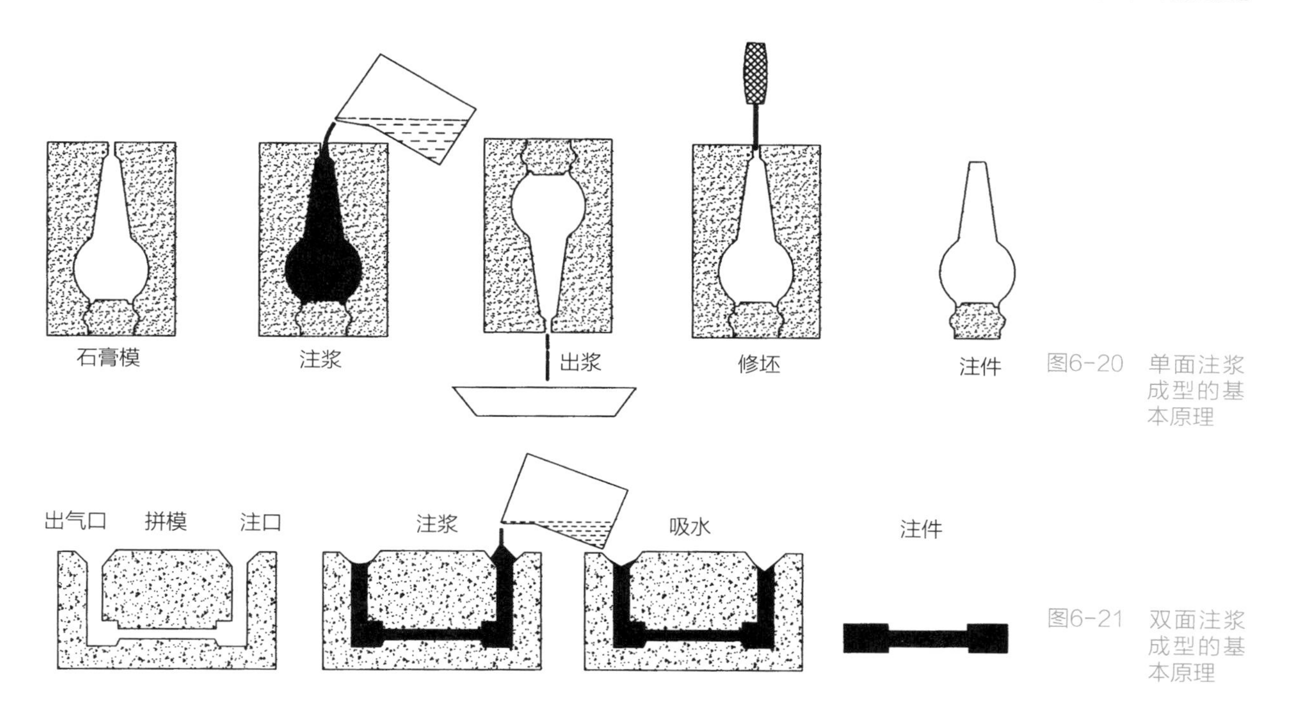

图6-20 单面注浆成型的基本原理

图6-21 双面注浆成型的基本原理

薄壁工艺品、管件、坩埚等。单面注浆成型所用的泥浆密度较小，含水量大，否则空浆后注件内表面存在泥缕和不光滑现象。

②双面注浆成型：双面注浆成型又称实心注浆成型，泥浆注入外模与模芯之间的空隙处，泥浆被外模与模芯两面吸水，模芯的形状决定了坯体的内部形状（图6-21）。双面注浆成型适用于浇注两面形状和花纹不同、大型、壁厚的制品。双面注浆成型常用比单面注浆成型浓的泥浆，以缩短吸浆时间。由于在坏体形成过程中，模型从两个方面吸收泥浆中的水分，所以靠近模壁处坯体较致密，坯体中心部位较疏松，易导致坯体均匀性不佳。

由于传统注浆成型手工操作较多，生产效率低，坯体致密性差，收缩较大，制品缺陷较多；尤其是浇注大型较厚的坯体时，当坯体还未形成至所需厚度时，距模具壁较远处的泥浆还未脱，而紧靠模具壁的坯体就可能已经收缩离开模具壁，形成缺陷坯体。为了改进传统注浆成型的缺陷，便延伸出了强化注浆成型方法。强化注浆成型方法主要有压力注浆、真空注浆、离心注浆、热浆注浆、电泳注浆等。

（3）压制成型法。压制成型法分为干压成型和等静压成型。粉料含水率为3%～7%时为干压成型；等静压成型中，粉料含水率可低至3%以下。压制成型具有生产过程简单，坯料收缩率小，致密度高，制品尺寸精确，对坯料的可塑性要求不高等优点；但也具有不适用于形状复杂的制品成型等不足。

①干压成型：干压成型又称模压成型，是现代陶瓷生产中较常用的一种坯体成型方法，将粉料加少量黏合剂造粒，形成含水率为3%～7%的粉粒，然后装入模具中，通过压力机加压，使粉粒在模具内相互靠近，并借内摩擦力牢固地结合，形成一定形状的坯体。

干压成型的优点有坯体密度大，尺寸精确，收缩小，机械强度高，电性能好，工艺简单，操作方便，周期短，效率高，便于实行自动化生产。但也具有对大型坯体生产有困难，模具磨损大、加工复杂、成本高；只能上下加压，压力分布不均匀，致密度不均匀，收缩不均匀，会产生开裂、分层现象等缺点。干压成型特别适宜于各种截面厚度较小的陶瓷制品制备，如陶瓷密封环、阀门用陶瓷阀芯、陶瓷衬板、陶瓷内衬等（图6-22）。

②等静压成型：等静压成型又称静水压成型，是将待压试样置于高压容器中，利用液体介质不可压缩和均匀传递压力的性质从各个方向对试样进行均匀加压；当液体介质通过压力泵注入压力容器时，根据流体力学原理，其压强大小不变且均

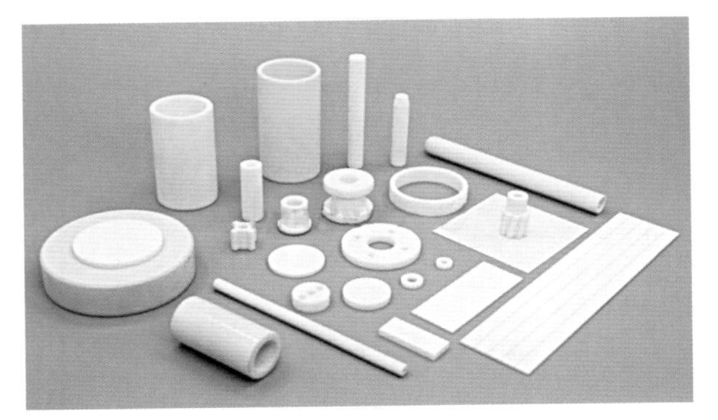
图6-22　部分干压成型陶瓷制品

图6-23　等静压成型陶瓷耐磨球

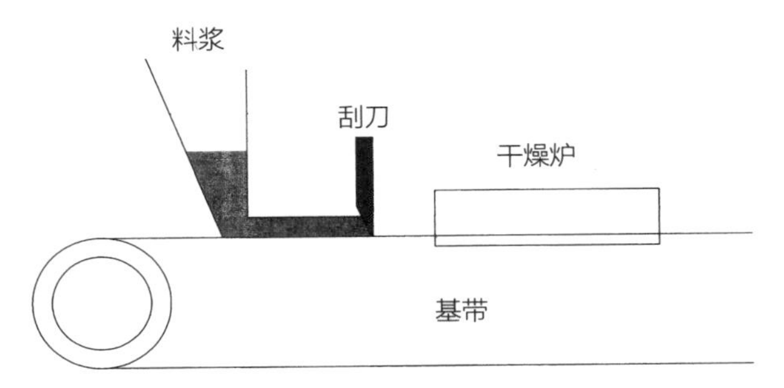

图6-24　流延成型法的基本原理

图6-25　流延成型的小米手机微晶锆陶瓷机身

匀地传递到各个方向。此时高压容器中的粉料在各个方向上受到的压力是均匀的和大小一致的。通过上述方法使粉料成型为致密坯体的方法称为等静压法。

等静压成型制品具有组织结构均匀，密度高，烧结收缩率小，模具成本低，生产效率高，可成型形状复杂、细长制品和大尺寸制品和精密尺寸制品等突出优点，但也具有设备复杂，操作烦琐，生产效率低等缺点。等静压成型是目前一种较先进的成型工艺，以其独特的优势开始替代传统的成型方法，如陶瓷生产的火花塞、瓷球、柱塞、真空管壳等产品，显示出越来越广阔的应用前景（图6-23）。

（4）流延成型法。流延成型是指将细而分散的陶瓷粉料悬浮在由溶剂、增塑剂、黏结剂、黏合剂和悬浮剂组成的无水溶液或水溶液中，成为可塑且能流动的料浆。料浆在刮刀下流过，便在流延机的运输带上形成平整而连续的薄膜状坯带，坯带缓慢向前移动，待溶剂逐渐挥发后，粉料的固体微粒便聚集在一起，形成比较致密的、具有一定韧性的坯带，烘干后卷轴待用。使用时根据制品的要求，只需经过冲压，即得到具有一定形状的坯体（图6-24）。

流延成型具有设备简单、可连续操作、生产效率高、自动化水平高、工艺稳定、成型坯体性能的重复性好和尺寸的一致性较高，坯体性能均一等优点，在陶瓷材料的成型工艺中得到了广泛的应用。流延成型特别适用于制备厚度小于0.2mm以下的各种超薄型电子陶瓷制品；也适用于制作0.25～1mm厚度的介电陶瓷基片（板）材料、电容器瓷片、多层布线瓷片等功能陶瓷（图6-25）。

6.4.3　坯体加工干燥

坯体干燥是指排除坯体中水分的过程。在陶瓷坯体的成型过程中，采用注浆法成型的泥浆，呈流动状态，含水率一般在30%～35%；可塑成型的泥料，呈可塑状态，含水率一般在15%～26%；干压或半干压成型的坯体含水率在3%～14%；即使等静压法成型的坯体含水率也在1%～3%；这既不利于坯体的搬运，也不利于吸附釉层，更不能直接烧成。因此，坯体干燥的目的就在于使坯体获得一定的强度，以便于适应搬运、修坯、黏结、施釉、装窑和烧成等加工要求。水分减少能防止在烧成初期升温时因坯体水分大量排放而造成废品。坯体经干燥后留有2%左右的残余水分即可。过分干燥的坯体边角会有松脆现象，搬运时容易产生废品，同时也不经济。陶瓷坯体的干燥方法分为自然干燥和人工干燥两种。

（1）**自然干燥。**自然干燥在一般场地进行，也称阴干或风干。自然干燥不消耗动力和燃料，操作简便，但干燥速度慢效率低，劳动强度高，受气候条件影响大，不适合工业化规模生产。

（2）**人工干燥。**干燥速度快，产量高，不受气候条件的限制，适合工业化规模生产。人工干燥的方法有热空气干燥（包括室式干燥、隧道式干燥、喷雾干燥、链式干燥、热泵干燥）、工频电干燥、直流电干燥、辐射干燥（包括高频干燥、红外干燥、微波干燥）、综合干燥等。

6.4.4 坯体加工装饰

陶瓷器的坯体装饰是指在陶或瓷的坯体上，利用坯体材料的特性，通过一定的工艺方式对坯体进行加工后，形成的凹凸、虚实及色彩等方面变化的装饰。追溯中国历史上优秀的陶瓷作品，我们可以发现从陶瓷产生至宋元时期，坯体装饰一直是中国陶瓷器的重要装饰手法。陶瓷坯体装饰影响着器物造型的形体结构、节奏韵律，其中的凹凸变化、虚实对比，使陶瓷器物充满刚柔相济之美，体现了陶瓷特有的材质美和工艺美。

利用天然的泥料对陶瓷坯体进行创作和加工，达到相应的装饰效果。这种方法朴素自然，给人以无穷的回味和无限的联想。根据泥料的特性，结合装饰手法与欲充分表达的创意形式与内涵，坯体装饰的传统方式可分为堆贴加饰、削刻剔减、模具印纹等。

（1）**堆贴加饰。**堆贴加饰坯体装饰就是在坯体表面增加泥量，并通过堆、贴、塑等工艺方法达到装饰目的。其中包括有雕塑粘接、堆贴、堆塑、立粉等装饰方法。

①雕塑粘接：用雕刻或模印方式形成的立体小雕塑，干燥到与坯体含水率一致时，刷上泥浆再黏合到坯体表面，稍加修饰即可。雕塑粘接以制品耳部、足部的装饰为主，雕塑可以是写实的、功能性的部件，也可以是抽象的、装饰性的部件（图6-26）。

②堆贴或堆塑：堆贴或堆塑是运用工具或徒手用泥在陶瓷坯体表面累积成的浮雕状的装饰方法。如图6-27所示的宋徽宗时期流行的鼓钉笔洗，在笔洗的腹部以一周堆贴或堆塑形成的鼓钉作为装饰。

③立粉：立粉全称为“立粉堆彩”，是彩画中的立粉技法，最早运用于元代山西珐华彩陶器上。即用特制的带管泥浆带，挤出泥条堆在坯体表面上，然后在泥条堆出的纹样图案内根据需要分别填以黄、绿、紫、孔雀蓝等彩料，组成完整彩色图案后上釉烧成（图6-28）。

（2）**削刻剔减。**削刻剔减类坯体装饰是通过对坯体表面的切削、镂空、刻划等减去坯体泥量的工艺方法，构成装饰纹样或肌理。其中包括刻划、剔刻、镂空、跳刀、高浮雕等方法（图6-29）。

①刻划：刻划是直接用硬物在坯体上刻出深度一致的凹线，形成装饰图案或纹理的技法。

②剔刻：剔刻对坯体的材质要求较为细腻，先以刀刻出纹饰的轮廓线，再把外面的坯体去掉一

图6-26 唐三彩中的雕塑粘接

图6-27 堆贴或堆塑装饰的鼓钉笔洗

图6-28 元代卵白釉立粉五彩瓷

高浮雕

刻划

跳刀

剔刻

镂空

图6-29　削刻剔减类装饰示例

图6-30　满饰拍印布纹罍

图6-31　罐体上的戳印装饰

层，产生浮雕的效果。

③**镂空**：镂空是把坯体直接雕透的技法，纹样既可以是镂空的部分，又可以是镂空留下的部分，常用于照明灯具、香熏等需要透气的器物上，使器物在满足实用功能的同时产生轻盈、灵动的艺术效果。

④**跳刀**：跳刀在修正坯体时，有时会因为修坯刀与坯体在不同的角度下发生碰撞，留下一连串的点状凹痕，跳刀就是利用这种特性在坯体表面形成有规律的凹痕，达到装饰的目的。

⑤**高浮雕**：高浮雕指所雕刻的图案花纹高凸出底面的刻法，或者也可理解为一种下刀较深的浮雕方法。

（3）**模具印纹**。模具印纹类坯体装饰是利用坯体在柔软时的可塑性，用带花纹的拍子、印章、模子印出有凹凸质感的纹样。其中包括拍印、戳印、滚印、模印、模印贴花等方法。

①**拍印**：拍印即用带有各种纹样的木制、陶制的拍子或卷缠绳索的木棍直接在半干的坯体表面进行均匀的拍打，使坯体坚硬、致密，并在坯体表面留下纹样。后来，随着制陶工艺的发展，人们将在木拍上缠绕草绳、藤等的拍印方法，逐渐演变成刻模拍印技术，使古代制陶拍印技术大大地前进了一步。手工拍印装饰性花纹图案，是制陶工艺的一道工序，在坯体拍打后进行（图6-30）。

②**戳印、滚印**：戳印、滚印类似于邮戳印迹，运用复制纹样或文字的印模在陶瓷的坯体上形成凹凸，或不同色彩的纹饰标记，或文字。戳印是平面印制，滚印是转动印制。戳印或滚印印模有方形或接近方形、长方形、蘑菇形、椭圆形等（图6-31）。

③**模印**：模印是用刻有基本花纹的印花模具，在陶瓷坯体尚未全干时，用印模在坯体上面打印出花纹的方法。模印图案一般打印为规整的四方连续图案，形成同组花纹反复的韵律（图6-32）。

④**贴花**：贴花是用粘贴法将花纸上的彩色图案移至陶瓷坯体或釉面，也称“移花”。是现代陶瓷使用最广泛的一种装饰技法，分为釉上贴花和釉下贴花等。釉上贴花有薄膜移花、清水贴花和胶水贴花等。釉下贴花有在贴花纸上只印出花纹轮廓线，移印后再进行人工填色的；也有一次性贴上线条色彩的，称带水贴花。贴花纸有纸质和塑料薄膜两种，用纸质花纸须经过揭纸、洗涤等工序，后发明了薄膜花纸，便不须揭纸等工序并便于机械化、连续化操作（图6-33）。

6.4.5 坯体釉彩装饰

釉是覆盖在陶瓷制品表面的无色或有色的玻璃质薄层，是以长石、石英、滑石、高岭土等矿物为原料，并按一定比例配合，经过研磨制成釉浆，施于坯体表面，经一定温度煅烧而成。釉能增加陶瓷制品的机械强度、热稳定性和电介强度，改善陶瓷制品表面的物理和化学性能；同时还有美化器物、便于拭洗、不被尘土腥秽侵蚀等特点，能提高产品的使用性能。

釉的种类很多，按坯体类分，有瓷釉、陶釉及火石器釉；按烧成温度可分高温釉、低温釉；按外表特征可分透明釉、乳浊釉、颜色釉、有光釉、无光釉、裂纹釉、结晶釉等；按釉料组成可分为石灰釉、长石釉、铅釉、无铅釉、硼釉、铅硼釉等，现分述如下。

釉彩是指用特制的彩料，在瓷器坯体上绘制图案和纹饰，以增加制品的美感，提高其艺术价值的工艺过程。釉彩种类繁多，有釉上彩绘、釉下彩绘、青釉等。

（1）**釉上彩绘**。釉上彩绘又称表绘或炉彩，是在已烧好的瓷器釉面上用低温彩料绘制图案花纹，然后再在600～900℃的低温下二次烧成。由于烤烧温度不高，经受得起这种温度的色料很多，因而色彩极为丰富；另外，由于釉上彩绘是在高强度的陶瓷上进行，因此还可以采用贴花、喷花、刷花等生产效率较高，成本较低，能批量化生产的加工方式进行生产。但由于釉上彩的画面绘于釉上，表面有彩绘凸出感，经常使用摩擦或与酸碱接触之后，便易于受损变色；特别需要注意的是彩料中铅料会被酸溶出，如果用于餐具中被食入，会引起铅中毒。图6-34为釉上彩瓷罐。

（2）**釉下彩绘**。釉下彩绘又称里绘或窑彩，是用色料在已成型晾干的素坯（即半成品）上绘制各种纹饰，然后罩以白色透明釉或者其他浅色面釉，在1200～1400℃的高温窑中一次烧成。釉下彩绘是陶瓷的一种主要装饰手段，烧成后的图案被一层透明的釉膜覆盖在下边，表面光亮柔和、平滑不凸出，显得晶莹透亮，不易磨损，永不褪色，无铅无毒。釉下彩绘包括常见的青花、釉里红、釉下三彩、釉下五彩、釉下褐彩等（图6-35）。

（3）**青釉**。青釉又称青花瓷、白地青花瓷，常简称青花。是中国陶瓷烧制工艺的珍品和主流品种之一，属釉下彩瓷。青花瓷是用含氧化钴的钴矿为原料，在陶瓷坯体上描绘纹饰，再罩上一层透

图6-32 花卉模印葵口盘

图6-33 贴花陶瓷珠子手串

图6-34 釉上彩绘瓷罐

图6-35　釉下彩绘瓷

图6-36　青花瓷

图6-37　裂纹釉瓷器

图6-38　无光釉瓷杯

图6-39　流动釉制品

明釉，经高温一次烧成。青花瓷花面呈蓝色花纹，幽倩美观，明净素雅，呈色稳定，不易磨损（图6-36）。

（4）**裂纹釉。**裂纹釉是瓷器表面的一种装饰效果。裂纹釉的形成是由于釉的膨胀系数大于坯体的膨胀系数，在烧成后的迅速冷却过程中，釉面产生较大的张应力，使釉面形成许多小裂纹。裂纹疏密、粗细、长短、曲直相间，形似龟裂、蟹爪或冰裂的纹路。按釉面裂纹的形态不同有鱼子纹、冰裂纹、蟹爪纹、牛毛纹以及鳝鱼纹等。按釉面裂纹颜色呈现技法不同又分为夹层裂纹釉与镶嵌裂纹釉两种（图6-37）。

（5）**无光釉。**无光釉是指呈丝光或玉石状光泽而无强烈反射光的釉。无光釉并不是绝对没有光，只是釉的表面对光的反射不强，故没有玻璃那样的高度光泽，只在平滑表面上显示出丝状或绒状的光泽。无光釉一般通过缓慢冷却，使透明釉析出微晶而无光泽的方法形成。无光釉用于艺术陶瓷上可以得到特殊的艺术效果，因而是一种珍贵的艺术釉（图6-38）。

（6）**流动釉。**在釉的烧成过程中，由于釉熔点降低，釉汁沿器物斜面自然流动，形成美丽自然的花纹，谓之“流动釉”。制作流动釉产品，可用浇釉、浸釉、涂釉法等，将釉直接施于坯体；也可在坯体上先施一层白釉，然后再施其他色釉。有时使用熔点低的釉或用易熔釉在烧成温度下，让釉沿着制品的倾斜表面自然流动，形成像河水、山泉一样在流动的效果，具有美丽、自然、流畅的特殊艺术效果。流动釉可以采用浇釉、浸釉、喷釉以及筛釉等施釉方法（图6-39）。

6.4.6　烧结

烧结也称烧成，即陶瓷坯体在高温下致密化过程和现象的总称。坯体在烧结过程中要发生如膨胀、收缩、气体的产生、液相的出现、旧晶相的消失、新晶相的形成等一系列的物理和化学变化，使原来由矿物原料组成的生坯，达到完全致密程度的瓷化状态，成为具有一定性能的陶瓷制品。

根据烧结时是否有施加外界压力可以将烧结方

式分为常压烧结和压力烧结；按烧结时有气与否可以分为普通烧结、氢气烧结和真空烧结；按烧结时坯体内部的反应状态不同可以分为气相烧结、固相烧结、液相烧结、活化烧结和反应烧结。

另外，陶瓷在烧结过程中，也会出现各类缺陷，如斑点、变形、开裂、起泡、波纹、色泽差异等。所以，废品率和次品率也是陶瓷制品生产过程中不可避免的现象。

6.5 陶瓷产品设计实例赏析（扫码下载实例）

实例二维码

本章思政与思考要点

1. 简述郑和下西洋与中国陶瓷及其他器物文化对西方社会发展的影响。
2. 根据陶瓷在古今人类行为活动中的应用，思考陶瓷产品的创新方向。
3. 简述陶瓷的分类与基本性能，了解产品设计中常用的陶瓷及其特性。
4. 简述拉坯、滚压、挤压、车坯、雕镶、印坯成型相应的基本原理。
5. 简述注浆成型、压制成型的基本方法与原理。
6. 简述坯体表面处理工艺的基本方法与相应内容。
7. 简述坯体表面釉彩被覆处理的基本方法与相应内容。

第7章
竹材与工艺

7

竹为高大、生长迅速的禾草类植物，茎为木质，有节中空，叶片长披针形，为多年生一次性开花植物，也是世界上生长最快的植物，初生时一昼夜高生长可达1.5~2.0m。竹生存适应性强，分布范围广，主要分布于热带、亚热带至暖温带地区，东亚、东南亚和印度洋及太平洋岛屿上分布最集中，种类也最多。中国是竹资源最丰富的国家，种类、面积、蓄积量、产量均居世界之首，同时，也是竹类中心产区之一，有适于热带生长的合轴型丛生竹种、适于亚热带生长的单轴型散生竹种、适于高海拔、高纬度地区生长的耐寒性强的复轴型混生竹种，其中丛生竹和散生竹大约各占50%。由于竹具有易繁殖、易栽种、成材周期短、易加工利用、投入小、产出大、种类多、用途广、市场容量大、投资风险小等方面的优势，是理所当然的可持续绿色再生自然资源，竹种植受到各国政府的广泛支持与鼓励。

中国人民不但历来喜爱竹子，也是世界上研究、培育和利用竹子最早的国家，有“宁可食无肉，不可居无竹”之说。从竹子与中国诗歌、书画和园林建筑之间的源远流长的关系，以及竹子与中国劳动人民的衣、食、住、行、用等方面息息相关中不难看出，中国不愧被誉为“竹子文明的国度”。没有哪一种植物能够像竹子一样对人类的文明产生如此深远的影响，很多文人都是以竹做题、作喻，给人类物质文明和精神文明发展带来了巨大的作用和影响，形成了特有的竹文化。

目前，随着人类环保意识的加强，竹子的优良特性和开发价值得到重新认识，且已被逐步推上生态环境建设和山区经济发展的历史舞台。

7.1 竹材的分类

竹子的种类很多，据我国古代《竹谱详录》和《农政全书》所载“竹之品类六十有一，三百一十四种。”根据现代资料的记载：全世界有竹类70余属1200余种，面积2200万公顷；我国竹子有39属，占世界竹属的50%多，竹种（含变种）500余种，约占世界竹种的42%，面积500万公顷。竹子具体分类如下。

7.1.1 按分生繁殖特点分

按照植物学的分类方法，根据竹子的分生繁殖特点和形态特征的不同，可把竹分为散生型、丛生型和混生型。

（1）**散生型**。就是竹子地下根茎细长，横走地下，成为竹鞭，竹鞭有节，节上生根，每节着生一芽，交互排列，有的芽能抽发成新的竹鞭，在土壤中蔓延生长；有的芽能发育成笋，出土长成竹秆，稀疏散生，逐渐发展而为成片竹林。具有这样繁殖特点的竹子称为散生竹。如毛竹、斑竹、水竹、刚竹、桂竹、紫竹等。

（2）**丛生型。**母竹地下根茎不是横走地下的细长竹鞭，而是粗大短缩、节密根多、状似烟斗的秆基。秆基上具有2～4对大型芽，这些芽发育为竹笋出土成竹；次年新竹秆基的芽又发育成竹，新竹一般紧靠老秆，密密相依，形成密集丛生的竹丛。具有这样繁殖特性的竹子称为丛生竹。如射竹属、单竹属、慈竹属等竹种。

（3）**混生型。**这种类型的竹子兼有散生茎和丛生茎的繁殖特点，既有在地下作长距离横向生长的竹鞭，并从鞭芽抽笋长竹、稀疏散生，又可以从竿基上的芽萌发成笋，长出成丛的竹秆。具有这样繁殖特性的竹子称为混生竹。如苦竹、棕竹、箭竹、方竹等。

7.1.2 按大小分

根据竹子的大小不同可分为大型竹、中型竹、小型竹。

自然界中，不仅竹子的种类繁多，而且不同竹种间的个体高度差异也很大，有的高达20～30m，而矮的则不足1m。目前所知最大的竹，其秆高达40m以上；最矮小的竹，其秆高仅有10～15cm。

7.1.3 按利用方式分

从古至今，竹子的应用范围一直十分广泛，但总体而言，可分为两种利用方式，即原竹利用和加工竹利用。

（1）**原竹利用。**原竹利用即直接利用以形圆而中空有节的竹材秆茎作为制品的主要零部件，保留竹的基本形态或外观特征的应用方式；根据加工方法的不同，原竹利用又可分为斫削成型和编织成型两类。在原竹利用中，一般把大竹用作建筑材料、运输竹筏、输液管道等；中、小竹材用于

竹楼

传统竹篓　　竹篓　　竹笛

图7-1　部分原竹制品示例

制作生活用品、竹编用具、农具、乐器、文具等（图7-1）。

（2）**加工竹利用。**竹的加工利用是指通过现代科学的方法对原竹，或竹片、竹篾等进行深加工处理，使之成为可以直接使用的具有高附加值的竹质材料或产品。竹的深加工材料有多种用途，如竹材层压板可制造机械耐磨零件等；竹木复合板可用于工程材料；竹层积材可以取代木材用于制造家具和室内装修，及电子产品壳体、日用产品等。此外，竹黄还可制成多种工艺美术品；竹材也是造纸、制纤维板和醋酸纤维、硝化纤维的重要原料。由于竹炭表面硬度高于木炭，可用于冶炼工业和制取活性炭（图7-2）。

竹地板

竹键盘、鼠标

竹纤维制品

竹活性炭包

图7-2　深加工竹材制品示例

7.2　竹子的构造与竹材

竹子与树木相似，都是天然高分子有机体，是由不同的细胞构成；由于细胞的组成、排列等方面的差异，形成了不同竹种或同一竹种不同部位间的构造和性质间的差异。这种差异不仅直接影响到竹材的物理、力学和化学性能，还体现在外观形态特征或称之为宏观构造上的不同。

7.2.1　竹子的构造

竹类的形态特征是其分类的主要依据，这也是竹类与树木类的不同。竹类植物营养器官可分为地上和地下两部分，地上部分有竹秆、枝、叶等，竹在幼苗阶段称为竹笋，而地下部分则有地下茎、竹根、鞭根及竹秆的地下部分等。

（1）**地下茎。**竹类植物的地下茎是在地下横向生长的主茎，既是养分贮存和输导的主要器官，也具有分生繁殖的能力。地下茎俗称竹鞭，亦由节和节间组成，圆而中空；节由鞭环和箨环组成，鞭环上着生芽和鞭根；箨环为鞭箨脱落后留下的痕迹。竹类植物的繁殖主要靠地下茎上的芽发笋成竹繁衍后代。同一属的竹种具有相同的地下茎类型，因此

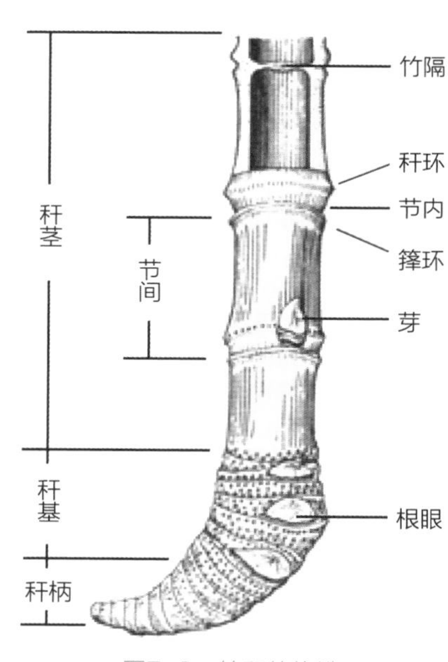

图7-3　竹秆的构造

可根据地下茎的形态特征和分生繁殖的特点进行竹类植物分类。

（2）**竹秆。**竹秆即地上茎，实际上是主茎（地下茎）的分枝。竹秆的大小差别很大，大型竹如巨竹高达40m以上，直径可达30cm，小型竹如菲白竹高仅几十厘米，直径犹如铁丝。竹秆是竹材的主体，其构造见图7-3所示，包括秆柄、秆基、秆茎三个部分。

7.2.2 竹材

竹材是指竹子的木质化地上秆茎部分，即竹秆。有时泛指竹的茎、枝和地下茎的木质化部分。

竹秆是竹子地上秆茎的主干，也是竹子利用价值最大的部分，外形为圆锥体或椭圆体。竹秆由竹节、节间、横隔、空腔、竹壁构成，如图7-4所示。竹秆的长度、胸径、竹壁厚度和竹节数量，根据竹种不同，其差异也很大。

竹节由秆环、箨环和竹横隔组成，起着加强竹秆直立和水分、养分横向输导的作用。

竹皮是竹壁最外层，通常在横切面上看不见管束的部分。竹肉是介于竹皮和髓环组织间的部分，横切面上有微管束分部。微管束在竹壁横切面的分部一般自内而外逐渐由密变疏；竹肉内侧与竹腔相邻的部分为髓环，其上无微管束分部。在竹材利用上，常将竹壁厚度的不同组织由外至内依次称之为竹青、竹肉和竹黄三部分，如图7-5所示。

（1）**竹青。**竹青是竹壁最外围的部分，它的组织紧密，质地坚韧，表面光滑并附有蜡质。

（2）**竹黄。**竹黄位于竹壁最内层，其组织坚硬，但质地较脆，多呈现黄色（也有苍白色）。

（3）**竹肉。**竹肉是竹青层和竹黄层之间部位的总称，主要是储存养分和水分。

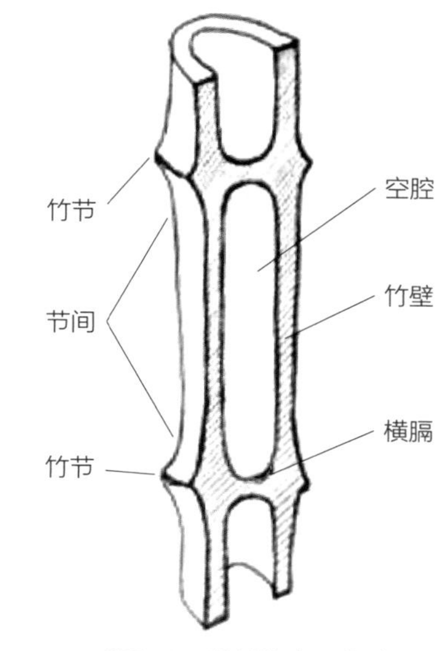

图7-4 竹材的宏观构造

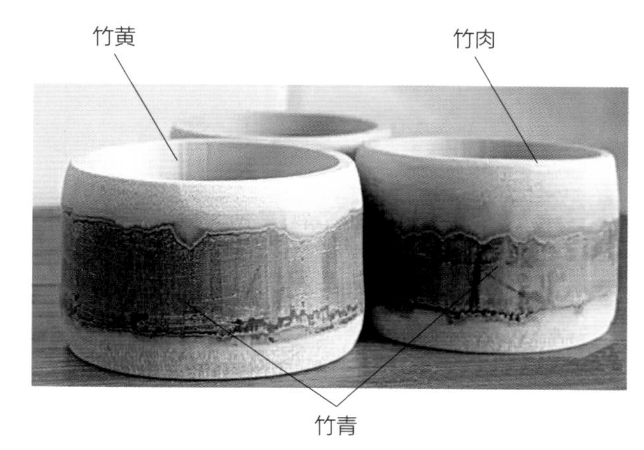

图7-5 竹青、竹肉、竹黄

7.3 竹材的性能

7.3.1 物理性能

（1）**密度。**竹材的密度是指单位体积竹材的质量，因为需求及应用范围的不同，有两种密度：一种是气干密度；另一种是基本密度。由于竹材的竹秆位置、胸径、竹子的竹龄、竹子的种类、竹子的生存和立地条件的不同，竹材的基本密度是相对变化的，但其基本密度在0.4～0.8g/cm^3，平均约0.64g/cm^3。

（2）**吸水性。**竹材的吸水性与水分蒸发是两个相反的过程。竹材的体积和各个方向的尺寸在竹材吸收水分后都会有所增加，但是其强度也相应地会有所降低。其中，对于干燥的竹材，其吸水的进程主要是通过其横切面进行的，但是与材料的横截面大小关系不太密切，而与竹材的长度有紧密关系，一般是竹材越长，吸水速度就越慢，但是总体而言，其吸水能力还是很强的。

（3）**干缩性。**竹材具有干缩性，在各种外部条件下，竹材内部的水分会不断地蒸发，从而导致竹材的体积减小。竹材的干缩率小于木材，在竹材的不同切面中，弦向干缩率最大，径向干缩率次之，纵向干缩率最小；并且竹材在干燥失水过程中易产生缺陷，干燥失水速度过快，易导致内部应力分布不均匀，易产生径向裂纹。

7.3.2 力学性质

竹材的力学强度随含水率的增高而降低，但是当竹材处于绝干状态时，因质地变脆，反而强度下降。竹秆上部比下部力学强度大，竹青部位比竹黄部位的力学强度大，外侧抗拉强度要比内侧大；由于竹节部位维管束分布弯曲不齐，受力时容易被破坏，因此竹节部位抗拉强度要比节间部位低。

新生的幼竹，抗压、抗拉强度低；随着竹龄的增加，组织充实，抗拉和抗压强度不断提高，竹龄继续增加后，因组织老化变脆，抗压和抗拉强度反而有所下降。并且等截面的空心原竹秆要比二次加工后的实心圆竹材杆的抗弯强度大；另外，空心原竹秆的内外径之比越大，其抗弯强度也越大，当内径与外径之比为0.7时，空心原竹秆的抗弯强度是实心圆杆的2倍。

总之，竹材的力学性能十分优越，顺纹抗拉强度较高，平均约为木材的2倍，单位重量的抗拉强度约为钢材的3～4倍，顺纹抗剪强度低于木材。强度从竹秆基部向上逐渐提高，并因竹种、年龄和立地条件而异。

7.3.3 竹材的优点

（1）**竹材生态环保、原料充足。**在原料资源方面，一方面，中国是世界上竹材资源最丰富的国家；另一方面，竹子的生长周期很短，大约是木材的十分之一，砍伐后具有可持续的再生长特点，生长环境与立地条件要求不高，这就为竹材的大规模应用提供了客观条件。竹子在生长过程中，相比于普通树木，其有很强的光合作用，能有效地改善空气质量；并且竹材的构件多为预制，通过螺栓或铆钉连接在一起，在房屋拆除后，完全能被回收并再次被利用。因此，可以说竹材属于生态环保材料，符合现代经济中的低碳环保理念。

（2）**保温、隔声性能好。**竹板材的吸湿、吸热性能高于木材，耐腐蚀、不易磨损、不易变形，比木材更坚硬密实，抗压抗弯强度更高，质感高雅气派，能自动调节环境湿度并抗湿，导热系数低，具备冬暖夏凉、良好吸音隔声、吸收紫外线、竹节纹清晰美观等特性；如果用于建筑、室内装修、家具和其他产品中，能有效摈除杂声，使居室显得更为宁静，人在起居过程中舒适自然、心情愉悦、有利于身心健康。

（3）**良好的抗震性能。**相对其他建筑材料而言，由于竹材的质量比较轻，在震动时吸收的能量比较少；并且竹材有着良好的韧性，对于冲击荷载或者是疲劳荷载有着较强的抵御能力；因此，在震动中有着良好的抗震性能；当整个建筑为全竹材料时，材料间的相容性也比较好，结构的整体性较强，在震动中能有效防止结构的连续性倒塌造成人员和财产损失。

（4）**经济实用。**一方面是由于原竹材料相对于其他材料较便宜；另一方面，从经济学角度来说，竹材的残值率比较高；并且在某些应用的过程中以预制构件为主，只需要用连接装置把预制好的构件连接即可。相对而言，需要的劳动力也比较少，经济实用。

7.3.4 竹材的缺点

（1）**虫蛀和霉腐。**竹材中含有糖类、蛋白质、脂肪、纤维素和木质素等有机物质。这些有机物质是一些昆虫和微生物的营养物质，所以，竹材容易引起虫蛀和霉腐。在加工中往往要进行特殊处理，也使产品成本增高。

（2）**吸水与干裂。**竹材和木材一样，既易吸水，又易干裂。竹材吸水后，不仅引起膨胀变形，而且强度降低，易遭虫腐。竹材的构造不均匀，竹青的弦向收缩率比竹黄和竹肉大，所以干燥时易引起开裂。竹秆开裂后，强度明显下降，裂口处易受虫蛀和霉腐。因此，用整根原竹修建的竹楼、竹廊、竹亭、竹桥、竹篱笆等竹建筑物，一般使用寿命不长，常因竹秆开裂而毁损。

（3）**弯曲、畸形、虫孔和伤痕。**竹材和木材一样，在其生长过程中，常受风、雪等各种气象因素和病虫兽类的危害，以及采伐运输过程中的一些机械损伤等，形成竹秆常有弯曲、畸形、虫孔等现象和竹壁表面带有伤痕、线裂的缺陷。

（4）**耐火性能差、易燃。**竹材和木材一样，燃烧过程分为五个阶段：升温、热分解、着火、燃烧、蔓延。竹材在外部热源作用下，温度逐渐升高到280℃时，开始着火燃烧，所以应对竹材进行防火处理，提高竹材的耐火性能。

（5）**径细中空、各向异性。**竹材是一圆锥壳体，径细中空；一般竹材直径为6~16cm，很少有超过20cm的；竹秆中空，竹壁约为直径的1/8~1/12，各向异性也十分明显，竹秆自上至下，竹壁自外至内，其密度减少，力学强度降低。这些对竹材的加工利用造成较大的困难，从而提高了产品的成本和难度。

7.4 产品设计中常用的竹材

尽管中国竹资源十分丰富，但并不是每一竹种都适合于产品设计用材，或不同类别的竹材适合于某种类别的产品。一般情况下，产品设计用材比较注重竹材的生长年龄、质量、直径等。

7.4.1 原竹

新竹一般3~4年即可成材，成材的明显标志就是竹皮颜色逐渐变白，随后又变成淡黄色，质地较为密实，即可采伐利用；当竹龄达到6年以上时，竹皮变为深黄色，成为质地更加坚硬密实、竹肉较厚的老竹，材质更佳。

中国在竹子利用方面已有6000余年的历史，从远古时代的竹简承书，到现代的印刷成册，浓缩了竹子文明的发展过程，也体现了古人在竹材利用方面的高超智慧。表7-1简要归纳总结了产品设计中常用原竹的形态特征和主要用途。

表 7-1 常用原竹形态特征与主要用途

序号	名称	形态特征	主要用途
1	慈竹	秆通直、高 5 ~ 10m，全秆约 30 节，节间圆筒形、长 15 ~ 30cm，径粗 3 ~ 6cm	秆材可被用于编织竹器、竹编工艺品及建筑用材
2	粉单竹	秆通直、高 3 ~ 7m，直径 4 ~ 7cm；节间长 30 ~ 60cm 或更长，秆壁厚 2 ~ 4mm	秆材可被用于编织竹器、竹编工艺品
3	四季竹（唐竹）	秆高 7m 左右，径 3 ~ 4cm，节间圆筒形，节间长约 30cm，秆壁厚 3 ~ 6mm，	秆材可被用于编织竹器、竹编工艺品及建筑用材
4	桂竹（斑竹）	秆通直、高 12 ~ 18m，直径 4 ~ 8cm，节间长 12 ~ 40cm，秆壁厚 4 ~ 10mm	用于竹编器具，建筑用材及包管弯曲加工成型的家具用材。深加工后的竹板材多用于竹地板、室内装修、家具用材等
5	水竹（实心竹）	秆通直、高 6m 左右，直径约 3cm，节间长达 30cm，壁厚 3 ~ 5mm	用途广泛，其竹编器具和工艺品美观、耐用；燃烧后能产生竹油、竹炭
6	楠竹（毛竹）	秆高直、坚硬，高可达 20 m 以上；径粗 18cm 左右，中部节间长达 40cm 或更长，壁厚约 10mm	秆材是上好的建筑用材，秆基可用于雕刻工艺品。深加工后的竹板材多用于竹地板、室内装修、家具用材等
7	青皮竹	秆高直、高 9 ~ 12m，直径 3 ~ 5cm，节间长 40 ~ 70cm，秆壁较薄，3 ~ 5 mm	宜用于编织农具，工艺品和各种竹器，整秆可用于建筑搭棚、围篱、支柱、家具或造纸等，多用于制作生活用品和家具
8	绿竹	秆高直、高 6 ~ 9m，直径 5 ~ 8cm，节间圆筒形，长 20 ~ 35cm，壁厚 4 ~ 12mm	秆可于建筑用材或劈篾编制用具，亦为造纸原料
9	泰竹	秆高直、高 8 ~ 13m，直径 3 ~ 5cm，节间长 15 ~ 30cm，秆壁甚厚，基部近实心	由于竹秆通直几近实心，多用于制作旗杆、伞柄、晒杆、锄把、栏杆、挂瓦条等
10	方竹	秆高直、高 3 ~ 8m，直径 2 ~ 4cm，节间长 8 ~ 22cm、横断面呈钝圆的四方形	秆可作手杖，建筑用材等。因质地较脆，故不宜用于劈篾编织

竹片　　竹筒

图7-6　竹片和竹筒形式

图7-7　篾片与编织品

7.4.2　竹片

竹片是竹筒经加工后形成的窄长片材。

竹片在竹材的利用中有着悠久的历史，起源于西周（公元前1046—公元前771年）的竹简（或称竹牍），对中华文明的记载与传承起到了不可磨灭的贡献。而竹片在现代生活中，其长度和宽度可根据需要进行加工，可以用来做竹凉席、竹片艺术品和文化用品等（图7-6）。

7.4.3　竹篾

竹篾是竹片在厚度方向经劈分加工后形成的较薄的单元，一般竹篾的厚度在2mm 以下；竹篾可以编制成竹篮、篱笆等工具。竹篾编织是一种富有地域特色的传统民间工艺，以竹子为材料，先将竹子劈成薄片或细条，用竹篾或篾条巧妙穿错交织构架编制成竹筛子、竹篾凉席、竹箩框等各种优美的生活用具或工艺品；也可以将编织的竹篾席贴覆于制品表面用于装饰（图7-7）。

7.4.4　竹材单板

竹单板是以原竹为原材料，即由竹筒旋切、竹集成材刨切或锯制方法制成的大片薄状材料，厚度为0.3～0.6mm。按生产工艺的不同，竹单板可分旋切、刨切和锯切三种类型。旋切竹单板是通过竹秆截断、软化处理、旋切等工艺生产而成；旋切竹单板一般选用直径较大的楠竹等。刨切和锯切竹单板是先将竹片胶拼成一定规格的竹方材，再锯切；或再经软化、刨切等工艺生产而成。竹单板纹理清晰均匀、色泽浅嫩、美观大方、装饰效果极好；而且竹材的纤维长、强度大、耐磨性好；竹单板完全可以代替珍贵薄木进行表面装饰，弥补珍贵树种资源不足（图7-8）。

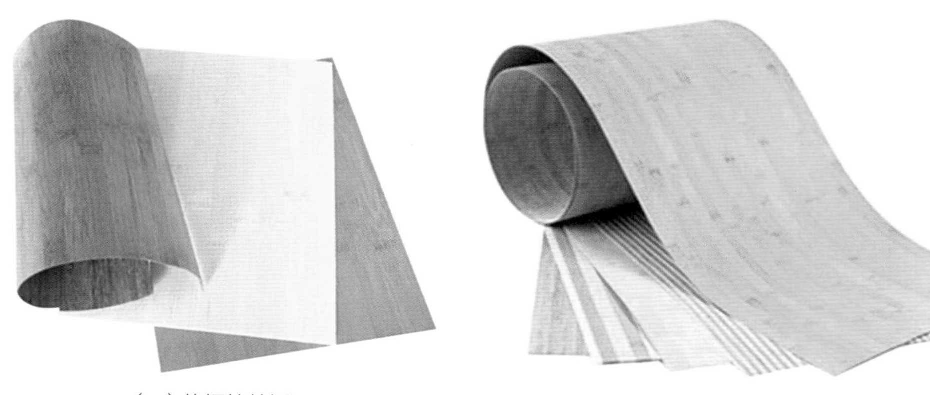

（a）旋切竹单板　　（b）刨切竹单板

（c）宝马车竹单板内饰

（d）竹单板手机壳

图7-8 竹单板及其应用示例

7.4.5 竹材人造板

竹材人造板是以竹材或部分竹材为原料，经过物理、化学处理和机械切削，加工成各种不同几何形状的结构单元，施胶后组成不同结构形式的板坯，再经施压、胶合而成的一类人造板材。

竹材人造板幅面大、材质细密、不易开裂、尺寸稳定性好，具有抗压、抗拉、抗弯强度高，刚性好，耐磨损、各向异性差异小等优点。竹材人造板品种繁多，从竹材结构单元在人造板中的分布形式来看，竹材人造板主要有竹胶合板、竹集成材、竹地板、竹层积材、竹复合板、竹碎料板和竹纤维板7大类。主要用于建筑、包装、车辆、室内装饰、家具、日用品等领域，广泛地替代了木材和木质人造板材（图7-9）。

（1）**竹胶合板。**将竹材加工成篾片或竹片，经过不同方式的编织，经施胶、层叠组坯、压缩胶合而成。按组坯方式不同，主要品种有竹席胶合板、竹帘胶合板和竹片胶合板等品种。

（2）**竹集成材。**是将一定厚度或宽度的竹片，在厚度和长度方向上组坯、加压胶合而成。其尺寸不再受圆竹尺寸的限制，可按所需尺寸制成任意大小的横截面或任意长度，做到小材大用。

（3）**重组竹材。**将竹片或竹材碾压疏松后，顺纹组坯、加压胶合而成，是一种将竹材重新组织并加以强化成型的一种新材料。

竹集成材或重组竹材均可根据需要制成不同规格与形状要求的竹材制品构件，完全可以取代木材，并进行锯裁、刨削、镂铣、开槽、钻孔、砂光、装配、表面装饰等加工。所不同的是竹集成材保留了竹片的完整性；而重组竹则胶合程度更紧密，密度更大，硬度更高。

（4）**竹地板。**是一种特殊的人造板，其加工精度，美观度等方面比其他人造板要求更高。因此，在生产工艺上通常采用的工艺流程，是先将圆筒状的竹材加工成等宽等厚的竹片，然后再按一般的木材集成材的加工方法进行后续加工而成。

（5）**竹碎料板。**利用小径竹材和竹材加工剩余物为原料，加工成的竹碎料为构成单元而压制的一种板材。

（6）**竹材纤维板。**是以竹纤维或以竹纤维为主制造的纤维板。

现代竹家具

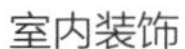

室内装饰

建筑模板

图7-9 竹材人造板应用示例

7.5 竹材制品构造方法

竹材与木材一样，都属于天然材料，竹材坚硬、强韧、富有弹性。竹材可以单独用来制作产品，也可以与木材、金属、玻璃等材料配合使用。

7.5.1 框架结构

竹材制品框架不仅能体现其外观造型特征，而且还是主要受力部件，因此，框架结构的合理与否，直接影响到制品的审美功能与使用功能。制品的框架结构形式有弯曲接合和直材接合两大类。

（1）**框架的弯曲结构。**由于竹材具有较好的弯曲性能，因此可以利用竹材的这一特征形成各种外观优美的竹材制品形式；但在制作过程中需要进行弯曲加工。竹框架的弯曲加工，按加工形式不同可分为：火烤弯曲法、开凹槽弯曲法、锯三角槽弯曲法等。

①**火烤弯曲法：**加热弯曲法加工快捷、省时、省力，既可保持竹材的天然美，又能保持竹材的强度基本不变，所以传统的竹材制品框架多采用这种形式，特别适用于小径竹材的加工制作。但不易用于大径竹材的弯曲加工，且容易烧坏竹段秆皮、影响美观。

加热的方法有多种，常用的是火烤加热法。为了避免竹段秆皮烤黑损坏，一般不用有黑烟的燃料，多用炭火。温度一般控制在120℃，当秆皮上烤出发亮的水珠竹油时，再缓缓用力，将竹子弯曲成要求的曲度，然后用冷水或冷湿布擦弯曲部位促使其降温定型。工业化大批量生产时，可烤软后放入定型模具中，再降温定型。还可采用水蒸气加热，先把竹子放入热容器中的机械模具中，再通入水蒸气，使机械模具在高温下把竹段慢慢弯曲成预先设定的弧度，然后冷却定型（图7-10）。

为了减少弯曲过程中竹段因应力变化而产生破裂或变扁，可先打通竹段内部的节隔，装进热砂，将竹子缓缓弯曲成要求曲度后，再冷却定型后倒出热砂。

②**开凹槽弯曲法：**在竹段待弯曲的部位锯出凹形槽口，并把凹槽的两端加工成半圆弧形，凹槽的

源自四川的竹材

火烤弯曲

1960 年出品

2010 年出品

2016 年出品

图7-10 GUCCI竹节包火烤弯曲示例

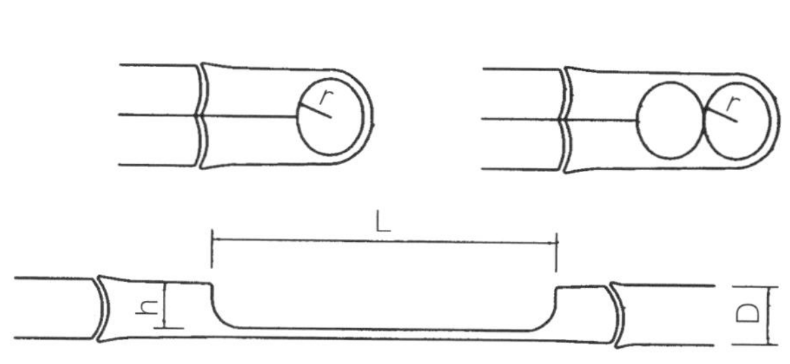

图7-11 并竹弯曲示意图

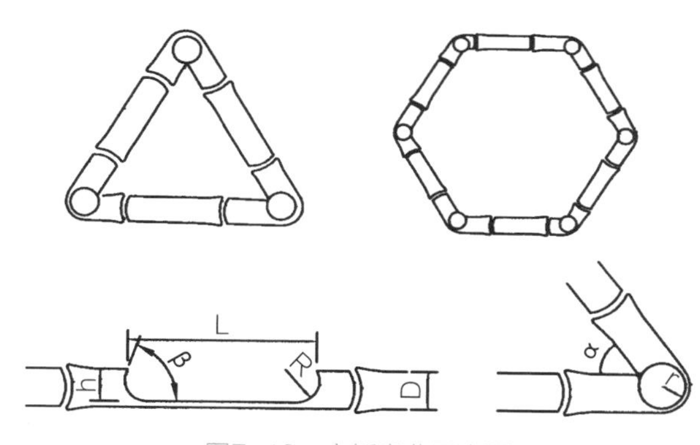

图7-12 方折弯曲示意图

深度为竹段直径的3/4，凹槽的长度L为预制竹段或圆木芯直径的1.5倍。凹槽内部要求平整，并要削去内部竹黄。将凹槽部位加热弯曲，把预制的竹段或圆木芯填入凹槽夹紧冷却成型。开凹槽弯曲的方式有多种，根据不同的弯曲角度，分类归纳如下：

并竹弯曲：并竹弯曲中，被弯曲部件称为“箍”，被包部件称为“头”（图7-11）。并竹弯曲时，被弯曲部件的直径D大于或等于头的半径的4/3倍，并竹弯曲有单头、双头和多头之分。

方折弯曲：方折弯曲的种类很多，若弯折成正三角形则称为三方折，若成正四边形则称为四方折，如图7-12所示；若弯折成某一角度α称为“α角折”，其弯折参数如表7-2所示。

表 7-2 不同角度的折弯参数

名称	角度α	长度L	角度β	高度h≤
3 方折	60°	5.23r	120°	1.50r
4 方折	90°	4.71r	135°	1.71r
5 方折	108°	4.39r	144°	1.81r
6 方折	120°	4.17r	150°	1.87r
8 方折	135°	3.92r	157.5°	1.92r
12 方折	150°	3.66r	165°	1.97r
18 方折	160°	3.49r	170°	1.98r

③锯三角槽弯曲法：在竹段弯曲部位的内方，均匀的锯出三角形狗牙状槽口，在用火烤弯曲部位后，将竹段向内方弯曲，冷却定型后即可。此法也是用于弯曲大径竹材，其不足之处是竹段强度受到破坏，且加工复杂，工艺要求高。有正圆弯曲和角圆弯曲两种类型。

正圆弯曲：把竹段弯曲后形成正圆形，如图7-13所示。比如：圆凳与圆椅座面、圆桌面等构件，一般正圆弯曲构件多有外包边，其计算方法如下（假设总共开槽数为n个）：

外包边料长：$L=2\pi R$+接头长；

外包边料净长：$L_{净}=2\pi R$；

锯口深：$1/2D\leqslant h\leqslant 3/4D$；

锯口宽：$d=2\pi h/n$；

锯口间隔：$i=2\pi r/n$。

角圆弯曲：将竹段弯曲后成某一角度，如图7-14所示。角圆弯曲件常见产品有沙发扶手、圆角茶几面外框框架，其计算方法如下（总共开槽数为n个）：

弯曲部位长：$P=\alpha\pi R/180$；

锯口深：$1/2D\leqslant h\leqslant 3/4D$；

锯口宽：$d=\alpha\pi h/180n$；

锯口间隔：$i=\alpha\pi r/180n$。

用锯三角槽弯曲法加工，划线时先划长度、后划节数、再划口距，同时槽口线要避开竹节，竹节也不能车的过平。一般一次划线难以成功，要反复划线。并且要求开口处加工光滑，没有倒刺丝皮。若锯口过大，要准备竹片和胶水作加垫。

（2）框架竹段的连接。竹段弯曲后，有时需要与其他圆竹或竹片接合才能组成真正的竹材制品框架，这个过程称为框架竹段的连接。连接的形式很多，一般常用的有：包接、对接、嵌接、“丁”字接、“十”字接、“L”字接、并接、缠接等。同时要使用圆木芯、竹钉、铁钉、胶合剂等辅助材料才能取得良好的效果。此种连接的框架受力性能良好，但稳定性较差，容易在接合处脱落（图7-15）。

①包接：包接连接主要有箍和芯两部分组成，弯曲的是箍，被包的是芯，如图7-15（a）所示。两部分连接组成部件后，若弯折成正三角形或正四边形，则称为三方折或四方折，若弯折成某一角度α，则称为“α角折”，其弯折参数参见前述表7-2。

②对接、嵌接：对接是把一个预制好的圆木芯涂胶后串在两根等粗或两端直径相同的竹段空腔中，如图7-15（b）所示。嵌接同样是把一个预制好的圆木芯涂胶后串在两根等粗或两端直径相同的竹段空腔中，但两个端头纵向各相应锯去或削去一半，连接时再把保留的另一半相嵌而接，如图7-15（c）所示。端头接合处若有节隔，需打通竹节隔后再接合。对接和嵌接两种方法均适用于等粗竹段的接长或者闭合框架的终端连接。

③丁字接、十字接：把一根竹段和另一根竹段成直角或某一角度相接，称为“丁字接”，如图7-15（d）所示。十字接是将两根竹段或者三根竹段接合成十字形，如图7-15（e）所示。

④L形接：把同径竹段的端头按设计的角度连接，被连接的竹段端头要削成预计角度，且光滑平整无倒刺。将预制好的成一定角度的圆木芯涂胶，分别插入预制竹段的端口连接即可，如图7-15（f）所示。

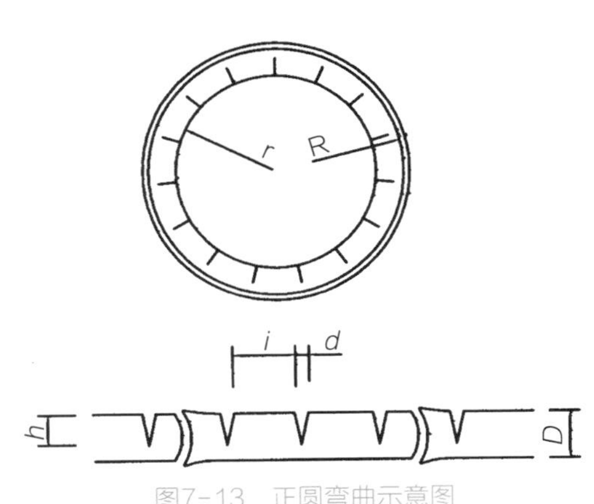

图7-13　正圆弯曲示意图

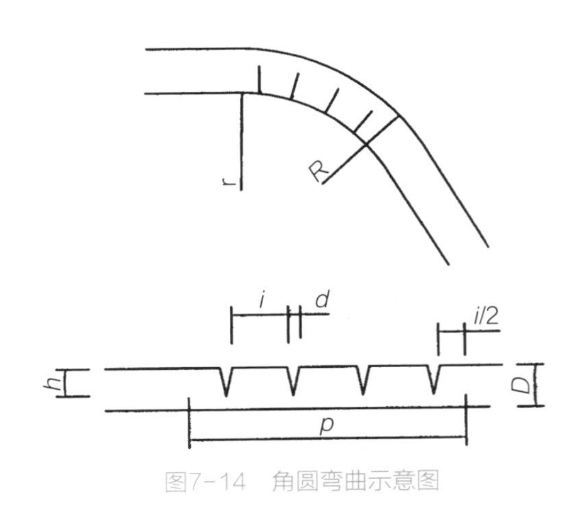

图7-14　角圆弯曲示意图

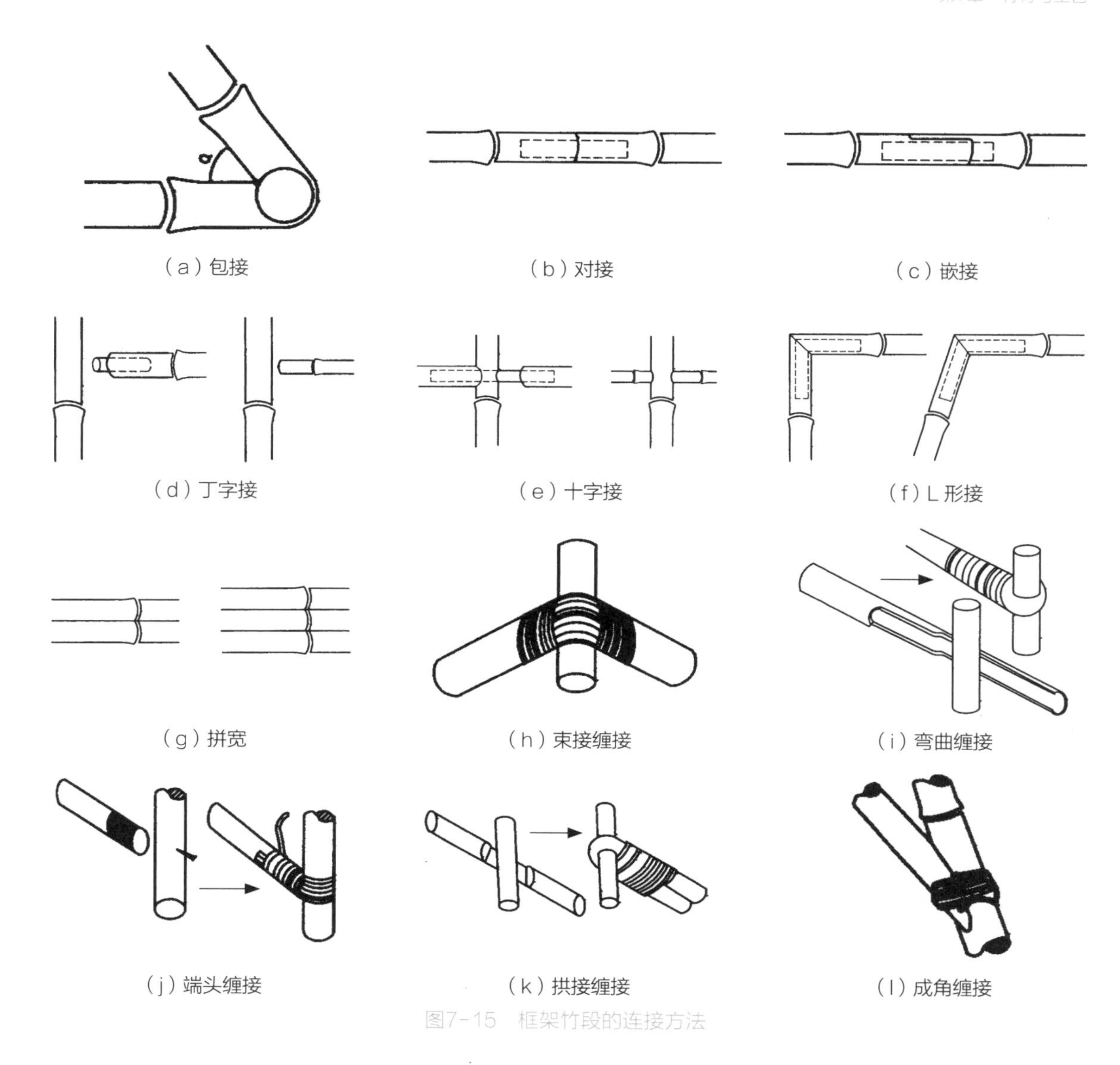

图7-15 框架竹段的连接方法

⑤**拼宽**：把两根竹段和两根以上的竹段平行拼接起来，以提高竹材制品框架的受力强度和增强造型美。将预备好的同径竹段削平接合面的竹节，使其相互紧密靠近，再打孔销钉即可。打孔销钉的方向不易平行，互相交错，防止相拼竹段间错动。如果是拼宽弯曲的框架，则要求每根竹段的弯曲弧度相同。

⑥**缠接**：在竹材制品框架中相连接的部位，用竹篾、塑料带等缠绕在接合处使之加固，用到的辅助材料有竹销钉、原木芯、树脂胶等。缠接的方式很多，如图7-15所示，常见的有：束接缠接、弯曲缠接、端头缠接、拱接缠接、成角缠接等，见图7-15（h）~（l）所示。

竹材框架除了上述连接方式外，还有竹梢钉、木螺钉、螺栓连接件、金属套件等连接形式。

7.5.2 面形构造

竹材制品通过面状结构把各个单一的、零碎的竹材单元体或构件组合成面积较大的面形层。面形层不仅充分显露出竹材的外观特征，而且在使用上和装饰上也很重要，因此必须精心加工才能达到设计的要求。常用的面形层构造方法有：编结面、竹片板、竹排板、圆竹竹片连板、麻将块板和胶合板。

（1）**编结面**。竹编结面就是在竹材制品的框架上，用竹篾沿经、纬方向排列穿结而成。编结面在制品成形上可分为篾丝编结和篾片编结两大类。篾丝编结主要用于篮类、瓶类、罐类及模拟动物的外

（a）一挑一编法

（b）斜纹编法

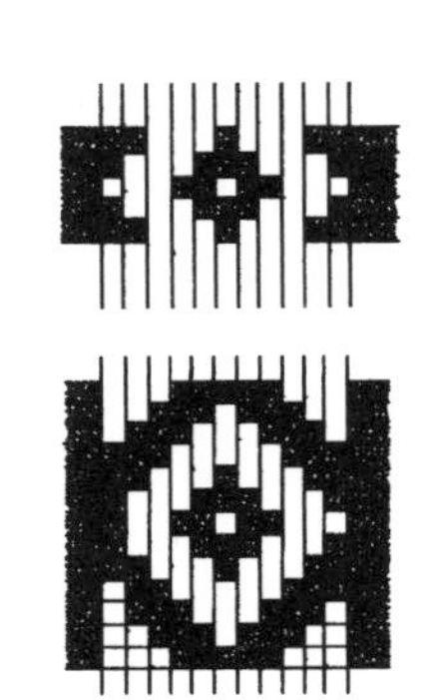

（c）回字形编法

（d）六角孔编法

（e）圆口编织法

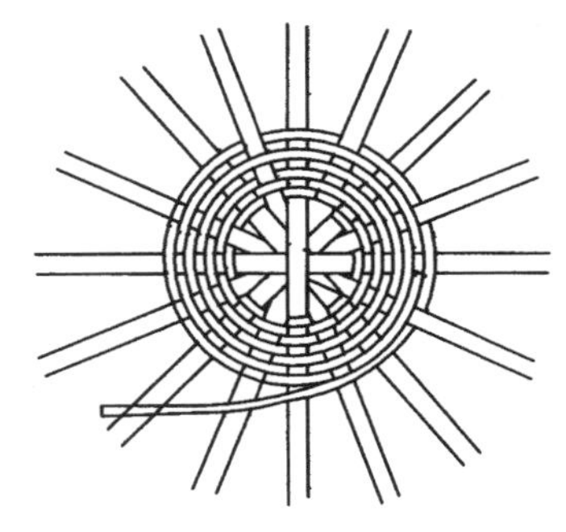

（f）菊底编法

图7-16　常见竹编结技法与图案

（a）竹茶盘面

（b）竹窗帘

图7-17　竹条面形式

层；篾片编结则大多用在箱类、钵类、盘类、包类的外层和内层。在方法上，还可以分为密编和疏编两种类型；密编的编篾之间相扣较紧，不留空隙；而疏编则疏良有致，篾片和篾片之间的空隙组列成数个有规则的几何形图纹。

常用的编结技法是以挑、压编为基础的，挑是指用编篾挑起被编篾，即编篾在被编篾之下；压是指用编篾压住被编篾，即编篾在被编篾之上。编结就是在互相垂直的篾之间作挑或压的交织中完成，并根据挑或压篾数量的不同，形成不同的编结方法和图案（图7-16）。

编结面与框架的连接方法，常用的有三种：最简单的是直接把篾条等编结物编结在框架上。第二种是在框架上打孔，将编结物穿过孔洞进行编织；此种编结面稳定，不易变形，强度大。如果编结图案复杂，或者在造型上要求高，可采用第三种方法，即采用压条编结法，取一细竹条与框架平行放置，用编结物把它与框架固定，再将编结物编结于其上。

（2）**竹条面**。竹条面是采用多根竹条平行相搭组成，它是竹材制品中很常见而又很简单的面板形式，主要有竹条插入式和竹条绳索捆编式两种面形。

①**竹条插入式**：先在竹材制品框架两边加工相对应的洞槽，在竹条上加工榫头，然后涂胶组装即成，形成刚性竹条面［图7-17（a）］。

②**竹条、绳索捆编式：**先加工好竹条，并打好相应的孔，然后再用绳索穿绑编结即成，形成柔性竹条面［图7-17（b）］。

（3）**竹块面。**竹块面是将原竹加成块状或棒状，再应用绳子穿结而形成的竹面。常见的竹块面有凉席、坐垫和餐垫等；坐垫是将原竹加工成规格约20mm×35mm的竹块，去除四边棱角，并沿竹块长宽侧面的中心线部位加工贯穿“十”字孔，再用有弹性和韧性的绳子把它们逐个穿结在一起，形成竹材的块状面（图7-18）。

（4）**胶合面。**现代竹材制品除了利用原竹外，还可以利用竹单板或竹席，进行胶合或模压胶合加工，形成平面或曲面的胶合面，也可以直接贴在中密度纤板或刨花板上进行表面装饰，提高竹材的利用价值和利用范围。

7.6　竹材制品与成型工艺

从古至今，经过人类历史长河的沉淀，竹材早已渗入人们劳作和生活中的各个方面，成为不可或缺的一部分。从人们喜爱竹子，利用竹材；到在政府政策引导下，科学培育竹子，开发竹材制品等，已经形成“培育—开发—制品—消费”的良性循环竹产业链。

7.6.1　日用竹材制品

人们日常生活中所需要的竹材制品使用历史最为悠久，至今仍然具有相当的规模。例如利用竹材的劈裂性特征，可破篾编织用具、竹帘、竹席、竹篱、扇骨、伞骨、灯笼、竹篓、竹篮、竹筛、竹贮具等；利用其良好的弹性特征，可做弓、弩、钓竿、竹梢、扫把、扁担、手杖、伞柄、撑竿、竹箍等；利用其中空特征，做水桶、水管、引水槽、烟筒、吹火筒、竹瓶等；利用其外观特性及韧性，做竹索、背带、竹笼、篾缆等；竹材利用之广不胜枚举。目前工业化比较常见的日用竹材制品主要有以下几类：竹凉席、竹筷、竹签等。

（1）**竹凉席。**竹凉席是日用竹材制品中的大宗产品，多采用当地的水竹、毛竹、油竹等编织而成，水竹质地清凉、性软节平、色泽匀、纤维细，所编织的凉席平软光滑、清凉散热、色泽雅致、图案精美，有500多年的使用历史，深受广大消费者欢迎，但难以实现工业化生产。因此，近几年开发了机制竹凉席，实现了机械化生产。

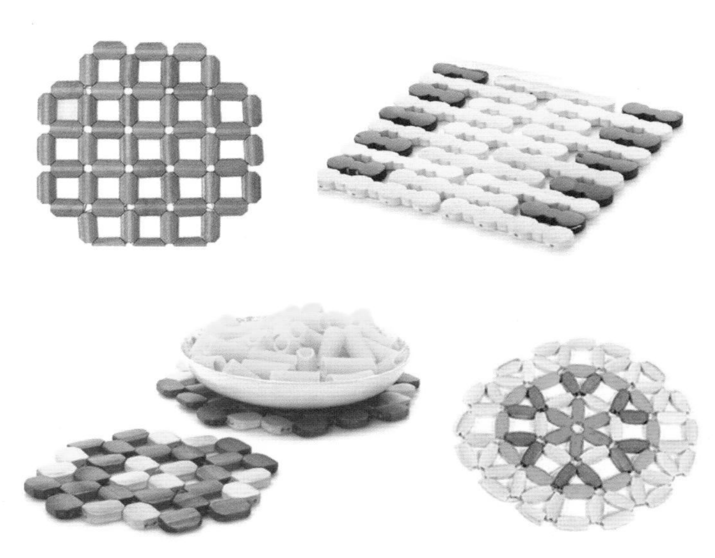

图7-18　不同形式竹块面示例

①竹丝席： 长条竹丝席是将原竹经拉丝磨光、高温蒸煮、消毒漂白、机械编织、褙糊胶合、加热压平、车缝团边等多道工序进行生产。图7-19所示为长条竹丝席，可用作床席、枕席、椅垫、沙发垫、汽车坐垫等不同用途的系列产品，具有设计新颖、制作精细、凉爽舒适、经久耐用以及防蛀、防霉、易卷折、换季时收纳方便等特点，深受消费者欢迎。长条竹丝席的成型工艺流程如下：

原竹→断料→分条→拉丝→蒸煮、漂白→干燥→碳化→磨光→编织→压贴衬布→包边→成品入库。

②竹块席： 竹块席是近些年开发的新型竹凉席产品，将竹材加工成标准穿孔小竹块，经防虫、防霉、漂白等防护处理及磨光处理后，用高韧性的尼龙线编织而成（图7-20）。这种竹块凉席通风透气、凉爽舒适、经久耐用。根据用户订货要求，还可编织成各种不同用途、不同规格、不同花色的枕席、沙发席、座椅席、汽车坐垫席等。竹块席的生产工艺流程如下：

原竹→断料→剖开→冲坯→截子→钻孔、成型→湿磨→蒸煮、漂白→干燥→碳化→抛光→选子、串子→包边→成品入库。

竹块席是用小竹块编织而成，为使产品外观一致，生产中均将竹节锯去，只利用节间直纹理部分的竹筒。

（2）竹筷。 筷子是东方人生活中不可缺少的餐具，规格品种也较多。按筷子的结构不同可分为单支竹筷和双联竹筷两大类，按手握部位的形状不同可分为圆筷和方筷等。筷子无论是现在，还是未来都将是中国市场所需的大宗消费品。

特别是双联卫生筷，也称一次性筷子，每年要消耗木材资源近130万m^3，近几百万棵树木，造成极大的资源浪费，尽管目前塑料筷、金属筷等也逐渐普及；但其中双联卫生筷仍是目前生产规模最大，用途最广的一类产品。双联竹卫生筷的杆形为椭圆形，长度规格一般为210mm和240mm两种，筷端尺寸为14mm×7mm，削尖端斜长及端面为35mm×3mm。图7-21为双联竹卫生筷示例，其生产工艺流程如下：

原竹锯断→剖开→四面削平→成型→削尖→漂白→干燥→磨光→检验→成品包装入库。

双联竹卫生筷要求不带竹节，因此锯断时从符合长度要求的节间开始，下料时要注意壁厚符合要求，竹壁厚度要求在10mm左右。

7.6.2 竹家具

竹家具的生产与使用在中国有着悠久的历史。竹制家具清雅质朴、造型简洁、舒适凉爽、轻巧别致，具有浓郁而亲切的乡土气息，历来为国内外广大用户所青睐，尤其是在我国江南使用十分普遍。传统原竹家具一般选用材质坚韧的毛竹、刚竹、桂竹、茶杆竹、水竹等竹种，经过对竹子的弯曲、加固、连接、打穴、凿孔、开槽、榫合、铺面排面、组装成型等工艺，制成竹凳、竹椅、竹桌、竹柜、竹床、竹几、竹书架等各种竹家具（图7-22）。

尽管竹材具有强度高、韧性好、硬度大等特点；但由于竹材自身构造上存在的中空、节隔、尖削等一些难以克服的缺陷，因此传统竹家具的形态设计应根据竹材的特点，采用独特的加工工艺，使轻巧秀美的圆筒形竹杆经过火烤或开槽弯曲成需要的弯

图7-19　竹丝席

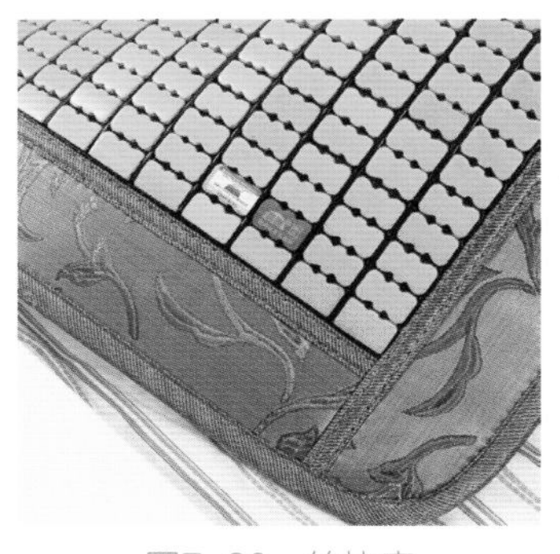

图7-20　竹块席

图7-21　双联竹卫生筷

曲度，用圆包、缠接或插榫的方法形成家具的骨架；用竹篾编结或竹条平行排列组成板面等，形成清新典雅、返璞归真的原竹家具产品。

随着竹材工业化开发利用的技术创新，特别是竹材人造板及竹质集成材的研究开发，使竹家具在用材、结构、造型等方面突破了传统原竹家具的形式，形成了全新的现代竹家具形式，也为竹材的应用开启了现代化、多样化的大门，赋予了竹家具时尚性和时代化的特征（图7-23）。这类现代竹家具既富有民族传统韵味，又可满足现代审美、舒适方便的功能要求。应用竹集成材和竹材人造板生产的现代竹家具，其结构和制造工艺与木质板式家具大致类同，在此不再赘述。

7.6.3　竹工艺品

竹工艺品是指以竹子为原料进行雕刻、编结、绘画等艺术创作的工艺品，它与一般的木工艺品不

图7-22　原竹家具示例

图7-23　现代竹材家具示例

同，通过蒸煮烘干后，其使用寿命远超过木工艺品。

竹工艺品在华厦大地上已经历了数千年的历史，是中国独具特色的艺术瑰宝，由于竹子坚忍不拔的特性，一直被不同时期的文人雅士所推崇，具有极强的艺术生命力，经过历代艺人们的不断继承与创新，当今的竹工艺品更是灿烂多姿，争妍斗奇。根据制作工艺不同可将竹工艺品分为竹编工艺品与竹雕刻工艺品两大类。

（1）竹编工艺品。以竹为原材料，将其劈为篾片或篾丝后，不仅能编结成各种劳作和生活用品，而且还可以编结成各种精美的工艺品。按编结方式和用料的不同，可把竹编工艺品分为平面编结和立体编结两大类。两者的工艺过程如下：

选竹→刮竹青→分篾→煮篾→分丝→编结。

①平面编结：平面编结是用竹篾编结成平面状的竹编工艺品。平面编结作品栩栩如生，似绢似纱，是竹编工艺品中附加值最高的一类（图7-24）。

②立体编结：立体编结是用竹丝编结而成的立体中空的竹编工艺品，多具有某种实用功能（图7-25）。

中国各地的竹编工艺经过长期的发展与沉淀，形成了独具地域文化的特色。如浙江的竹编工艺以其编织精巧、造型美观、品种繁多而著称；四川的竹编工艺富有巴蜀文化特色，编结面精致平整、画面精美、线条宛转流畅、色彩富丽谐调、可谓巧夺天工。福建竹编，精中有细、色泽古朴庄重、图案粗犷典雅、具有浓郁的闽南地方特色。另外，以水竹为原料的安徽的舒席、湖南益阳的凉席，具有蔑纹纤细、坚韧柔软、收汗散热、清凉爽快、光洁平滑、色泽素雅、舒适宜人等特点，享誉海内外。

竹编画　咏四季

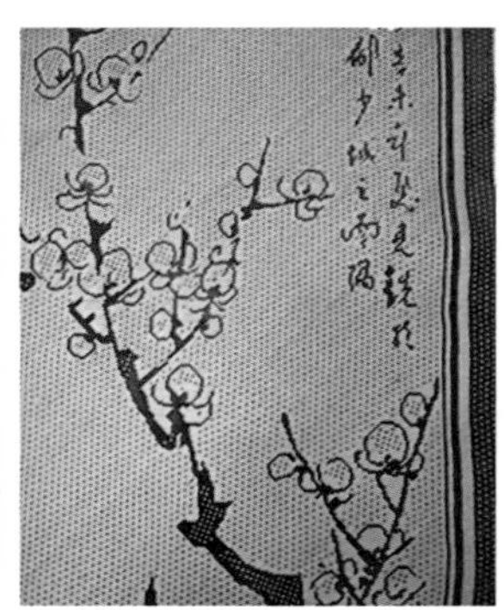

竹编画

竹编画《贤游仙台》

舒席工艺壁画（竹编）

图7-24　平面编结工艺品

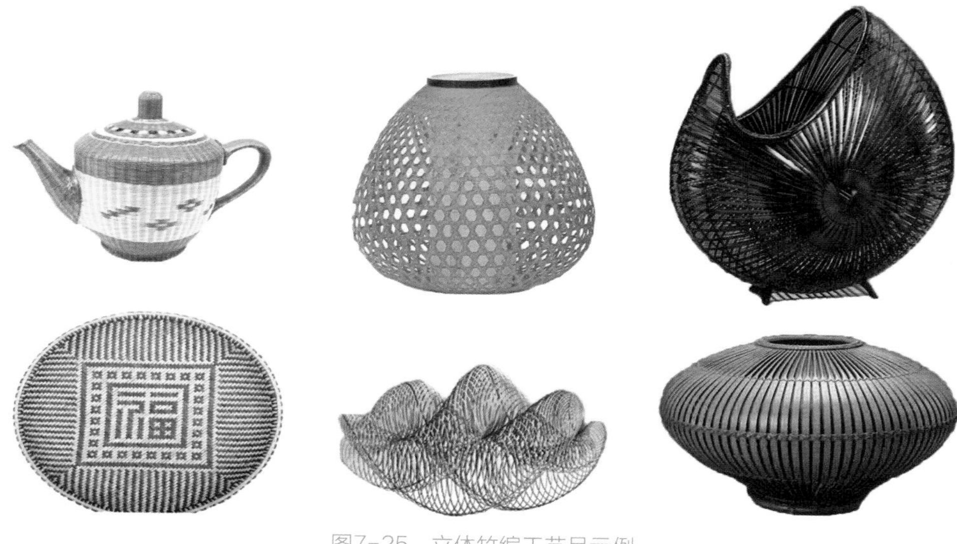

图7-25 立体竹编工艺品示例

另外，竹编工艺品的编结图案也从单一的几何图案发展到能将山水人物、古今字画、翎毛花卉等，均编制得惟妙惟肖，栩栩如生。

（2）**雕刻工艺品。**竹雕、竹刻工艺也是一种独特的传统工艺，艺术家们利用竹根、竹节等自然形态，在竹筒、竹片、竹根上雕刻成山水、亭、台、楼、阁、人物、花草等各种艺术造型。艺术家们还根据竹材不同的形状和部位采用不同的雕刻技法，以竹根为材料的竹雕工艺品，一般采用圆雕、透雕等技法；竹筒、竹片则用浮雕等技法，使竹雕工艺品具有造型美、材质美、色泽美、装饰美（图7-26）。

另外，竹工艺品还有竹衣、竹杖、竹扇等，这些产品都以新颖的设计、精美的制作工艺、浓郁的民间特色和地方风采而受到消费者的欢迎。无论是竹编工艺品还是竹刻工艺品，都应具有浓郁的东方文化特色。

7.6.4 竹材与现代电子产品

随着社会的进步，人类的生活方式也发生了翻天覆地的变化，生活也变得多样化，使得传统竹材制品具有的功能已经不能满足现代人的生活需求。因此，在进行竹材制品设计时，应该以人类的生活需求为导向，研究现代人的物质需求和精神需求，研制出符合现代人使用功能和审美观的竹材制品，提高竹材制品的附加价值。

在保留竹子特性，充分发挥竹子精神内涵和使用功能的前提下，利用现代科学技术，开发出具有使用价值的家居日用品，只是竹材应用的时代化延伸的一个方面。另一方面，应致力于竹材应用的时代化拓展，即突破竹材应用的传统领域，将竹材应用到家用电器中、数码产品中、物联网行业等。这样不仅可以延长竹材制品的产业链条，增加了竹子的使用范围；同时也是现代电子产品设计创新、传播现代东方产品文化与审美思想的一种新机遇。

竹材在现代电子产品中，主要用作产品的外观辅助性或装饰性材料。所以，在满足现代产品功能与外观造型的前提下，在应用竹材时，应忠于原材料，维持竹材的自然形态，展示竹材的自然美，使产品达到与自然融合的设计内涵和语义。通过竹材的跨界应用，形成竹电子产品、竹家用电器产品、竹数码产品等产品的新形式与新文化内涵（图7-27）。

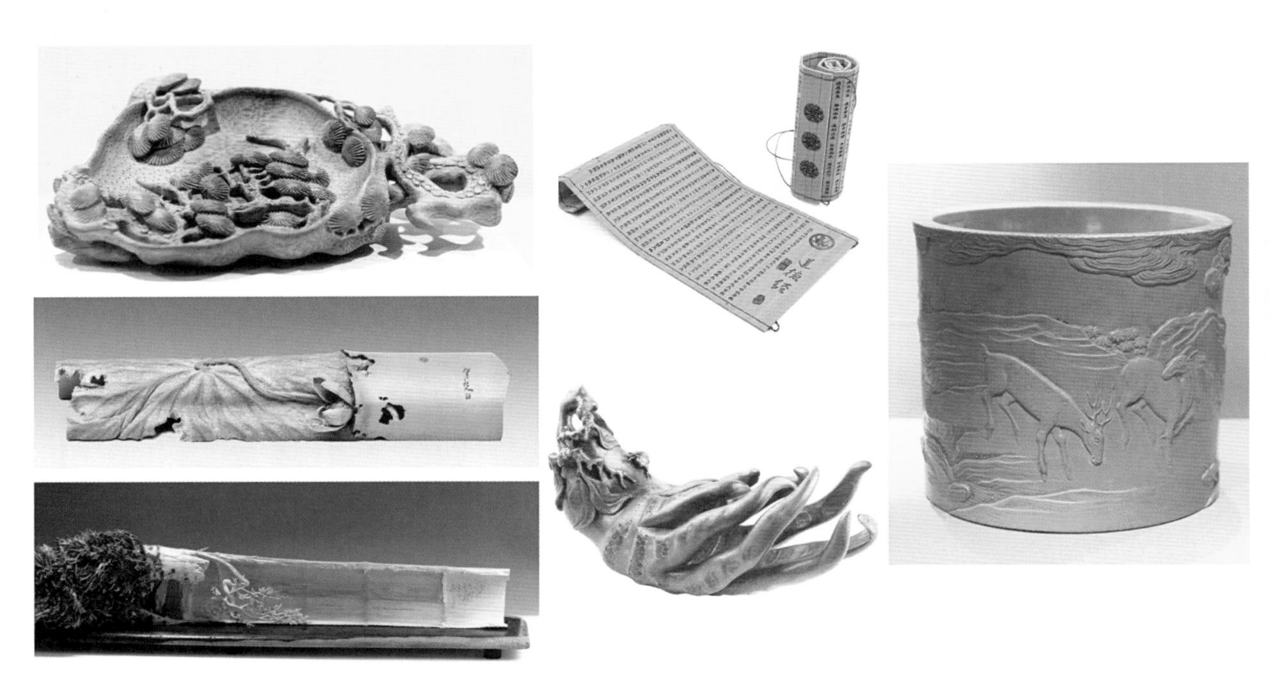

图7-26 竹雕刻工艺品示例

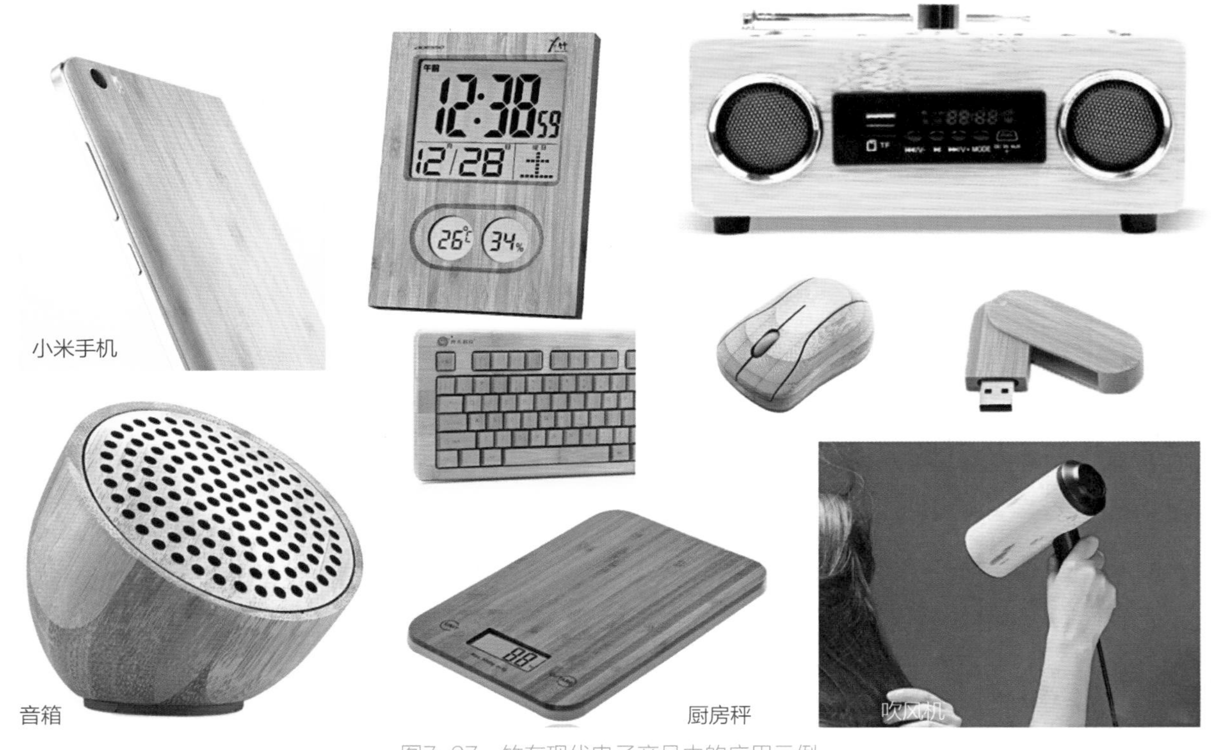

图7-27 竹在现代电子产品中的应用示例

7.7 竹材产品设计实例赏析（扫码下载实例）

实例二维码

本章思政与思考要点

1. 梳理中国历史上与竹有关的人文轶事，思考竹材及竹文化的内涵。
2. 就个人的认识与理解，简述“以竹代塑”的重要意义和竹材的创新应用途经。
3. 简述竹材的主要分类与构造。
4. 简述竹材的主要性能，竹材与木材的比较优劣分析。
5. 说明竹片、竹篾、竹单板、竹人造板的各自特点与用途。
6. 简述竹材制品的构造方法与主要原理。

参考文献

[1] 吴国荣，孟永刚．产品设计中材料感觉特性的运用 [J]，包装工程，2006，V01.27（6）310-312.

[2] 张莉立，贾圆圆．材料的感觉特性的研究与探讨 [J]，艺术与设计（理论），2008（1）126-128.

[3] 江湘芸．产品造型设计材料的感觉特性 [J]，北京理工大学学报，1999，V01.19（1）118-121.

[4] 苏建宁，李鹤岐．工业设计中材料的感觉特性研究 [J]．机械设计与研究，2005，V01.21（3）12-14.

[5] 张颂阳，李莉芸，等．设计中材料感觉特征的定量分析 [J]．包装世界，2008（3）36-37.

[6] 徐有明．木材学 [M]．北京：中国林业出版社，2006.

[7] 邓背阶，陶涛，王双科．家具制造工艺 [M]．北京：化学工业出版社，2006.

[8] 张继娟，张绍纲．整体橱柜设计与制造 [M]．北京：中国林业出版社，2016.

[9] 唐开军，行焱．家具设计 [M]．北京：中国轻工业出版社，2015.

[10] 邱潇潇，许熠莹，延鑫．工业设计材料与加工工艺 [M]．北京：高等教育出版社，2009.

[11] 张锡．设计材料与加工工艺 [M]．北京：化学工业出版社，2016.

[12] 张宇红．工业设计——材料与加工工艺 [M]．北京：中国电力出版社，2012.

[13]（英）克里斯·莱夫特瑞．欧美工业设计5大材料顶尖创意——金属 [M]．上海：上海人民出版社，2004.

[14] 李鹏，陶毓博．产品设计材料与工艺基础 [M]．北京：科学出版社，2016.5.

[15] 卞军，蔺海兰．塑料成型原理及工艺 [M]．成都：西南交通大学出版社，2015.8.

[16] 栾华．塑料二次加工基本知识 [M]．北京：中国轻工业出版社，1984.3.

[17] 刘元义．塑料模具设计 [M]．北京：清华大学出版社，2014.

[18] 王加龙．塑料成型工艺 [M]．北京：印刷工业出版社，2009.

[19]（美）罗泰泽尔（Rotheiser，J.）．塑料连接技术：设计师和工程师手册（第2版）[M]．北京：化学工业出版社，2006.

[20] 温小明，谢颖．Pro/ENGINEER Wildfire 4.0中文版模具设计（第2版）[M]．北京：北京理工大学出版社，2012.

[21] 李鹏．产品设计材料与工艺基础 [M]．北京：科学出版社，2016.

[22] 桂元龙，徐向荣．工业设计材料与加工工艺 [M]，北京：北京理工大学出版社，2007.

[23] 赵彦钊，殷海荣．玻璃工艺学 [M]．北京：化学工业出版社，2016.

[24] 张锐，许红亮，王海龙．玻璃工艺学 [M]．北京：化学工业出版社，2015.

[25] 王承遇，陶瑛．玻璃表面处理技术 [M]．北京：化学工业出版社，2004.

[26] 马铁成，缪松兰，朱振峰．陶瓷工艺学 [M]．北京：中国轻工业出版社，2016.

[27] 张锐，王海龙，许红亮．陶瓷工艺学 [M]．北京：化学工业出版社，2015.

[28] 黄翠琴，陈燕．竹制品加工技术 [M]．福州：福建科学技术出版社，2011.

[29] 唐开军，史向利．竹家具的结构特征研究［J］．林产工业，2001，V（1）27-32.

[30] 黄盛霞．竹材的构造与力学行为的关系［D］．安徽农业大学，2007.

[31] 贺勇，戈振杨．竹材性质及其应用研究进展［J］．福建林业科技，2009，Vol.36（2）135-139.

[32] 谭刚毅，杨柳．竹材的建构［M］．东南大学出版社，2014.

[33] 姜甫霖．皮革在现代珠宝首饰中的应用［J］，北京工业职业技术学院学报，2013：Vol12（4）：16-19.

[34] 沈兰萍．织物组织与结构［M］．北京：化学工业出版社，2014.

[35] 姚穆．纺织材料学（第3版）［M］．北京：中国纺织出版社，2009.

[36] 沈华杰．棉织物外观属性之于沙发设计的应用研究［D］．中南林业科技大学，2011.

[37] 弓太生．皮革工艺学［M］．北京：中国轻工业出版社，2014.

[38] 杜少勋，万蓬勃．皮革制品造型设计［M］．北京：中国轻业出版社，2011.

[39] 张求慧．家具材料学［M］．北京：中国林业出版社，2018.